河北科技师范学院学术著作出版基金资助

奇异摄动最优控制问题中的 空间对照结构理论

武利猛 张 娟 李素红 著

燕山大学出版社
·秦皇岛·

图书在版编目（CIP）数据

奇异摄动最优控制问题中的空间对照结构理论 / 武利猛，张娟，李素红著．—秦皇岛：燕山大学出版社，2022.12

ISBN 978-7-5761-0051-8

I. ①奇… Ⅱ. ①武… ②张… ③李… Ⅲ. ①奇摄动－最佳控制－研究 Ⅳ. ①P133

中国版本图书馆 CIP 数据核字（2020）第 147522 号

奇异摄动最优控制问题中的空间对照结构理论
武利猛 张　娟 李素红 著

出 版 人：陈　玉				
责任编辑：朱红波		策划编辑：朱红波		
责任印制：吴　波		封面设计：刘韦希		
出版发行：燕山大学出版社 YANSHAN UNIVERSITY PRESS		电　　话：0335-8387555		
地　　址：河北省秦皇岛市河北大街西段 438 号		邮政编码：066004		
印　　刷：秦皇岛墨缘彩印有限公司		经　　销：全国新华书店		

开　　本：787mm×1092mm　1/16		印　　张：14	
版　　次：2022 年 12 月第 1 版		印　　次：2022 年 12 月第 1 次印刷	
书　　号：ISBN 978-7-5761-0051-8		字　　数：210 千字	
定　　价：56.00 元			

内 容 简 介

　　本书共分为 7 章, 各章内容为: 第 1 章主要介绍了奇异摄动最优控制问题的基础理论以及相关研究内容; 第 2 章研究了数量情形线性奇异摄动最优控制问题的空间对照结构; 第 3 章研究了带有积分边界条件的线性奇异摄动最优控制问题的空间对照结构; 第 4 章研究了数量非线性奇异摄动最优控制问题的空间对照结构, 研究内容包括仿射非线性和完全非线性两种情形; 第 5 章研究了高维奇异摄动最优控制问题的空间对照结构; 第 6 章研究了切换系统的内部层解; 第 7 章介绍了关于空间对照结构理论的最新研究进展. 本书基本内容由浅入深, 通俗易懂, 而且向读者介绍了一些比较深入的内容, 展示了科学前沿, 所得到的结果都是原创的.

　　本书的读者对象为大学高年级本科生、研究生以及各行各业对奇异摄动最优控制理论和方法感兴趣的科技工作者.

前　言

通过对奇异摄动最优控制问题状态解极限性质的深入研究, 本书主要探讨了奇异摄动最优控制问题中空间对照结构的存在性. 近年来, 对奇异摄动边值问题中空间对照结构的研究已取得了非常深入的成果, 从而为奇异摄动最优控制问题中空间对照结构的研究提供了理论依据. 空间对照结构主要分为阶梯状空间对照结构和脉冲状空间对照结构两大类. 本书主要讨论阶梯状空间对照结构, 它的基本特点是在所讨论区间内存在一点 t^* (当然也可以存在多点 t^*), 称为转移点. 因为在每个转移点的讨论完全一样, 所以只讨论存在一个转移点的情况. 事先 t^* 的位置是未知的, 需要在渐近解的构造过程中确定. 在 t^* 的某个小邻域内, 问题的解会发生剧烈的结构变化, 当小参数趋于零时, 解会趋向于不同的退化解.

本书主要研究了奇异摄动最优控制问题中的阶梯状空间对照结构, 同时介绍了奇异摄动问题中的最新研究进展.

第 1 章回顾了奇异摄动最优控制理论的发展过程, 引入了与本书研究内容相关的一些基本定义和引理.

第 2 章研究了数量情形的线性奇异摄动最优控制问题. 利用指数二分法的一些性质、Fredholm 引理以及交换引理, 证明了阶梯状空间对照结构解的存在性. 同时, 根据解的结构, 运用边界层函数法和直接展开法构造了其一致有效的形式渐近解.

第 3 章研究了带有积分边界条件奇异摄动最优控制问题的空间对照结构. 利用变分法原理给出了等价的一阶必要性条件，给出了解的存在性证明.

第 4 章研究了数量情形非线性奇异摄动最优控制问题的阶梯状空间对照结构, 利用必要最优性条件的等价性证明了阶梯状空间对照结构解的存在性. 同时, 利用直接展开法构造了该问题一致有效的形式渐近解.

第 5 章研究了高维奇异摄动最优控制问题的阶梯状空间对照结构, 利用交换引理证明了阶梯状空间对照结构解的存在性, 结合直接展开法构造了该问题一致有效的形式渐近解.

第 6 章研究了高维奇异摄动混合动态系统最优控制的渐近解. 借助变分法得到了混合动态系统的最优性条件, 并利用边界层函数法构造了形式渐近解. 运用缝接法对轨道进行了缝接, 在整个区间上得到了解的存在性和渐近解的一致有效性.

第 7 章介绍了关于奇异摄动最优控制问题和奇异摄动边值问题中空间对照结构的最新研究进展.

本书包含作者经过几年的研究积淀, 形成的诸多有价值的研究成果. 研究成果在全国奇异摄动理论研讨会上作过多次报告, 获得了积极反响和一致好评. 本书在撰写过程中得到华东师范大学倪明康教授和上海应用技术大学陆海波博士的关心和帮助, 借此机会表示感谢.

武利猛独立撰写了著作中18万字, 张娟和李素红共同撰写了著作中3万字. 本书的出版得到了河北科技师范学院学术著作出版基金、国家重点研发计划项目(2019YFC1407903)、河北省高校基本科研业务费专项项目(2021JK02)、河北科技师范学院应用数学研究所和国家自然科学基金(11901152) 的支持, 特致谢意.

由于时间和作者水平有限, 书中的错误以及不足之处在所难免, 希望读者们批评与指正.

2022年2月

于秦皇岛

目　录

第 1 章　奇异摄动最优控制理论基础

1.1　引言

摄动理论和方法的发展已经经历了一个多世纪, 它最初是由 Poincaré 等人在研究行星轨道受到小扰动后的运行规律时提出来的, 后被广泛研究, 推广和应用到自然科学的各个领域. 特别是例如匹配法、多尺度方法、解析特征法等在控制论、天体力学、流体力学、光学、声学、天体物理、等离子体物理、化学反应动力学、土木工程、机械、船舶、海洋等学科中得到了成功的应用[1]. 摄动又称扰动, 一般可分为两类: 正则摄动和奇异摄动, 它们是针对含有小参数的系统而言的. 如果是正则摄动系统, 则小参数为零和不为零时得到的解的差别不大, 这时通常可用小参数为零时的系统(又称为退化系统)的解近似代替原系统的解. 而退化系统的解和原系统的解有本质区别, 则称为奇异摄动系统. 早在1904 年, L. Prandtl 在 "The Third International Congress of Mathematicians in Heidelberg" 上提出了著名的关于黏性边界层的文章[2]. 1905年, L. Prandtl 在研究物面的大雷诺数流动时提出了边界层展开法. 直到1946 年, "奇异摄动" 这一概念才正式提出[3]. 随后, 奇异摄动理论蓬勃发展起来并出现了很多丰富的成果[4-12]. 在我国, 许多科学家对奇异摄动方法的发展作出了杰出的贡献[13-17], 如钱伟长关于解的合成展开法得到了国内外的高度评价, 郭永怀对变形坐标法的推广被钱学森称为 PLK 方法, 林家翘的解析特征法也获得广泛关注等.

在系统理论与控制工程中, 建立合理的数学模型是一个首要问题, 通常情形下, 这些模型是高阶的微分方程. 如果系统中存在一些小的时间常数、惯量、电导或电容, 则会使得这些微分方程有相当高的阶数, 这时, 这些问题都可以归结为相应的奇异摄动系统来研究. 由于小参数的影响, 使得所讨论的问题在不同的条件下会产生边界层、内部层、转点、角层等不同的情况, 从而导致奇异摄动问题的精确解一般无法求出, 人们便去寻求这些问题的近似解. 对于近似解的研究包括两个方面: 数值方法和渐近方法. 随着计算机技术的不断发展, 数值方法得到了长足的发展, 取得了非常好的成果. 包括有限差分法、有限元法、柱条法、迭代法、稳定网格法[18]等. 奇异摄动渐近方法包括边界层函数法、直接展开法、平均化方法、匹配法、多重尺度法、微分不等式方法、WKB 方法等, 其中直接展开法和边界层函数法是本书的主要研究方法.

奇异摄动方法自20世纪60年代开始应用于控制理论研究, 并一直伴随着控制理论的发展而不断壮大. 变分法、极小值原理、动态规划方法为奇异摄动最优控制理论的研究提供了理论依据[19]. Kokotovic 和 Sannuti 首先将奇异摄动理论应用到连续最优控制问题, 研究了相应的两点边值问题[20]和矩阵 Riccati 方程[21]. 随后, 关于奇异摄动开环最优控制[22-37]和闭环最优控制出现了很多优秀的成果[38-50], 其中包括线性二次最优调节器问题、微分对策[51-58]、最优张弛振荡器[59]、控制受限最优控制问题[60-61]以及矩阵 Riccati 方程求解问题[62-81]等. 针对以上奇异摄动最优控制问题主要有以下几种主要方法: "两步法"、"特征向量法"、线性矩阵不等式方法和基于积分流形的几何方法, 而对于采用快慢分解的方法比较难以处理非标准情形的奇异摄动最优控制问题, 学者们则借助于广义系统来研究[82-83].

通常构造奇异摄动最优控制问题的渐近解有两种方法: 第一种方法是将渐近方法直接应用于最优性条件, 第二种方法是利用在边界层函数法基础上发展起来的直接展开法来构造最优控制问题的渐近解[84]. 直接展开法是首先将性能指标、状态方程和边界条件按快慢尺度分离, 然后对小参数进行展开. 通过直接展开, 得到一系列极小化控制序列, 每一个新的控制序列简化了原问题的性能指标. 需要指出的是, 直接展开法不但容易找到渐近解之间的关系, 而且表明了最优控制问题的本质, 同样地, 它可以直接应用于一些最优控制计算算法. 文献[85-86]利用直接展开法和边界层函数法分别研究了向量和数量情形奇异摄动变分问题中的空间对照结构解的存在性, 并构造了其一致有效的形式渐近解. 文献[87]证明了线性最优控制问题中阶梯状空间对照结构的存在性. 空间对照结构理论初建于20世纪90年代中期[88-95], 现已成为奇异摄动领域中的热点问题之一, 国外学者也有称之为内部层[96-97]. 它的主要特性是在某点的邻域内解的结构发生剧烈变化, 对这类问题的研究有着很强的实际背景. 例如, 在量子力学中解从高能态迅速转向低能态或者从低能态快速跳向高能态. 它的主要形式有两种: (1) 阶梯状空间对照结构; (2) 脉冲状空间对照结构. 事实上, 对高维系统空间对照结构的研究需要判断异宿轨道(或同宿轨道)的存在性, 这本身就是一个很困难的问题, 目前对这一方面的研究成果并不多见. 这就需要在研究奇异摄动最优控制问题中的空间对照结构时建立和运用一些新的技巧和方法, 逐一克服求解问题中所遇到的困难. 高维奇异摄动最优控制问题中的空间对照结构是本书着重解决的一类问题.

混合动态系统是由连续变量动态系统和离散事件动态系统按一定规律相互混合、相互作用而构成的一类复杂动态系统. 1966 年, H. S. Witsenhausen 首先研究了混合系统[98]. 1979 年, 瑞典学者 Cellier 利用计算机方法研究了具有连续和离散特性的系统, 把该系统分为离散、连续和接口三个部分, 并首先引入混合系统结构的概念[99]. 之后, 越来越多的学者开始关注于混合动态系统. 随着研究的深入, 人们发现在航天技术、生命科学、社会经济和生态环境等领域都存在着大量的混合动态系统. 由于混合动态系统的复杂性, 需要包括控制、系统辨识、计算机科学、人工智能等学科在内的共同合作研究. 近年来, 对混合系统最优控制的研究成为一个热点问题[100-116], 然而对于奇异摄动混合动态系统的最优控制研究仍不多见. 系统中一些小量的存在常常使得系统成为奇异摄动系统, 这种现象在现实世界中也是普遍存在的, 因此, 对奇异摄动混合动态系统的研究是有意义的, 也是十分必要的. 本书将对奇异摄动混合动态切换系统的最优控制问题进行研究, 包括证明解的存在性, 构造出一致有效的渐近解, 同时, 给出应用方法实例, 从而将现有理论作一定程度的推广, 这也是本书着重解决的一类问题.

解决上述问题, 传统的摄动方法有些已经不能满足需要, 本书主要借助于 $k+\sigma$ 交换引理、缝接法等方法, 证明解的存在性, 同时, 结合边界层函数法和直接展开法进行基础理论研究, 构造了一致有效的形式渐近解,给出了余项估计. 奇异摄动理论最早是由苏联数学家吉洪诺夫所创立的, 发展至今已70余年. 在这期间由于解决实际问题的需要, 又发展出了各种各样的方法, 其中, Vasil'eva 的边界层函数法是本书所介绍的空间对照结构理论的基础. 下面首先给出关于摄动的基本概念.

考虑初值问题

$$\frac{\mathrm{d}y}{\mathrm{d}t} = f(y, t, \mu), \ y(0, \mu) = y_0, \tag{1-1}$$

这里 μ 是正的小参数, 函数 $f(y, t, \mu)$ 足够光滑, 初值问题(1-1) 称为正则摄动问题.

如果在 (1-1) 中令 $\mu = 0$, 就得到退化问题

$$\frac{\mathrm{d}\bar{y}}{\mathrm{d}t} = f(\bar{y}, t, 0), \ y(0) = y^0. \tag{1-2}$$

正则摄动问题一般具有下面性质: 假设初值问题 (1-1) 和 (1-2) 的解分别为 $y(t, \mu)$ 和 $\bar{y}(t)$, 定义域区间为 $[0, T]$, T 是某个常数, 那么, 当 $\mu \to 0$ 时,

$$|y(t, \mu) - \bar{y}(t)| \to 0,$$

关于 t 在 $[0, T]$ 上一致成立. 通常对函数 $\bar{y}(t)$ 的研究总比对 $y(t, \mu)$ 要简单, 因此, 在实际问题中就可以用退化问题研究原问题, 即用函数 $\bar{y}(t)$ 近似代替 $y(t, \mu)$, $\bar{y}(t)$通常称为原问题解的渐近近似.

再看下面的初值问题

$$\frac{\mathrm{d}x}{\mathrm{d}t} = G(x, y, t), \ \mu\frac{\mathrm{d}y}{\mathrm{d}t} = F(x, y, t), \ x(0, \mu) = x^0, \ y(0, \mu) = y^0, \tag{1-3}$$

问题 (1-1) 和问题 (1-3) 同样含有小参数 μ, 两者属于不同的类型. 在方程 (1-3) 中令 $\mu = 0$ 同样得到退化方程

$$\frac{\mathrm{d}\bar{x}}{\mathrm{d}t} = G(\bar{x}, \bar{y}, t), \ F(\bar{x}, \bar{y}, t) = 0, \tag{1-4}$$

注意, 该方程已不再是纯微分方程, 而是一代数方程和微分方程的耦合. 一般而言, 微分方程可以通过利用解中的参数调节使得满足初值条件, 而代数方程解中因为没有参数, 因此得到的解一般不会满足初值条件. 这就同正则摄动产生了本质差异, 即 $y(t, \mu)$ 和 $\bar{y}(t)$ 在初始时刻 $t = 0$ 的值是不相等的. 通常把系统 (1-1) 称为系统 (1-2) 的摄动系统, 而且将一个不为零的小参数引入到系统中来的过程也叫作摄动. 对于系统 (1-1) 和系统 (1-2) 的

情形称为正则摄动, 系统 (1-3) 和 (1-4) 情形称为奇异摄动. 将非摄动系统与含有不为零小参数的摄动系统进行比较,如果决定摄动系统的解所需要的定解条件数目, 比为了决定非摄动系统的解所需要的定解条件数目来得多, 则称这样的系统为奇异摄动系统.

对于代数方程 $F(\bar{x}, \bar{y}, t) = 0$ 而言, 一般会假设存在函数有 $\bar{y} = \varphi(\bar{x}(t), t)$ 满足方程 $F(\bar{x}, \bar{y}, t) = 0$, 利用方程 $\bar{y} = \varphi(\bar{x}(t), t)$ 以及方程 $\frac{d\bar{x}}{dt} = G(\bar{x}, \bar{y}, t)$ 可求得满足初值条件 $\bar{x}(0) = x^0$ 的解 $\bar{x}(t) = \psi(t)$. 对于 $\bar{y} = \varphi(\psi(t), t)$ 而言一般不满足初值条件. 上面的讨论并不严格, 目的在于让读者对奇摄动问题有个初步了解, 关于奇异摄动边值问题的具体研究可参看文献[17].

通过对奇异摄动最优控制问题状态解极限性质的深入研究, 本书探讨了奇异摄动最优控制问题中空间对照结构的存在性. 近年来, 对空间对照结构的研究已取得了非常深入的成果, 从而为奇异摄动最优控制问题中空间对照结构的研究提供了理论依据. 空间对照结构主要分为阶梯状空间对照结构和脉冲状空间对照结构两大类. 本书主要讨论阶梯状空间对照结构, 它的基本特点是在所讨论区间内存在一点 t^*(当然也可以存在多点 t^*), t^* 称为转移点, 因为在每个转移点的讨论完全一样, 所以只讨论存在一个转移点的情况. 事先 t^* 的位置是未知的, 需要在渐近解的构造过程中确定. 在 t^* 的某个小邻域内, 问题的解会发生剧烈的结构变化, 当小参数趋于零时, 解会趋向于不同的退化解.

通常对于奇异摄动最优控制问题的研究大致为: 通过利用变分法得到研究问题的一阶最优性条件, 进一步将带有小参数的最优控制问题转化为奇异摄动初边值问题, 最后利用相关理论进行解的研究. 本书关注的是空间对照结构解, 因此, 奇异摄动初边值问题中的空间对照结构理论成为研究的关键, 是本书的重要理论基础. 接下来, 给出奇异摄动初边值问题中空间对照结构相关理论的研究成果, 从而为奇异摄动最优控制问题中的空间对照结构研究打下基础.

1.2 奇异摄动问题中空间对照结构的研究进展

本节给出关于奇异摄动初边值问题中空间对照结构的研究进展,需要指出, 由于篇幅所限, 对于研究问题有的并没有给出所有满足假设的条件, 仅给出关键核心条件和主要结论, 感兴趣的读者可以参看相关专著《奇异摄动问题中的空间对照结构理论》.

1.2.1 奇异摄动半线性问题中的空间对照结构

考虑半线性奇异摄动微分方程两点边值问题

$$\begin{cases} \mu^2 \dfrac{\mathrm{d}^2 y}{\mathrm{d}t^2} - F(y,t) = 0, \\ y(0,\mu) = y^0, \ y(1,\mu) = y^1. \end{cases} \tag{1-5}$$

H 1.1 假设函数 $F(y,t)$ 在平面区域 $D = \{(y,t) \mid A \leqslant y \leqslant B, a \leqslant t \leqslant b\}$ 上无限次可微.

H 1.2 假设退化方程 $F(y,t) = 0$ 在平面区域 D 中仅有三个孤立的根 $\varphi_i(t), i = 1,2,3$. 不妨认为

1) $A < \varphi_1(t) < \varphi_2(t) < \varphi_3(t) < B, \ 0 \leqslant t \leqslant 1$;

2) $F_y \mid_{y=\varphi_1,\varphi_3} > 0, \ F_y\mid_{y=\varphi_2} < 0, \ 0 \leqslant t \leqslant 1$.

注释 1.1 方程 $F(y,t) = 0$ 可能有其他的根, 但在构造渐近解时只涉及上述三个根.

令 $\tau = t/\mu$, 可得系统 (1-5) 的辅助系统方程 $\dfrac{\mathrm{d}^2 y}{\mathrm{d}\tau^2} = F(y,t)$. 在相平面 $(y, \dfrac{\mathrm{d}y}{\mathrm{d}\tau})$ 上, 当 t 固定时, 平衡点 $A_i(\varphi_i, 0)(i = 1,3)$ 是鞍点, $A_2(\varphi_2, 0)$ 是中心. 如果记

$$S_1 = \int_{\varphi_1(t)}^{\varphi_2(t)} F(y,t)\mathrm{d}y,$$

$$S_2 = \int_{\varphi_3(t)}^{\varphi_2(t)} F(y,t)\mathrm{d}y,$$

则 $S_i \ (i = 1,2)$ 对参数 t 的依赖性表现为下面三种情形:

$$\int_{\varphi_1(t)}^{\varphi_2(t)} F(y,t)\mathrm{d}y > \int_{\varphi_3(t)}^{\varphi_2(t)} F(y,t)\mathrm{d}y, \ S_1 > S_2, \tag{1-6}$$

$$\int_{\varphi_1(t)}^{\varphi_2(t)} F(y,t)\mathrm{d}y < \int_{\varphi_3(t)}^{\varphi_2(t)} F(y,t)\mathrm{d}y,\ S_1 < S_2, \tag{1-7}$$

$$\int_{\varphi_1(t)}^{\varphi_2(t)} F(y,t)\mathrm{d}y = \int_{\varphi_3(t)}^{\varphi_2(t)} F(y,t)\mathrm{d}y,\ S_1 = S_2. \tag{1-8}$$

等式 (1-8) 可写成

$$\int_{\varphi_1(t)}^{\varphi_3(t)} F(y,t)\mathrm{d}y = 0, \tag{1-9}$$

这时鞍点 A_1 和 A_3 由两条相轨线相连接, 构成异宿轨道.

如果方程 (1-9) 有解 $t = t_0 \in (0,1)$, 那么问题 (1-5) 可能存在这样的解: 它除了在 $t = 0$ 和 $t = 1$ 处有边界层之外, 在点 $t = t_0$ 的邻域内还存在内部层. 从解 φ_1 转移到解 φ_3, 或者从解 φ_3 转移到解 φ_1, 这样形式的解称为阶梯状空间对照结构.

注释 1.2　方程 (1-5) 的退化方程可能有多个解, 这就意味着系统 (1-5) 可能有多个内部层, 即解会在不同的退化根之间跳跃.

H 1.3　假设方程

$$I(t) = \int_{\varphi_1(t)}^{\varphi_3(t)} F(y,t)\mathrm{d}y = 0 \tag{1-10}$$

有解 $t_0 \in (0,1)$, 并且

$$I'(t_0) = \int_{\varphi_1(t_0)}^{\varphi_3(t_0)} F_t(y,t_0)\mathrm{d}y \neq 0. \tag{1-11}$$

定理 1.1　如果满足条件 H1.1 $\sim$ H1.3, 那么问题 (1-5) 的阶梯状空间对照结构解 $y(t,\mu)$ 存在, 它具有下面的渐近展开式

$$y(t,\mu) = \begin{cases} \sum_{k=1}^{n} \mu^k[\bar{y}_k^{(-)}(t) + L_k y(\tau_0) + Q_k^{(-)}y(\tau)] + O(\mu^{n+1}),\ 0 \leqslant t \leqslant t^*, \\ \sum_{k=0}^{n} \mu^k[\bar{y}_k^{(+)}(t) + Q_k^{(+)}y(\tau) + R_k(\tau_1)] + O(\mu^{n+1}),\ t^* \leqslant t \leqslant 1, \end{cases}$$

其中 $\tau_0 = t/\mu$, $\tau_1 = (t-1)/\mu$, $\tau = (t-t^*)/\mu$, $t^* = t_0 + \mu t_1 + \cdots + \mu^{n+1}t_{n+1} + O(\mu^{n+2})$.

1.2.2　奇异摄动二阶拟线性问题中的空间对照结构

考虑二阶拟线性奇异摄动微分方程

$$\begin{cases} \mu y'' = A(y,t)y' + B(y,t), \\ y(0,\mu) = y^0, \ y(1,\mu) = y^1, \end{cases} \tag{1-12}$$

由于多了 $A(y,t)y'$ 这一项，该问题的讨论和之前问题会有很大不同.

H 1.4   假设函数 $A(y,t)$ 和 $B(y,t)$ 在 $D = \{a < t < b, A < y < B\}$ 上无限次可微.

H 1.5   假设退化方程

$$A(\bar{y},t)\bar{y}' + B(\bar{y},t) = 0 \tag{1-13}$$

有满足 $\bar{y}^{(-)}(0) = y^0$ 的解 $\bar{y}^{(-)}(t)$ 和满足 $\bar{y}^{(+)}(1) = y^1$ 的解 $\bar{y}^{(+)}(t)$，并且 $A(\bar{y}^{(-)},t) > 0, A(\bar{y}^{(+)},t) < 0, 0 \leqslant t \leqslant 1$.

确定 t_0 的方程为

$$I(t_0) \equiv \int_{\bar{y}_0^{(-)}(t_0)}^{\bar{y}_0^{(+)}(t_0)} A(y,t_0)\mathrm{d}y = 0. \tag{1-14}$$

H 1.6   假设方程 (1-14) 关于 t_0 可解，并且 $I'(t_0) \neq 0$.

定理 1.2   如果满足条件 H1.4~H1.6, 那么问题 (1-12) 存在具有内部转移层的空间对照结构解.

1.2.3 奇异摄动弱非线性问题中的空间对照结构

讨论二阶奇异摄动方程边值问题

$$\begin{cases} \mu^2 \dfrac{\mathrm{d}^2 y}{\mathrm{d}t^2} = F\left(\mu \dfrac{\mathrm{d}y}{\mathrm{d}t}, y, t\right), \tag{1-15} \\ y(-1,\mu) = y(1,\mu) = 0, \ -1 < t < 1, \tag{1-16} \end{cases}$$

其中 $\mu > 0$ 是小参数. 由于方程右端包含了一阶导数 $\dfrac{\mathrm{d}y}{\mathrm{d}t}$，所以问题会相当复杂.

把 (1-15) 写成等价方程组

$$\begin{cases} \mu \dfrac{\mathrm{d}y}{\mathrm{d}t} = z, \\ \mu \dfrac{\mathrm{d}z}{\mathrm{d}t} = F(z,y,t). \end{cases} \tag{1-17}$$

H 1.7 假设 $F(z,y,t)$ 在区域 $D = \{(z,y,t)|\ |t| < 1, |y| \leqslant l_1, |z| \leqslant l_2\}$ 上二阶偏导数连续, 而 l_1, l_2 是两个给定的常数.

H 1.8 假设 $F(0,y,t) = 0$ 有三个根 $y = \varphi_i(t), i = 1,2,3$, 不妨令 $\varphi_1(t) < \varphi_2(t) < \varphi_3(t)$, 并且 $F_y(0, \varphi_{1,3}(t), t) > 0$, $F_y(0, \varphi_2(t), t) < 0$.

写出 (1-17) 的辅助方程

$$\begin{cases} \dfrac{\mathrm{d}\tilde{y}}{\mathrm{d}\tau} = \tilde{z}, \\ \dfrac{\mathrm{d}\tilde{z}}{\mathrm{d}\tau} = F(\tilde{z}, \tilde{y}, \bar{t}), \end{cases} \tag{1-18}$$

这里 $\bar{t}$ 是暂时固定的参数.

H 1.9 令 $M_i = (\varphi_i(\bar{t}), 0), i = 1,2,3$, 假设从平衡点 M_1 出发的轨线(记为 $(\tilde{y}^{(-)}(\tau, t),\ \tilde{z}^{(-)}(\tau, t))$)与 $y = \varphi_1(t)$ 相交, 并且在交点时刻对应于 $\tau = 0$, 在 M_1 处对应于 $\tau = -\infty$; 又进入 M_3 的轨线(记为 $(\tilde{y}^{(-)}(\tau, t),\ \tilde{z}^{(-)}(\tau, t))$)与 $y = \varphi_2(t)$ 相交, 在交点时刻对应于 $\tau = 0$, 在 M_3 处对应于 $\tau = +\infty$.

这两条轨线由下面方程确定

$$\begin{cases} \dfrac{\mathrm{d}\tilde{y}^{(\mp)}}{\mathrm{d}\tau} = \tilde{z}^{(\mp)}, \quad \dfrac{\mathrm{d}\tilde{z}^{(\mp)}}{\mathrm{d}\tau} = F(\tilde{z}^{(\mp)}, \tilde{y}^{(\mp)}, t), \\ \tilde{y}^{(\mp)}(0, t) = \varphi_2(t), \\ \tilde{y}^{(\mp)}(\pm\infty, t) = \varphi_{1,3}(t), \quad \tilde{z}^{(\mp)}(\pm\infty, t) = 0, \end{cases} \tag{1-19}$$

记 $H(t) = \tilde{z}^{(+)}(0, t) - \tilde{z}^{(-)}(0, t)$.

H 1.10 假设对某个 $t = t_0$, $-1 < t_0 < 1$, 有 $H(t_0) = 0$, 且 $\dfrac{\mathrm{d}H}{\mathrm{d}t}\big|_{t=t_0} \neq 0$.

定理 1.3 如果满足条件 H1.7~H1.10, 则必存在问题 (1-15)、(1-16) 的解 $y(t, \mu)$, 并有下面极限过程

$$\lim_{\mu \to 0} y(t, \mu) = \begin{cases} \varphi_1(t), & t < t_0, \\ \varphi_3(t), & t > t_0. \end{cases}$$

1.2.4 具有快慢变量奇异摄动方程组的空间对照结构

讨论具有快慢变量的奇异摄动方程组

$$\begin{cases} \mu^2 u'' = F(u,v), \quad -1 < t < 1, \\ u'' = G(u,v), \\ u'(-1) = u'(1) = 0, \; v'(-1) = v'(1) = 0, \end{cases} \tag{1-20}$$

其中 $u \in \mathbf{R}, v \in \mathbf{R}$.

H 1.11 假设对任意 $v(v \in I,\ I$是某个空间)方程 $F(u,v) = 0$ 有三个独立根

$$u = \varphi_1(v) < u = \varphi_2(v) < u = \varphi_3(v),$$

并且

$$F_u(\varphi_{1,3}(v),v) > 0, \; F_u(\varphi_2(v),v) < 0.$$

H 1.12 假设关于变量 v_0 ,满足

$$\int_{\varphi_1(v_0)}^{\varphi_3(v_0)} F(u,v_0)\mathrm{d}u = 0,$$

有解 $(v_0 \in I)$, 并且

$$\int_{\varphi_1(v_0)}^{\varphi_3(v_0)} F_v(u,v_0)\mathrm{d}u \neq 0. \tag{1-21}$$

定理 1.4 如果满足假设条件, 则边值问题 (1-20) 有解, 并且有下面极限式

$$\lim_{\mu \to 0} u(t,\mu) = \bar{u}_0(t) = \begin{cases} \varphi_1(\bar{v}_0(t)), \; -1 \leqslant t \leqslant t_0, \\ \varphi_3(\bar{v}_0(t)), \; t_0 < t \leqslant 1, \end{cases}$$

其中 $\bar{v}_0(t)$ 满足

$$\bar{v''}_0^{(-)} = G(\varphi_1(\bar{v}_0^{(-)}), \bar{v}_0^{(-)}), \; \bar{v'}_0^{(-)}(-1) = 0, \; \bar{v}_0^{(-)}(t_0) = v_0, \tag{1-22}$$

$$\bar{v''}_0^{(+)} = G(\varphi_3(\bar{v}_0^{(+)}), \bar{v}_0^{(+)}), \; \bar{v'}_0^{(+)}(1) = 0, \; \bar{v}_0^{(+)}(t_0) = v_0. \tag{1-23}$$

在 t^* 处有 $u(t^*,\mu) = \varphi_2(v^*), v(t^*,\mu) = v^*$, 并且

$$t^* = t_0 + O(\mu), \; v^* = v_0 + O(\mu).$$

$u(t, \mu)$, $v(t, \mu)$ 在 $[-1, 1]$ 上有下面的渐近表达式

$$\begin{cases} u(t, \mu) = \bar{u}_0(t) + Q_0 u(\tau) + O(\mu), \\ v(t, \mu) = \bar{v}_0(t) + O(\mu). \end{cases} \quad (1\text{-}24)$$

其中 $\tau = (t - t^*)/\mu$,

$$Q_0 u(\tau) = \begin{cases} Q_0^{(-)} u(\tau), \ \tau \leqslant 0, \\ Q_0^{(+)} u(\tau), \ \tau \geqslant 0. \end{cases}$$

为内部转移层项, 由渐近解构造中确定.

1.2.5 二阶奇异摄动非线性问题中的空间对照结构

考虑二阶非线性奇异摄动方程组

$$\mu z' = F(z, y, t), \quad \mu y' = G(z, y, t). \quad (1\text{-}25)$$

其中 $\mu > 0$ 是小参数, $z \in \mathbf{R}, y \in \mathbf{R}$. 对这类问题的研究需要辅助方程有一个首次积分. 对 (1-25) 给出边界条件

$$z'(0, \epsilon) = 0, \quad z'(1, \epsilon) = 0. \quad (1\text{-}26)$$

H 1.13 假设对每个固定的 $t = \bar{t} \in [0, 1]$, 方程 $\dfrac{\mathrm{d}z}{\mathrm{d}y} = \dfrac{F(z, y, \bar{t})}{G(z, y, \bar{t})}$ 具有首次积分 $\varphi(z, y, \bar{t}) = c$.

H 1.14 假设方程 $\dfrac{\mathrm{d}z}{\mathrm{d}y} = \dfrac{F}{G}$ 至少有两个鞍点型奇点:
$$M_1(\varphi_1(\bar{t}), \psi_1(\bar{t})), \quad M_2(\varphi_2(\bar{t}), \psi_2(\bar{t})),$$
其中 $(\varphi_i(\bar{t}), \psi_i(\bar{t}))$, $i = 1, 2$ 是退化方程组的两个孤立解, 同时矩阵

$$\begin{bmatrix} F_z & F_y \\ G_z & G_y \end{bmatrix}$$

的特征值满足条件 $\mathrm{Re}\lambda_{i1} < 0$, $\mathrm{Re}\lambda_{i2} < 0$, $i = 1, 2$, 这里函数 F_z、F_y、G_z、G_y 在 $(\varphi_i(\bar{t}), \psi_i(\bar{t}), \bar{t})$ 点上取值.

经过鞍点 M_1、M_2 的轨线 S_{M_1}、S_{M_2} 满足方程

$$S_{M_1}: \ \varphi(z, y, \bar{t}) = \varphi(\varphi_1(\bar{t}), \psi_1(\bar{t}), \bar{t}), \quad (1\text{-}27)$$

$$S_{M_2}: \ \varphi(z, y, \bar{t}) = \varphi(\varphi_2(\bar{t}), \psi_2(\bar{t}), \bar{t}). \quad (1\text{-}28)$$

$\bar{t} \in [0,1]$ 为一固定数.

H 1.15 假设对某个值 $\bar{t} = t_0 \in (0,1)$ 存在连接鞍点 M_1 和 M_2 的轨线.

显然点 t_0 满足方程

$$\varphi(\varphi_1(\bar{t}), \psi_1(\bar{t}), \bar{t}) = \varphi(\varphi_2(\bar{t}), \psi_2(\bar{t}), \bar{t}). \tag{1-29}$$

注释 1.3 这种点可能有几个, 这里仅讨论一个点的情况.

通过构造渐近解可知, (1-25) 具有阶梯状空间对照结构的解 $z(t,\mu)$、$y(t,\mu)$, 也就是说当 $\mu \to 0$ 时, 这种解在点 t_0 具有跳跃:

$$\lim_{\mu \to 0} z(t,\mu) = \begin{cases} \varphi_1(t), & t < t_0, \\ \varphi_2(t), & t > t_0, \end{cases}$$

$$\lim_{\mu \to 0} y(t,\mu) = \begin{cases} \psi_1(t), & t < t_0, \\ \psi_2(t), & t > t_0. \end{cases}$$

定理 1.5 如果满足条件 H1.13~H1.15, 那么问题 (1-25) 存在具有阶梯状空间对照结构的解.

1.2.6 奇异摄动高维非线性问题中的空间对照结构

考虑高维奇异摄动动力系统, 讨论下面 n 阶方程组($n \geqslant 4$)

$$\begin{cases} \mu y_1' = f_1(y_1, y_2, \cdots, y_n, t), \\ \mu y_2' = f_2(y_1, y_2, \cdots, y_n, t), \\ \cdots \\ \mu y_n' = f_n(y_1, y_2, \cdots, y_n, t), \quad 0 < t < 1 \end{cases} \tag{1-30}$$

和第一类边值

$$Ay(0,\mu) = Ay_0, \quad By(1,\mu) = By_1, \tag{1-31}$$

其中 $\mu > 0$ 是小参数,

$$y = (y_1, y_2, \cdots, y_n)^{\mathrm{T}}, \quad f = (f_1(y,t), f_2(y,t), \cdots, f_n(y,t))^{\mathrm{T}},$$

都是 n 维向量函数, $A = \begin{bmatrix} E_k & 0 \\ 0 & 0 \end{bmatrix}$, $B = \begin{bmatrix} 0 & 0 \\ 0 & E_{n-k} \end{bmatrix}$ 都是 $n \times n$ 阶方阵, 其

中 E_k 是 $k \times k$ 阶方阵, E_{n-k} 是 $(n-k) \times (n-k)$ 阶方阵$(1 < k < n)$.

先给出若干假设:

H 1.16 假设在 $D = \{(y_1, y_2, \cdots, y_n, t) : |y_i| \leqslant l, i = 1, 2, \cdots, n, 0 \leqslant t \leqslant 1\}$ 上 $f_i(y_1, y_2, \cdots, y_n, t)$ 充分光滑, 这里 l 是某个实数.

H 1.17 假设 (1-30) 的退化系统

$$f(y, t) = 0 \tag{1-32}$$

在 D 上有两组孤立解 $y_1 = \alpha(t), y_2 = \beta(t)$.

H 1.18 假设特征方程 $|D_y f(y_j, t) - \lambda E_n| = 0, j = 1, 2$ 有 n 个实特征根 $\bar{\lambda}_i(t)$, $i = 1, 2, \cdots, n$, 其中

$$\bar{\lambda}_i(t) < 0, \ i = 1, 2, \cdots, k;$$
$$\bar{\lambda}_i(t) > 0, \ i = k+1, \cdots, n.$$

(假设存在 n 个实特征根只是为了讨论方便起见, 事实上可以要求有 k 个特征根的实部小于零和 $n - k$ 个特征根的实部大于零).

条件 H1.18 表明在 n 维相空间 $(\tilde{y}_1, \tilde{y}_2, \cdots, \tilde{y}_n)$ 上 (1-30) 的辅助系统

$$\frac{\mathrm{d}\tilde{y}}{\mathrm{d}\tau} = f(\tilde{y}, \bar{t}) \tag{1-33}$$

$(\tilde{y} = (\tilde{y}_1, \tilde{y}_2, \ldots, \tilde{y}_n)^{\mathrm{T}}, \bar{t}$ 暂且固定, $0 < \bar{t} < 1)$的两个平衡点 $M_1 = M(\alpha(\bar{t}))$, $M_2 = M(\beta(\bar{t}))$ 都是双曲鞍点. 将从 $n = 4$ 的情况着手进行讨论, 等研究清楚若干细节之后, 把所得到的结果再推广到任意 n 的情况. 为此, 必须搞清楚在四维相空间中两个双曲平衡点附近轨线的情况. 在 $\mathbf{R}^4$ 中, 当两平衡点 $M_j(j = 1, 2)$ 都是双曲鞍点时, 根据特征值的符号可把两平衡点之间的关系分为下面九种情况:

(1) $M_1[-, -, -, +], M_2[-, -, -, +]$;

(2) $M_1[-, -, -, +], M_2[-, -, +, +]$;

(3) $M_1[-, -, -, +], M_2[-, +, +, +]$;

(4) $M_1[-, -, +, +], M_2[-, -, -, +]$;

(5) $M_1[-, -, +, +], M_2[-, -, +, +]$;

(6)　$M_1[-, -, +, +], M_2[-, +, +, +]$;

(7)　$M_1[-, +, +, +], M_2[-, -, -, +]$;

(8)　$M_1[-, +, +, +], M_2[-, -, +, +]$;

(9)　$M_1[-, +, +, +], M_2[-, +, +, +]$.

往下将分析上面所列出的各种情况:

(1) $M_1[-, -, -, +], M_2[-, -, -, +]$

如果在 $t = 0$ 处给出三个分量的初值, 在 $t = 1$ 处给出一个分量的终值, 例如

$$\begin{cases} y_1(0, \epsilon) = y_1^0, \\ y_2(0, \epsilon) = y_2^0, \\ y_3(0, \epsilon) = y_3^0, \\ y_4(1, \epsilon) = y_4^1. \end{cases}$$

那么, 可以存在从 M_1 到 M_2(或从 M_2 到 M_1)的异宿轨道, 也可以出现趋向 M_1 或趋向 M_2 的双边界层解.

(2) $M_1[-, -, -, +], M_2[-, -, +, +]$

存在连接 M_1 和 M_2 的轨道, 但是无法在 $t = 0$ 和 $t = 1$ 处给出适定的边值, 因此不存在具有内部转移层的解. 但是如果在 $t = 0$ 处给出三个分量的初值, 在 $t = 1$ 处给出一个分量的终值, 存在趋向于 M_1 的双边界层解; 这时没有趋向于 M_2 的解. 如果在 $t = 0$ 和 $t = 1$ 处各给出两个分量的边值, 可以存在趋向于 M_2 的双边界层解, 但没有趋向于 M_1 的解.

(3) $M_1[-, -, -, +], M_2[-, +, +, +]$

具有连接 M_1 和 M_2 的轨道, 但是无法在 $t = 0$ 和 $t = 1$ 处给出适定的边值, 使得存在有内部转移层的解. 但是, 只要在 $t = 0$ 处给出三个分量初值和在 $t = 1$ 处给出一个分量终值就有趋向于 M_1 的双边界层解; 同样也可以存在趋向于 M_2 的双边界层解.

(4) $M_1[-, -, +, +], M_2[-, -, -, +]$

类似于情况 (2).

(5) $M_1[-, -, +, +], M_2[-, -, +, +]$

存在连接 M_1 和 M_2 的异宿轨道. 只要在 $t = 0$ 和 $t = 1$ 处各给出两个分量的初值和终值就存在趋向于 M_1 或趋向于 M_2 的双边界层解, 也存在具有内部转移层的解.

(6) $M_1[-,-,+,+]$, $M_2[-,+,+,+]$

虽然存在连接 M_1 和 M_2 的轨道, 但是无法给出合适的边值使得具有内部转移层的解存在. 可以存在趋向于 M_1 的双边界层解和趋向于 M_2 的双边界层解.

(7) $M_1[-,+,+,+]$, $M_2[-,-,-,+]$

类似于情况 (3).

(8) $M_1[-,+,+,+]$, $M_2[-,-,+,+]$

存在连接 M_1 和 M_2 的异宿轨道, 但是没有具有内部转移层的解. 可以存在趋向于 M_1 或趋向于 M_2 的双边界层解.

(9) $M_1[-,+,+,+]$, $M_2[-,+,+,+]$

在这种情况下既可以存在具有内部转移层的解, 也可以存在趋向于 M_1 或 M_2 的双边界层解.

从上述列举的情况可见只有 (1)、(5)、(9) 可能出现具有内部转移层的空间对照结构. 由此可见, 为了出现所感兴趣的情况, 在两平衡点 $M_j(j = 1, 2)$ 的实特征根的符号必须一致. 对情况 (9) 和 (5) 的讨论完全类似于 (1), 因此着重讨论情况 (1) .

给出如下条件:

H 1.19　　假设特征方程 $|D_y f(y_j, t) - \lambda E_4| = 0$ 有四个实特征根 $\bar{\lambda}_{jp}(t), p = 1, 2, 3, 4; j = 1, 2$, 其中

$$\bar{\lambda}_{j1}(t) < \bar{\lambda}_{j2}(t) < \bar{\lambda}_{j3}(t) < 0 < \bar{\lambda}_{j4}(t).$$

H 1.20　　假设系统 (1-33) 有三个线性无关首次积分

$$\varphi_j(\tilde{y}_1, \tilde{y}_2, \tilde{y}_3, \tilde{y}_4, \bar{t}) = C_j, \ j = 1, 2, 3.$$

经过 M_1 的轨线为

$$\varphi_j(\tilde{y}_1^{(-)}, \tilde{y}_2^{(-)}, \tilde{y}_3^{(-)}, \tilde{y}_4^{(-)}, \bar{t}) = \varphi_j(\alpha(\bar{t}), \bar{t}), \ j = 1, 2, 3; \tag{1-34}$$

而经过 M_2 的轨线为

$$\varphi_j(\tilde{y}_1^{(+)}, \tilde{y}_2^{(+)}, \tilde{y}_3^{(+)}, \tilde{y}_4^{(+)}, \bar{t}) = \varphi_j(\beta(\bar{t}), \bar{t}), \ j = 1, 2, 3. \qquad (1\text{-}35)$$

根据条件 H 1.20 不妨认为方程 (1-34) 和 (1-35) 的解可分别表示成下面形式

$$\tilde{y}_p^{(-)}(\tau) = \bar{Y}_p(\tilde{y}_1^{(-)}(\tau), \bar{t}), \ \tilde{y}_p^{(+)}(\tau) = \bar{Y}_p(\tilde{y}_1^{(+)}(\tau), \bar{t}), \ p = 2, 3, 4. \quad (1\text{-}36)$$

从方程 (1-34) 和 (1-35) 可得存在连接 M_1 和 M_2 异宿轨道的必要条件为

$$\varphi_j(\alpha(\bar{t}), \bar{t}) = \varphi_j(\beta(\bar{t}), \bar{t}), \ j = 1, 2, 3. \qquad (1\text{-}37)$$

关系式 (1-37) 也就是确定转移点 t^* 主值 t_0 的方程. 由此可以得出结论: 方程组 (1-37) 一般关于 t_0 是无解的, 即连接 M_1 和 M_2 的异宿轨道一般是不存在的. 但是, 在某些情况下, 只要方程组 (1-37) 关于 t_0 满足相容性条件, t_0 还是可求的.

H 1.21　假设方程组 (1-37) 是相容的, 且关于 t_0 可解 $\bar{t} = t_0$.

记

$$H_p(t_0) = \tilde{y}_p^{(-)}(0) - \tilde{y}_p^{(+)}(0), \ p = 2, 3, 4,$$

其中 $\tilde{y}_1^{(-)}(0) = \tilde{y}_1^{(+)}(0)$ 是 t_0 的任意函数, 它们的值取在 $\alpha_1(0)$ 和 $\beta_1(0)$ 之间.

显然, 条件 H1.21 等价于

$$H_p(t_0) = 0, \ p = 2, 3, 4. \qquad (1\text{-}38)$$

H 1.22　假设 $\dfrac{\partial}{\partial t_0} H_j(t_0)(j = 2, 3, 4)$ 不全为零, 不妨认为 $\dfrac{\partial}{\partial t_0} H_4(t_0) \neq 0$.

定理 1.6　如果满足条件 H1.16~H1.22, 那么存在 $\mu_0 > 0$, 当 $0 < \mu \leqslant \mu_0$ 时, 问题 (1-30)、(1-31) 具有阶梯状空间对照结构的解, 且有下面渐近表达式

$$y(t, \mu) = \begin{cases} \alpha(t) + L_0 y(\tau_0) + Q_0^{(-)} y(\tau) + O(\mu), \ 0 \leqslant t \leqslant t^*, \\ \beta(t) + Q_0^{(+)} y(\tau) + R_0 y(\tau_1) + O(\mu), \ t^* \leqslant t \leqslant 1. \end{cases}$$

1.3 最优控制理论基础

变分法、极小值原理和动态规划是最优控制理论的基础, 本书主要应用变分法研究相关最优控制问题. 为了让读者更好地理解和掌握奇异摄动最优控制理论,从变分法给读者进行介绍.

变分法是17世纪发展起来的数学分析的一个分支, 它是研究依赖于某些未知函数的定积分型泛函极值的一门科学. 为了讨论问题的方便, 下面给出一些与变分法有关的基本概念.

具有某种共同性质的函数构成的集合称为函数类, 记作 F. 在区间 $[x_0, x_1]$ 上 n 阶导数连续的函数集, 称为在区间 $[x_0, x_1]$ 上 n 阶导数连续的函数类, 记为 $F = \{y(x)|y \in C^n[x_0, x_1], y(x_0) = y_0, y(x_1) = y_1\}$, 其中函数 y 的 n 阶导数在区间单边连续, y_0 和 y_1 为固定常数, 并约定 $C^0[x_0, x_1] = C[x_0, x_1]$.

设 $F = \{y(x)\}$ 是给定的某一函数集合. 如果对于函数 F 中的每一个函数 $y(x)$ 而言, 存在 $\mathbf{R}$ 中变量 J 都有唯一一个确定的数值按照一定的规律与之对应, 则 J 称为函数 $y(x)$ 的泛函, 记为 $J = J[y(x)]$. 函数 $y(x)$ 称为泛函 J 的宗量, 有时也称为泛函变量、宗量函数. 类函数 F 称为泛函 J 的定义域, 加在宗量函数上的条件称为容许条件, 属于定义域的宗量函数称为可取函数或容许函数.

设函数 $y(x) \in F = C^n[a, b]$, $J[y(x)]$ 是定义域为 F 的泛函. 若对于任意给定的一个正数 ε, 总可以找到一个 $\delta > 0$, 只要

$$d_n[y(x), y_0(x)] < \delta, \tag{1-39}$$

都有

$$|J[y(x)] - J[y_0(x)]| < \varepsilon \tag{1-40}$$

成立, 则泛函 $J[y(x)]$ 称为函数 $y_0(x)$ 具有 n 阶 δ 接近度的连续泛函.

类函数中能使泛函取得极值或可能取得极值的函数(或曲线)称为极值函数, 也称为变分问题的解. 变分法的核心问题就是求解泛函的极值函数和极值函数所对应的泛函极值. 设 $J[y(x)]$ 为某一可取类函数 $F = \{y(x)\}$

中定义的泛函, $y_0(x)$ 为 F 中的一个函数. 如果对于 F 中任一函数 $y(x)$, 都有 $\Delta J = J[y(x)] - J[y_0(x)] \geqslant 0$ 或 $\leqslant 0$, 则泛函 $J[y(x)]$ 称为在 $y_0(x)$ 上取得绝对极小值或绝对极大值, 相应的 $y_0(x)$ 称为取得绝对极小值的函数或绝对极大值的函数.

对于任意定值 $x \in [x_0, x_1]$, 可取函数 $y(x)$ 与另一可取函数 $y_0(x)$ 之差 $y(x) - y_0(x)$ 称为函数 $y(x)$ 在 $y_0(x)$ 处的变分, 记作 δy, δ 为变分符号, 这时有

$$\delta y = y(x) - y_0(x) = \varepsilon \eta(x),$$

ε 为拉格朗日小参数, $\eta(x)$ 为 x 的任意函数. 若可取函数由 $y(x)$ 变为 $y_1(x)$ 的同时, 自变量 x 也取得无穷小增量 Δx, 这里 Δx 是 x 的无穷小可微函数, 函数的增量在舍去高阶微量后, 可近似写成

$$\Delta y = \delta y + y'(x)\Delta x,$$

则 Δy 称为函数 $y(x)$ 的全变分, Δ 称为全变分符号.利用函数之间的关系, 可得

$$\delta \frac{\mathrm{d}y}{\mathrm{d}x} = \frac{\mathrm{d}}{\mathrm{d}x} \delta y,$$

即函数导数的变分等于函数变分的导数, 求变分与求导数两种运算可以换序.

设泛函

$$J[y_1, y_2, \cdots, y_n] = \int_{x_0}^{x_1} F(x, y_1, y_2, \cdots, y_n, y_1', y_2', \cdots, y_n')\mathrm{d}x,$$

若 $F \in C^1, y_i \in C^1, y_i' \in C^1, i = 1, 2, \cdots, n$, 则

$$\delta J = \int_{x_0}^{x_1} \delta F \mathrm{d}x = \int_{x_0}^{x_1} \left(\sum_{i=1}^{n} F_{y_i} \delta y_i + \sum_{i=1}^{n} F_{y_i'} \delta y_i' \right)\mathrm{d}x.$$

设 F、F_1 和 F_2 是 x、y、y' 的可微函数, 则变分符号 δ 有下列基本性质:

(1) $\delta(F_1 + F_2) = \delta F_1 + \delta F_2$;

(2) $\delta(F_1 F_2) = F_1 \delta F_2 + F_2 \delta F_1$;

(3) $\delta(F^n) = nF^{n-1}\delta F$;

(4) $\delta \left(\dfrac{F_1}{F_2} \right) = \dfrac{F_2 \delta F_1 - F_1 \delta F_2}{F_2^2}$;

(5) $\delta(F^{(n)}) = (\delta F)^{(n)} \left(F^{(n)} = \dfrac{\mathrm{d}^n F}{\mathrm{d}x^n} \right)$;

(6) $\delta \displaystyle\int_{x_0}^{x_1} F(x,y,y')\mathrm{d}x = \int_{x_0}^{x_1} \delta F(x,y,y')\mathrm{d}x$.

设 F、F_1 和 F_2 是 x、y、y' 的可微函数, 则变分符号 Δ 有下列基本性质:

(1) $\Delta(F_1 + F_2) = \Delta F_1 + \Delta F_2$;

(2) $\Delta(F_1 F_2) = F_1 \Delta F_2 + F_2 \Delta F_1$;

(3) $\Delta(F^n) = nF^{n-1}\Delta F$;

(4) $\Delta\left(\dfrac{F_1}{F_2}\right) = \dfrac{F_2 \Delta F_1 - F_1 \Delta F_2}{F_2^2}$;

(5) $\left[\Delta(F^{(n)})\right]' = \Delta\left[F^{(n+1)}\right] + F^{(n+1)}(\Delta x)'$;

(6) $\Delta \displaystyle\int_{x_0}^{x_1} F\mathrm{d}x = \int_{x_0}^{x_1} \left(\Delta F + F\dfrac{\mathrm{d}}{\mathrm{d}x}\Delta x\right)\mathrm{d}x$;

(7) $\mathrm{d}(\Delta x) = \Delta(\mathrm{d}x)$.

定理 1.7　若泛函 $J[y(x)]$ 在 $y = y(x)$ 上达到极值, 则它在 $y = y(x)$ 上的变分 δJ 等于零.

定理 1.8　含有 n 个未知函数 $y_1(x), y_2(x), \cdots, y_n(x)$, 泛函

$$J[y_1(x), y_2(x), \cdots, y_n(x)] = \int_{x_0}^{x_1} F(x, y_1, y_2, \cdots, y_n, y_1', y_2', \cdots, y_n')\mathrm{d}x$$

取得极值且满足固定边界条件

$$y_i(x_0) = y_{i0},\ y_i(x_1) = y_{i1},\ i = 1, 2, \cdots, n$$

的极值曲线 $y_i = y_i(x),\ i = 1, 2, \cdots, n$ 必满足欧拉方程组

$$F_{y_i} - \frac{\mathrm{d}}{\mathrm{d}x} F_{y_i'} = 0,\ i = 1, 2, \cdots, n. \tag{1-41}$$

定理 1.9　含有 n 个未知函数 $y_1(x), y_2(x), \cdots, y_m(x)$, 泛函

$$J[y_1(x), y_2(x), \cdots, y_m(x)] = \int_{x_0}^{x_1} F(x, y_1, y_1', \cdots, y_1^{(n_1)}, \cdots, y_m, y_m', \cdots, y_m^{(n_m)})\mathrm{d}x$$

取得极值且满足固定边界条件

$$y_i^{(k)}(x_0) = y_{i0}^{(k)},\ y_i^{(k)}(x_1) = y_{i1}^{(k)},\ i = 1, 2, \cdots, m,\ k = 0, 1, 2, \cdots, n_i - 1$$

的极值曲线 $y_i = y_i(x),\ i = 1, 2, \cdots, m$ 必满足欧拉-泊松方程组

$$F_{y_i} - \frac{\mathrm{d}}{\mathrm{d}x} F_{y_i'} + \frac{\mathrm{d}^2}{\mathrm{d}x^2} F_{y_i''} - \cdots + (-1)^{n_i}\frac{\mathrm{d}^{n_i}}{\mathrm{d}x^{n_i}} F_{y_i^{(n_i)}} = 0,\ i = 1, 2, \cdots, m. \tag{1-42}$$

1.3.1 最优控制问题基本概念

对于最优控制问题而言, 控制变量 $u(t)$ 不受限, 则可以借助于变分法来处理, 而控制受限情形, 需要借助于庞特里亚金极值原理和动态规划理论来处理. 本书考虑的是控制不受限的最优控制问题, 变分法是主要的理论工具. 接下来给出最优控制问题的基本定义和主要结果[119].

最优控制问题的定义: 给定的受控系统

$$\frac{\mathrm{d}x}{\mathrm{d}t} = f(x, u, t), \tag{1-43}$$

要求设计一容许控制 $u \in U$, U 为满足控制约束的向量容许控制集, 为一开集, 使得受控系统的状态在终端时刻到达目标集

$$x(t_f) \in M,$$

整个控制过程中满足对状态和控制的约束的同时, 使得混合型性能指标

$$J = \psi(x(t_f), t_f) + \int_{t_0}^{t_f} L(x, u, t)\mathrm{d}t$$

达到最小(最大).

关于最优控制问题的类型还包括积分型性能指标

$$J = \int_{t_0}^{t_f} L(x, u, t)\mathrm{d}t$$

和终端型性能指标

$$J = \psi(x(t_f), t_f).$$

可以证明三种性能指标在一定条件下可以相互转换. 接下来介绍有关不同类型最优控制问题的极值条件, 这些是求取极值轨线和极值控制的核心.

1.3.2 终端无约束情形

考虑无终端约束的最优控制问题

$$\begin{cases} J[u] = \psi(y(t_f), t_f) + \int_0^{t_f} L(y, u, t)\,\mathrm{d}t \to \min_u, \\ \dfrac{\mathrm{d}y}{\mathrm{d}t} = f(x, u, t), \\ y(t_0) = y_0, \end{cases} \tag{1-44}$$

其中 $y \in \mathbf{R}^m$, $u \in \mathbf{R}^n$, $\psi(y(t_f), t_f)$ 和 $L(y, u, t)$ 为一数量函数, m、n 为一确定正整数. 为了讨论方便, 本节假设所讨论函数关于变量存在连续偏导

数. 引入 Hamilton 函数

$$H(y, u, \lambda, t) = L(y, u, t) + \lambda^{\mathrm{T}} f(y, u, t).$$

定义泛函

$$\hat{J} = \psi(y(t_f), t_f) + \int_{t_0}^{t_f} \left[H(y, u, \lambda, t) - \lambda^{\mathrm{T}} \dot{y} \right] \mathrm{d}t,$$

分部积分, 可得

$$\hat{J} = \psi(y(t_f), t_f) - \lambda^{\mathrm{T}}(t_f) y(t_f) + \lambda^{\mathrm{T}}(t_0) y(t_0) + \int_{t_0}^{t_f} \left[H(y, u, \lambda, t) + \dot{\lambda}^{\mathrm{T}} y \right] \mathrm{d}t.$$

因为控制变量与状态变量具有相互关系, 而与 Lagrange 乘子 $\lambda(t)$ 无直接关联, 因此控制变量的变分会产生状态变量的变分, 待定函数 $\lambda(t)$ 不会产生变分. 因此, 有

$$\delta \hat{J} = \frac{\partial \psi(y(t_f), t_f)}{\partial y^{\mathrm{T}}(t_f)} \delta y(t_f) - \lambda^{\mathrm{T}}(t_f) \delta y(t_f) + \int_{t_0}^{t_f} \left[\frac{\partial H(y, u, \lambda, t)}{\partial y^{\mathrm{T}}} \delta y + \dot{\lambda}^{\mathrm{T}} \delta y \right] \mathrm{d}t +$$

$$\int_{t_0}^{t_f} \left[\frac{\partial H(y, u, \lambda, t)}{\partial u^{\mathrm{T}}} \delta u \right] \mathrm{d}t.$$

总结上述分析, 可得如下结论:

定理 1.10　　假设初始状态 $y(t_0)$、起始时刻 t_0 和终端时刻 t_f 均给定, 满足 $y(t_0) = y^0$, 容许控制集为开集. 对应于式 (1-44) 的性能指标, 若 u^* 和 y^* 分别为最优控制和最优轨线, 则如下方程和等式成立

$$\begin{cases} \dfrac{\mathrm{d}y^*}{\mathrm{d}t} = \dfrac{\partial H(y^*, u^*, \lambda, t)}{\partial \lambda} = f(y^*, u^*, t), \\[3mm] \dfrac{\mathrm{d}\lambda}{\mathrm{d}t} = -\dfrac{\partial H(y^*, u^*, \lambda, t)}{\partial y^*}, \\[3mm] \dfrac{\partial H(y^*, u^*, \lambda, t)}{\partial u^*} = 0, \\[3mm] y^*(t_0) = y^0, \quad \lambda(t_f) = \dfrac{\partial \psi(y^*(t_f), t_f)}{\partial y^*(t_f)}. \end{cases} \tag{1-45}$$

式 (1-45) 的前三个方程分别称为状态方程、协态方程和极值方程.

1.3.3　终端约束情形

如果受控系统是状态完全可控的, 如下结论是成立的. 考虑终端约束

的最优控制问题

$$
\begin{cases}
J[u] = \psi(y(t_f), t_f) + \displaystyle\int_0^{t_f} L(y, u, t)\,\mathrm{d}t \to \min_u, \\
\dfrac{\mathrm{d}y}{\mathrm{d}t} = f(x, u, t), \\
y(t_0) = y_0, \ y(t_f) = y_f,
\end{cases}
\tag{1-46}
$$

其中 $y \in \mathbf{R}^m$, $u \in \mathbf{R}^n$, m、n 为一确定正整数. 定义泛函

$$
\hat{J} = \psi(y(t_f)t_f) + \int_{t_0}^{t_f} \big[H(y, u, \lambda, t) - \lambda^{\mathrm{T}}\dot{y}\big]\mathrm{d}t,
$$

分部积分, 可得

$$
\hat{J} = \psi(y(t_f)t_f) - \lambda^{\mathrm{T}}(t_f)y(t_f) + \lambda^{\mathrm{T}}(t_0)y(t_0) + \int_{t_0}^{t_f} \big[H(y, u, \lambda, t) + \dot{\lambda}^{\mathrm{T}}y\big]\mathrm{d}t.
$$

类似地, 可得如下定理成立:

定理 1.11 假设初始状态 $y(t_0)$、起始时刻 t_0、终端状态 $y(t_f)$ 和终端时刻 t_f 均给定, 满足 $y(t_0) = y_0$, $y(t_f) = y_f$, 容许控制集为开集. 对应于 (1-46) 的性能指标, 若 u^* 和 x^* 分别为最优控制和最优轨线, 则如下方程和等式成立:

$$
\begin{cases}
\dfrac{\mathrm{d}y^*}{\mathrm{d}t} = \dfrac{\partial H(y^*, u^*, \lambda, t)}{\partial \lambda} = f(y^*, u^*, t), \\
\dfrac{\mathrm{d}\lambda}{\mathrm{d}t} = -\dfrac{\partial H(y^*, u^*, \lambda, t)}{\partial y^*}, \\
\dfrac{\partial H(y^*, u^*, \lambda, t)}{\partial u^*} = 0, \\
y^*(t_0) = y^0, \ y(t_f) = y_f.
\end{cases}
\tag{1-47}
$$

1.3.4 终端为一般约束情形

终端状态有时可能为可移动情形, 假设为 $g(y(t_f), t_f) = 0$, $g \in \mathbf{R}^l$. 考虑最优控制问题

$$
\begin{cases}
J[u] = \psi(y(t_f), t_f) + \displaystyle\int_0^{t_f} L(y, u, t)\,\mathrm{d}t \to \min_u, \\
\dfrac{\mathrm{d}y}{\mathrm{d}t} = f(y, u, t), \\
y(t_0) = y_0, \ g(y(t_f), t_f) = 0,
\end{cases}
\tag{1-48}
$$

其中 $y \in \mathbf{R}^m$, $u \in \mathbf{R}^n$, m、n 为一确定正整数. 为了处理终端等式约束的

最优控制问题, 需要引入待定常数 $\mu \in \mathbf{R}^l$, 并定义泛函

$$\hat{J} = \psi(y(t_f)t_f) + g^{\mathrm{T}}(y(t_f), t_f)\mu + \int_{t_0}^{t_f} \left[H(y, u, \lambda, t) - \lambda^{\mathrm{T}}\dot{y} \right] \mathrm{d}t.$$

因为控制变量与状态变量具有相互关系, 而与 Lagrange 乘子无直接关联, 因此控制变量的变分会产生状态变量的变分,待定函数 $\lambda(t)$ 不会产生变分. 因此, 有

$$\delta\hat{J} = \frac{\partial\psi(y(t_f), t_f)}{\partial y^{\mathrm{T}}(t_f)}\delta y(t_f) - \lambda^{\mathrm{T}}(t_f)\delta y(t_f) + \mu^{\mathrm{T}}\frac{\partial g(y(t_f), t_f)}{\partial y^{\mathrm{T}}(t_f)}\delta y(t_f) +$$

$$\int_{t_0}^{t_f}\left[\frac{\partial H(y, u, \lambda, t)}{\partial y^{\mathrm{T}}}\delta y + \dot{\lambda}\delta y\right]\mathrm{d}t + \int_{t_0}^{t_f}\left[\frac{\partial H(y, u, \lambda, t)}{\partial u^{\mathrm{T}}}\delta u\right]\mathrm{d}t.$$

从而可得如下定理成立:

定理 1.12 假设初始状态 $y(t_0)$、起始时刻 t_0, $y(t_0) = y_0$, $g(y(t_f), t_f) = 0$, 容许控制集为开集. 对应于式 (1-48) 的性能指标, 若 u^* 和 x^* 分别为最优控制和最优轨线, 则如下方程和等式成立

$$\begin{cases} \dfrac{\mathrm{d}y^*}{\mathrm{d}t} = \dfrac{\partial H(y^*, u^*, \lambda, t)}{\partial\lambda} = f(y^*, u^*, t), \\ \dfrac{\mathrm{d}\lambda}{\mathrm{d}t} = -\dfrac{\partial H(y^*, u^*, \lambda, t)}{\partial y^*}, \\ \dfrac{\partial H(y^*, u^*, \lambda, t)}{\partial u^*} = 0, \\ y^*(t_0) = y^0, \ \lambda(t_f) = \dfrac{\partial\psi(y^*(t_f), t_f)}{\partial y^*(t_f)} + \dfrac{\partial g^{\mathrm{T}}(y^*(t_f), t_f)}{\partial y^*(t_f)}\mu, \ g(y^*(t_f), t_f) = 0. \end{cases}$$

$$(1\text{-}49)$$

1.3.5 终端时刻和状态自由情形

考虑终端和状态自由的情形

$$\begin{cases} J[u] = \psi(y(t_f), t_f) + \displaystyle\int_0^{t_f} L(y, u, t)\,\mathrm{d}t \to \min_u, \\ \dfrac{\mathrm{d}y}{\mathrm{d}t} = f(x, u, t), \\ y(t_0) = y_0. \end{cases} \qquad (1\text{-}50)$$

由于终端时刻 t_f 自由, 因此在计算过程中需要把 t_f 作为参数. 定义泛函

$$\hat{J} = \psi(y(t_f)t_f) + \int_{t_0}^{t_f}\left[H(y, u, \lambda, t) - \lambda^{\mathrm{T}}\dot{y}\right]\mathrm{d}t.$$

对应于控制输入 $u(t)$ 和 t_f 的变分, 可得

$$\delta\hat{J} = \left[\frac{\partial\psi(y^*(t_f^*), t_f^*)}{\partial y^{*\mathrm{T}}(t_f^*)} - \lambda^{\mathrm{T}}(t_f^*)\right]\left[\dot{y}^*(t_f^*)\mathrm{d}t_f + \delta y(t_f^*)\right] + \left[\frac{\partial\psi(y^*(t_f^*), t_f^*)}{\partial(t_f^*)} + \right.$$

$$H[y^*(t_f^*), u^*(t_f^*), \lambda(t_f^*), t_f^*]\bigg]\delta t_f + \int_{t_0}^{t_f^*}\left\{\left[\frac{\partial H(y^*(t), u^*(t), \lambda(t), t)}{\partial y^{*\mathrm{T}}} + \dot{\lambda}^{\mathrm{T}}\right]\delta y(t) + \right.$$

$$\frac{\partial H(y^*(t), u^*(t), \lambda(t), t)}{\partial u^{*\mathrm{T}}}\delta u(t)\Bigg\}\mathrm{d}t.$$

Lagrange 乘子 $\lambda(t)$ 满足方程

$$\dot{\lambda}(t) = -\frac{\partial H[y^*(t), u^*(t), \lambda(t), t]}{\partial y^*(t)}$$

和终端条件

$$\lambda(t_f) = \frac{\partial\psi[y^*(t_f), t_f]}{\partial y^*(t_f)},$$

则

$$\delta\hat{J} = \left\{\frac{\partial\psi(y^*(t_f^*), t_f^*)}{\partial(t_f^*)} + H[y^*(t_f^*), u^*(t_f^*), \lambda(t_f^*), t_f^*]\delta t_f + \right.$$

$$\int_{t_0}^{t_f^*}\left[\frac{\partial H(y^*(t), u^*(t), \lambda(t), t)}{\partial u^{*T}}\delta u(t)\right]\Bigg\}\mathrm{d}t.$$

由变分 $\delta u(t)$ 和 δt_f 的任意性可知, 极值条件成立, 且 Hamilton 函数在终端满足条件

$$H[y^*(t_f^*), u^*(t_f^*), \lambda(t_f^*), t_f^*] = -\frac{\partial\psi(y^*(t_f^*), t_f^*)}{\partial t_f^*}.$$

定理 1.13　假设初始状态 $y(t_0)$、起始时刻 t_0 给定, 满足 $y(t_0) = y_0$, 容许控制集为开集. 对应于式 (1-50) 的性能指标, 若 u^* 和 x^* 分别为最优控制和最优轨线, t_f^* 为最优终端时刻, 则如下方程和等式成立

$$\begin{cases} \dfrac{\mathrm{d}y^*}{\mathrm{d}t} = \dfrac{\partial H(y^*, u^*, \lambda, t)}{\partial \lambda} = f(y^*, u^*, t), \\[2mm] \dfrac{\mathrm{d}\lambda}{\mathrm{d}t} = -\dfrac{\partial H(y^*, u^*, \lambda, t)}{\partial y^*}, \\[2mm] \dfrac{\partial H(y^*, u^*, \lambda, t)}{\partial u^*} = 0, \\[2mm] y^*(t_0) = y_0, \quad \lambda(t_f^*) = \dfrac{\partial \psi(y^*(t_f^*), t_f^*)}{\partial y^*(t_f^*)}, \\[2mm] H(y^*(t_f^*), u^*(t_f^*), \lambda(t_f^*)), t_f^*) = -\dfrac{\partial \psi(y^*(t_f^*), t_f^*)}{\partial t_f^*}. \end{cases} \tag{1-51}$$

关于奇异摄动最优控制问题的研究方法有很多, 其中包括俄罗斯数学家 M. G. Dmitriev 创立的直接展开法, 这是一种构造形式渐近解非常有效的方法. 接下来, 给出关于直接展开法的基础理论[84].

1.4 一类奇异摄动最优控制问题的边界层解——直接展开法

考虑奇异摄动最优控制问题

$$\begin{cases} J_\mu[u] = G(x(T), y(T)) + \displaystyle\int_0^T F(x, y, u, t)\,\mathrm{d}t \to \min_u, \\[3mm] \dfrac{\mathrm{d}x}{\mathrm{d}t} = f(x, y, u, t), \\[3mm] \mu\dfrac{\mathrm{d}y}{\mathrm{d}t} = g(x, y, u, t), \\[3mm] x(0) = x^0, \ y(0) = y^0, \end{cases} \tag{1-52}$$

其中 $x \in \mathbf{R}^N$, $y(t) \in \mathbf{R}^M$, $u(t) \in \mathbf{R}^r$, $t \in [0, T]$, $\mu > 0$ 是小参数, N、M、r 是正整数. 为了问题的讨论, 给出如下假设.

H 1.23 假设函数 $G(x, y)$, $F(x, y, u, t)$, $f(x, y, u, t)$, $g(x, y, u, t)$ 区域 $D = \{(x, y, u, t)| \parallel x \parallel < A, \parallel y \parallel < B, u \in \mathbf{R}^r, 0 \leqslant t \leqslant T\}$ 上是充分光滑的, A, B 为正常数.

根据边界层函数法, 假设最优控制问题 (1-52) 的形式渐近级数为

$$z(t, \mu) = \sum_{k=0}^{\infty} \mu^k (\bar{z}_k(t) + L_k z(\tau_0) + R_k z(\tau_1)), \ 0 \leqslant t \leqslant T, \tag{1-53}$$

其中 $z = (x^{\mathrm{T}}, y^{\mathrm{T}}, u^{\mathrm{T}})^{\mathrm{T}}$, $\tau_0 = t\mu^{-1}$, $\tau_1 = (t - T)\mu^{-1}$, $\bar{z}_k(t)$ 是正则项系数, $L_k z(\tau_0)$ 是左边界层项系数, $R_k z(\tau_1)$ 是右边界层项系数. 利用边界层函数法可知, 左右边界层项系数具有指数小的性质, 且

$$L_k z(\tau_0) \to 0, \tau_0 \to +\infty, R_k z(\tau_1) \to 0, \tau_1 \to -\infty.$$

1.4.1 直接展开法

直接展开法是先将性能指标、状态方程和边界条件按快慢尺度分离, 然后按照小参数 μ 进行展开. 通过直接展开, 将得到一系列简化的极小化控制序列, 这些简化的极小化序列比原问题要简单和易求. 将式 (1-53) 代入到式 (1-52), 按尺度 t、τ_0、τ_1 分离, 同时比较 μ 的同次幂, 可得

$$J_\mu[u] = J_0 + \mu J_1 + \cdots + \mu^m J_m + O(\mu^{m+1}). \tag{1-54}$$

考虑到边界层函数指数小的性质, 同时利用 (1-52) 的状态方程可得

$$\frac{\mathrm{d}L_0 x}{\mathrm{d}\tau_0} = 0, \ \frac{\mathrm{d}R_0 x}{\mathrm{d}\tau_1} = 0,$$

进而有 $L_0 x = 0$, $R_0 x = 0$.

先写出零次正则项 $\bar{z}_0(t)$ 所满足的问题 P_0

$$P_0 : \begin{cases} G(\bar{x}_0(T), \bar{y}_0^{\mathrm{T}}) + \displaystyle\int_0^T F(\bar{x}_0, \bar{y}_0, \bar{u}_0, t) \, \mathrm{d}t \to \min_{(\bar{y}_0, \bar{u}_0)}, \\ \dfrac{\mathrm{d}\bar{x}_0}{\mathrm{d}t} = f(\bar{x}_0, \bar{y}_0, \bar{u}_0, t), \\ 0 = g(\bar{x}_0, \bar{y}_0, \bar{u}_0, t), \\ \bar{x}_0(0) = x^0, \ \bar{y}_0^{\mathrm{T}} = \arg\min_y G(\bar{x}_0(T), y). \end{cases}$$

令 $(\bar{y}_0, \bar{u}_0)$ 是问题 P_0 的最优控制, 假设 $(\bar{y}_0, \bar{u}_0)$ 满足最优性条件

$$\bar{H}_y = H_y(\bar{z}_0, \bar{p}, \bar{q}, t) = 0, \bar{H}_u = H_u(\bar{z}_0, \bar{p}, \bar{q}, t) = 0, \tag{1-55}$$

其中

$$H(z, p, q, t) = p^{\mathrm{T}} f(x, y, u, t) + q^{\mathrm{T}} g(x, y, u, t) - F(x, y, u, t),$$

$$\frac{\mathrm{d}\bar{p}}{\mathrm{d}t} = -\bar{H}_x(\bar{z}_0, \bar{p}, \bar{q}, t), \ \bar{p}(T) = -G_x(\bar{x}_0(T), \bar{y}_0^{\mathrm{T}}). \tag{1-56}$$

给出确定零次左右边界层 $L_0 z(\tau_0)$ 和 $R_0 z(\tau_1)$ 的判别问题

$$L_0 P : \begin{cases} -\displaystyle\int_0^\infty (H(\tau_0) - \bar{H}(0))\,\mathrm{d}\tau_0 \to \min_{L_0 u}, \\ \dfrac{\mathrm{d}L_0 y}{\mathrm{d}\tau_0} = g(\bar{x}_0(0), \bar{y}_0(0) + L_0 y, \bar{u}_0(0) + L_0 u, 0), \\ L_0 y(0) = y^0 - \bar{y}_0(0), \end{cases}$$

$$R_0 P : \begin{cases} \displaystyle\int_0^{-\infty} (H(\tau_1) - \bar{H}(T))\,\mathrm{d}\tau_1 \to \min_{R_0 u}, \\ \dfrac{\mathrm{d}R_0 y}{\mathrm{d}\tau_1} = g(\bar{x}_0(T), \bar{y}_0(T) + R_0 y, \bar{u}_0(T) + R_0 u, T), \\ L_0 y(0) = \tilde{y}_0^{\mathrm{T}} - \bar{y}_0(T). \end{cases}$$

这样就得到了确定零次主项 $\bar{z}_0(t)$、$L_0 z(\tau_0)$ 和 $R_0 z(\tau_1)$ 的方程和条件, 为了保证解的存在性, 给出一些假设条件.

H 1.24   假设问题 P_0 的最优控制 $(\bar{y}_0, \bar{u}_0)$ 存在, 且是 (1-55) 和 (1-56) 的唯一解.

H 1.25   假设矩阵
$$\begin{bmatrix} \bar{H}_{yy} & \bar{H}_{yu} \\ \bar{H}_{uy} & \bar{H}_{uu} \end{bmatrix} < 0,\ \bar{H}_{xx} \leqslant 0,\ G_{yy}(\bar{x}_0(T), y_0^{\mathrm{T}}) > 0,\ G_{xx}(\bar{x}_0(T), y_0^{\mathrm{T}}) \geqslant 0,$$
其中函数 $\bar{H}_{xx}$、$\bar{H}_{yy}$、$\bar{H}_{yu}$、$\bar{H}_{uy}$、$\bar{H}_{uu}$ 在 $(\bar{x}_0(t), \bar{y}_0(t), \bar{u}_0(t), t)$ 取值.

H 1.26   假设矩阵
$$\big(g_y(\bar{x}_0(t), \bar{y}_0(t), \bar{u}_0(t), t), g_u(\bar{x}_0(t), \bar{y}_0(t), \bar{u}_0(t), t)\big)$$
在 $[0,\mathrm{T}]$ 上是可控的.

H 1.27   假设 $y^0 - \bar{y}_0(0)$ 和 $y_0^{\mathrm{T}} - \bar{y}_0(T)$ 分别属于问题 $L_0 P$ 和 $R_0 P$ 的影响域.

类似于边界层函数法的做法, 可知对于 n 阶项而言, 其判定依赖于前 $n-1$ 阶的已知项, 通过计算可得如下引理:

引理 1.1 关于 $\bar{z}_n(t)$、$L_nz(\tau_0)$ 和 $R_nz(\tau_1)$ 分别满足 P_n、L_nP 和 R_nP, 有

$$
P_n:\begin{cases}
\bar{G}(\bar{x}_n^{\mathrm{T}},\bar{y}_n^{\mathrm{T}}) - \int_0^T (\frac{1}{2}\bar{z}_n^{\mathrm{T}}\bar{H}_{zz}\bar{z}_n + \bar{H}_n^{\mathrm{T}}\bar{z}_n)\mathrm{d}t \to \min\limits_{(\bar{y}_n,\bar{u}_n)}, \\
\dfrac{\mathrm{d}\bar{x}_n}{\mathrm{d}t} = f_z(\bar{x}_0,\bar{y}_0,\bar{u}_0,t)\bar{z}_n + \bar{f}_n(t), \\
0 = g_z(\bar{x}_0,\bar{y}_0,\bar{u}_0,t) + \bar{g}_n(t), \\
\bar{x}_n(0) = -L_nx(0),\, \bar{x}_n^{\mathrm{T}} = \bar{x}_n(T) + R_nx(0),\, \bar{y}_n^{\mathrm{T}} = \arg\min\limits_y \bar{G}_n(\bar{x}_n^{\mathrm{T}},y),
\end{cases}
$$

其中函数 $\bar{H}_n(t)$、$\bar{f}_n(t)$、$\bar{g}_n(t)$ 和 $\bar{G}_n(t)$ 是依赖于前 $n-1$ 阶项的已知函数.

$$
L_nP:\begin{cases}
-\int_0^\infty (\frac{1}{2}(L_nz)^{\mathrm{T}}H_{zz}(\tau_0)L_nz + \bar{L}_n^{\mathrm{T}}(\tau_0)L_nz)\,\mathrm{d}\tau_0 \to \min\limits_{L_nu}, \\
\dfrac{\mathrm{d}L_nx}{\mathrm{d}\tau_0} = f_z(\bar{x}_0(0),\bar{y}_0(0)+L_0y,\bar{u}_0(0)+L_0u,0)L_{n-1}z + f_n(\tau_0), \\
\dfrac{\mathrm{d}L_ny}{\mathrm{d}\tau_0} = g_z(\bar{x}_0(0),\bar{y}_0(0)+L_0y,\bar{u}_0(0)+L_0u,0)L_nz + g_n(\tau_0), \\
L_0y(0) = -\bar{y}_n(0),
\end{cases}
$$

其中 $H_{zz}(\tau_0)$ 是问题 L_0P 的 Hamilton 函数, $\bar{L}_n(\tau_0)$、$f_n(\tau_0)$ 和 $g_n(\tau_0)$ 是依赖于前 $n-1$ 阶项的已知函数.

$$
R_nP:\begin{cases}
\int_0^\infty (\frac{1}{2}(R_nz)^{\mathrm{T}}H_{zz}(\tau_1)R_nz + \bar{R}_n^{\mathrm{T}}(\tau_1)R_nz)\,\mathrm{d}\tau_1 \to \min\limits_{R_nu}, \\
\dfrac{\mathrm{d}R_nx}{\mathrm{d}\tau_1} = f_z(\bar{x}_0(T),\bar{y}_0(T)+R_0y,\bar{u}_0(T)+R_0u,T)R_{n-1}z + f_n(\tau_1), \\
\dfrac{\mathrm{d}R_ny}{\mathrm{d}\tau_1} = g_z(\bar{x}_0(T),\bar{y}_0(T)+R_0y,\bar{u}_0(T)+R_0u,T)R_nz + g_n(\tau_1), \\
R_0y(0) = \bar{y}_n^{\mathrm{T}} - \bar{y}_n(T),
\end{cases}
$$

其中 $H_{zz}(\tau_1)$ 是问题 R_0P 的 Hamilton 函数, 函数 $\bar{R}_n(\tau_1)$、$f_n(\tau_1)$ 和 $g_n(\tau_1)$ 是依赖于前 $n-1$ 阶项的已知函数.

具体求解过程中, 首先求解零次正则项方程, 利用零次正则项的解, 依次求解零次左右边界层项的解; 进一步, 依次可以得到 n 阶渐近解,

$n = 0, 1, \cdots$ 利用 n 阶控制序列, 可得

$$\tilde{u}_k(t,\mu) = u_0(t,\mu) + \mu u_1(t,\mu) + \cdots + \mu^k u_k(t,\mu)),\ k = 0,1,\cdots,n, \quad (1\text{-}57)$$

其中

$$u_i(t,\mu) = \bar{u}_i(t) + L_i u(\tau_0) + R_i u(\tau_1), i = 0,1,\cdots,k.$$

利用 $\tilde{u}_k(t,\mu)$ 的表达式和 (1-58) 的状态方程和初值条件可以确定解 $\tilde{x}_k(t,\mu)$ 和 $\tilde{y}_k(t,\mu)$. 进一步, 可得如下定理:

定理 1.14 利用直接展开法和渐近表达式 $\tilde{x}(t,\mu)$、$\tilde{y}(t,\mu)$、$\tilde{u}(t,\mu)$, 对于充分小的 μ, 有

$$J_\mu(\bar{u}_0) \geqslant J_\mu(\tilde{u}_0) \geqslant \cdots \geqslant J_\mu(\tilde{u}_k) \geqslant J_\mu(\tilde{u}_k + \mu^{k+1}\bar{u}_{k+1}) \geqslant \cdots \geqslant J_\mu(\tilde{u}_n).$$

例 1.1 考虑奇异摄动最优控制问题

$$\begin{cases} J_\mu[u] = x^2(1) + \int_0^1 y^2\,\mathrm{d}t \to \min_u, \\ \dfrac{\mathrm{d}x}{\mathrm{d}t} = yt, \\ \mu\dfrac{\mathrm{d}y}{\mathrm{d}t} = u - 1, \\ x(0) = 1 + \mu,\ y(0) = 2 - \mu, \end{cases} \quad (1\text{-}58)$$

其中 $x, y \in \mathbf{R}^1$.

假设形式渐近解的表达式为

$$z(t,\mu) = \sum_{k=0}^\infty \mu^k(\bar{z}_k(t) + L_k z(\tau_0)),\ 0 \leqslant t \leqslant 1.$$

零次项 P_0 和 $L_0 P$ 满足的方程和条件分别为

$$P_0 : \begin{cases} \bar{x}_0^2(1) + \displaystyle\int_0^1 \bar{y}_0^2\,\mathrm{d}t \to \min_{(\bar{y}_0,\bar{u}_0)}, \\ \dfrac{\mathrm{d}\bar{x}_0}{\mathrm{d}t} = \bar{y}_0 t, \\ 0 = \bar{u}_0 - 1, \\ \bar{x}_0(0) = 1, \end{cases} \qquad L_0 P : \begin{cases} \displaystyle\int_0^\infty (L_0 y)^2\,\mathrm{d}\tau_0 \to \min_{(\bar{y}_0,\bar{u}_0)}, \\ \dfrac{\mathrm{d}L_0 y}{\mathrm{d}\tau_0} = L_0 u, \\ L_0 y(0) = 2 - \bar{y}_0(0). \end{cases}$$

问题 P_0 的最优控制 $(\bar{y}_0, \bar{u}_0)$ 为 $\left(-\dfrac{3}{4}t, 1\right)$. 通过计算可得

$$L_0 u = -2\delta_k(\tau_0) = -2\mu\delta_{k+1}(t),$$

$\delta_i(t) = 2e^{(-2t/\mu^i)}/\mu^i$ 为Dirac delta函数.

类似地, 计算可得

$$\bar{y}_1 = -\frac{3}{4}t, \ \bar{u}_1 = -\frac{3}{4}, \ L_1 u = \delta_k(\tau_0) = \mu\delta_{k+1}(t), \ \bar{u}_2 = \frac{\mathrm{d}\bar{y}_1}{\mathrm{d}t} = -\frac{3}{4}, \ \bar{y}_2 = 0.$$

利用上述结果, 可以构造控制序列

$$\tilde{u}_0(t, \mu) = \bar{u}_0(t) + L_0 u(\tau_0),$$

$$\tilde{u}_1(t, \mu) = \tilde{u}_0(t, \mu) + \mu(\bar{u}_1(t) + L_1 u(\tau_0)).$$

利用定理的主要结果, 可得

$$J_\mu(\bar{u}_0) \geqslant J_\mu(\tilde{u}_0) \geqslant J_\mu(\tilde{u}_0 + \mu\bar{u}_1) \geqslant J_\mu(\tilde{u}_1) \geqslant J_\mu(\tilde{u}_1 + \mu^2\bar{u}_2).$$

事实上

$$8 - 2\mu + \frac{5}{4}\mu^2 \geqslant 1 + \mu + \frac{5}{4}\mu^2 \geqslant \frac{3}{4} + \frac{3}{2}\mu + \frac{5}{4}\mu^2 \geqslant \frac{3}{4} + \frac{3}{2}\mu + \mu^2 \geqslant \frac{3}{4} + \frac{3}{2}\mu + \frac{3}{4}\mu^2,$$

对于 $\mu \leqslant \dfrac{1}{2}$, 有

$$J_\mu(\tilde{u}_1 + \mu^2\bar{u}_2) = J_\mu^*$$

为最优性能泛函.

1.4.2 渐近估计

引理 1.2　若条件 H1.23~H1.27 成立, 则问题 $L_0 P$ 和 $R_0 P$ 分别存在稳定和不稳定流形, 同时 $y^0 - \bar{y}_0(0)$ 和 $\bar{y}_0^{\mathrm{T}} - \bar{y}_0(T)$ 分别属于问题 $L_0 P$ 和 $R_0 P$ 的影响域, 则 $L_0 P$ 和 $R_0 P$ 的解唯一存在, 且 $\| L_0 z \| \leqslant Ce^{-a\tau_0}$ 和 $\| R_0 z \| \leqslant Ce^{a\tau_1}$, 其中 $C > 0, a > 0$ 为某正常数.

引理 1.3　若条件 H1.23~H1.27 成立, $m > 0$, 则对于 $n \leqslant m$, n 阶渐近解存在且唯一, 且 $\| L_n z \| \leqslant Ce^{-a\tau_0}$ 和 $\| R_n z \| \leqslant Ce^{a\tau_1}$, $C > 0, a > 0$ 为某正常数.

定理 1.15　假设条件 H1.23~H1.27 成立, $m > 0$, 则对于任意的 $n \leqslant m$, 存在充分小的 μ, 有

$$\| z^* - \tilde{z}_n \| \leqslant C\mu^{n+1}, \ t \in [0, T],$$

$$J_\mu(\tilde{u}_n) \leqslant J_\mu(\tilde{u}_{n-1}), \ J_\mu(\tilde{u}_n) - J_\mu^* \leqslant C\mu^{2n+2},$$

其中 z^*、z^*, J_μ^* 是问题 P_μ 的最优解, $\tilde{u}_n(t,\mu)$ 由表达式 (1-57) 确定, $\tilde{x}_n$、$\tilde{y}_n$ 是 (1-58) 状态方程对应于 $\tilde{u}_n$ 的解.

例 1.2　考虑最优控制问题

$$
\begin{cases}
J_\mu[u] = \dfrac{1}{2}x(1) + \dfrac{1}{2}(y(1)-1)^2 + \dfrac{1}{2}\int_0^1 u^2\,\mathrm{d}t \to \min_u, \\
\dfrac{\mathrm{d}x}{\mathrm{d}t} = x + y^2, \\
\mu\dfrac{\mathrm{d}y}{\mathrm{d}t} = -y + u, \\
x(0) = 0,\ y(0) = 2,
\end{cases}
\tag{1-59}
$$

其中 $x,y \in \mathbf{R}^1$, $\mu = 0.1$.

假设形式渐近解的表达式为

$$
z(t,\mu) = \sum_{k=0}^\infty \mu^k(\bar{z}_k(t) + L_k z(\tau_0) + R_k(\tau_1)),\ 0 \leqslant t \leqslant 1.
$$

零次项 P_0 满足的方程和条件为

$$
P_0:
\begin{cases}
\dfrac{1}{2}\bar{x}_0(1) + \dfrac{1}{2}\int_0^1 \bar{u}_0^2\,\mathrm{d}t \to \min_{(\bar{y}_0,\bar{u}_0)}, \\
\dfrac{\mathrm{d}\bar{x}_0}{\mathrm{d}t} = \bar{x}_0 + \bar{y}_0^2, \\
0 = -\bar{y}_0 + \bar{u}_0, \\
\bar{x}_0(0) = 0.
\end{cases}
$$

计算可得

$$
\bar{x}_0(t) = \bar{y}_0(t) = \bar{u}_0(t) = 0,\ \bar{p}(t) = -\frac{1}{2}\mathrm{e}^{1-t},\ \bar{q}(t) = 0.
$$

零次项 L_0P 满足的方程和条件为

$$
L_0P:
\begin{cases}
\dfrac{1}{2}\int_0^\infty ((L_0 y)^2 + (L_0 u)^2)\,\mathrm{d}\tau_0 \to \min_{L_0 u}, \\
\dfrac{\mathrm{d}L_0 y}{\mathrm{d}\tau_0} = -L_0 y + L_0 u, \\
L_0 y(0) = 2.
\end{cases}
$$

计算可得

$$L_0 y = 2\mathrm{e}^{-\sqrt{1+\mathrm{e}}\tau_0}, L_0 u = -2(-1+\sqrt{1+\mathrm{e}})\mathrm{e}^{-\sqrt{1+\mathrm{e}}\tau_0}.$$

零次项 $R_0 P$ 满足的方程和条件为

$$R_0 P : \begin{cases} -\dfrac{1}{2}\displaystyle\int_0^{-\infty}\left((R_0 y)^2+(R_0 u)^2\right)\,\mathrm{d}\tau_1 \to \min_{R_0 u}, \\ \dfrac{\mathrm{d}R_0 y}{\mathrm{d}\tau_1} = -R_0 y + R_0 u, \\ R_0 y(0) = 1. \end{cases}$$

计算可得

$$R_0 y = \mathrm{e}^{\sqrt{2}\tau_1}, \ R_0 u = (1+\sqrt{2})\mathrm{e}^{\sqrt{2}\tau_1}.$$

利用上述结果, 可以构造控制序列

$$\tilde{u}_0(t,\mu) = -2(-1+\sqrt{1+\mathrm{e}})\mathrm{e}^{-\sqrt{1+\mathrm{e}}\tau_0} + (1+\sqrt{2})\mathrm{e}^{\sqrt{2}\tau_1}.$$

对于 $\mu = 0.1$, 有

$$J_\mu(\bar{u}_0) = 0.75879 > J_\mu(\tilde{u}_0) = 0.30345,$$

为最优性能泛函.

本章给出了奇异摄动最优控制问题中空间对照结构理论的研究基础, 通过这一章读者会对奇异摄动理论和最优控制理论有基本了解, 由于内容有限, 仅供读者作为入门参考. 关于变分法的详细内容可以参看文献 [118], 关于最优控制理论可以参看文献 [119].

第 2 章　线性奇异摄动最优控制问题的空间对照结构

2.1　基础知识

本章主要讨论数量情形线性奇异摄动最优控制问题的空间对照结构,包括右端不固定情形、初始时刻和终端时刻均固定情形. 主要思路为首先借助于变分法, 得到研究问题的最优性条件; 其次利用边界层函数法和直接展开法构造一致有效的形式渐近解. 由于讨论问题的需要, 这里给出一些相关的定义与引理.

考虑奇异摄动初值问题

$$\begin{cases} \mu\dfrac{\mathrm{d}z}{\mathrm{d}t} = F(z,y,t), \ \dfrac{\mathrm{d}y}{\mathrm{d}t} = f(z,y,t), \\ z(0,\mu) = z^0, \quad y(0,\mu) = y^0, \end{cases} \tag{2-1}$$

其中 $z, F \in \mathbf{R}^M, y, f \in \mathbf{R}^m$.

对于问题 (2-1), 要求满足下列条件:

1. 函数 $F(z,y,t)$ 和 $f(z,y,t)$ 在变量 (z,y,t) 空间的某个开区域 G 中连续, 且对 z 和 y 满足利普希茨条件;

2. 方程 $F(z,y,t)=0$ 在变量 (y,t) 空间的某个有界闭域 $\bar{D}$ 上存在满足下列条件的解 $z = \varphi(y,t)$:

(1) $\varphi(y,t)$ 为 (y,t) 在 $\bar{D}$ 的连续函数;

(2) 当 $(y,t) \in \bar{D}$ 时有点 $(\varphi(y,t), y, t) \in G$;

(3) 解 $z = \varphi(y,t)$ 在 $\bar{D}$ 上是孤立的, 亦即存在 $\eta > 0$, 使得当 $(y,t) \in \bar{D}, 0 <\| z - \varphi(y,t) \|< \eta$ 时有 $F(z,y,t) \neq 0$.

3. 初值问题

$$\frac{\mathrm{d}\bar{y}}{\mathrm{d}t} = f(\varphi(\bar{y},t),\bar{y},t), \ \bar{y}(0) = y^0$$

在区间 $[0,T]$ 上有唯一解 $\bar{y}(t)$, 而且当 $t \in [0,T]$ 时, 点 $(\bar{y}(t),t) \in D$, 这里 D 为闭域 $\bar{D}$ 的内点集. 此外, 还假设对 $(y,t) \in \bar{D}$ 有 $f(\varphi(y,t),y,t)$ 关于 y 满足利普希茨条件.

4. 方程组 $\frac{\mathrm{d}\tilde{z}}{\mathrm{d}\tau} = F(\tilde{z},y,t), \tau \geqslant 0$ 的奇点 $\tilde{z} = \varphi(y,t)$ 是在利雅普诺夫意义下关于 $(y,t) \in \bar{D}$ 一致渐近稳定的.

5. 问题 $\frac{\mathrm{d}\tilde{z}}{\mathrm{d}\tau} = F(\tilde{z},y^0,0), \tau \geqslant 0; \quad \tilde{z}(0) = z^0$ 的解 $\tilde{z}(\tau)$ 满足下列条件:

(1) 当 $\tau \to \infty$ 时, $\tilde{z}(\tau) \to \varphi(y^0,0)$;

(2) 对一切 $\tau \geqslant 0$ 都有点 $(\tilde{z}(\tau),y^0,0) \in G$.

引理 2.1 (Tikhonov 定理[17]) 如果满足条件 1~5, 那么存在常数 $\mu_0 > 0$, 使得当 $0 < \mu \leqslant \mu_0$ 时, 问题 (2-1) 在区间 $[0,T]$ 上存在唯一满足极限等式

$$\lim_{\mu \to 0} y(t,\mu) = \bar{y}(t), \ 0 \leqslant t \leqslant T,$$

$$\lim_{\mu \to 0} z(t,\mu) = \bar{z}(t) = \varphi(\bar{y}(t),t), \ 0 < t \leqslant T$$

的解 $y(t,\mu)$、$z(t,\mu)$.

考虑线性系统

$$\frac{\mathrm{d}x}{\mathrm{d}t}(t) - A(t)x(t) = h(t), \quad t \in J, \tag{2-2}$$

其中 $A(t), t \in J$ 是连续且一致有界的矩阵函数, 令 $T(t,s)$ 是式 (2-2) 对应线性齐次方程的解映射.

定义 2.1 (指数二分法) 如果存在投影 $P_s(t)$ 和 $P_u(t) = I - P_s(t)$, $t \in J$, 满足

$$T(t,s)P_s(s) = P_s(t)T(t,s) \ t \geqslant s,$$
$$|T(t,s)P_s(s)| \leqslant Ke^{-\alpha(t-s)}, \ t \geqslant s,$$
$$|T(t,s)P_u(s)| \leqslant Ke^{-\alpha(s-t)}, \ s \geqslant t,$$

则称式 (2-2) 或者 $T(t, s)$ 存在指数二分法, 其中 K、α 是正常数.

定义 2.2 (Fredholm 算子) 如果存在线性算子 $T : X \rightarrow Y$, 使得 $\dim \mathrm{Ker} T < \infty$, $\dim \mathrm{Coker} T < \infty$, 并且满足 $\mathrm{Ran} T$ 是闭的, 则称 T 为 Fredholm 算子, 其中 X、Y 是 Banach 空间, $\mathrm{Ker} T$ 为 T 的核, $\mathrm{Coker} T$ 为 T 的余核, $\mathrm{Ran} T$ 是 T 的值域.

定义 2.3 (Fredholm 指标) 如果 T 是 Fredholm 算子, 则 T 的 Fredholm 指标是指 T 的核的维数减去余核的维数, 即

$$\mathrm{ind} T = \dim \mathrm{Ker} T - \dim \mathrm{Coker} T.$$

定义 2.4 定义区域 J 上的连续函数集

$$E_J(\gamma, l) = \left\{ x(t) \big| x(t) \in C(J), \sup_{t \in J} \left(|x(t)| \mathrm{e}^{\gamma|t|} (1 + |t|^l)^{-1} \right) < \infty \right\},$$

$$E_J^1(\gamma, l) = \left\{ x(t) \big| x(t), x'(t) \in E_J(\gamma, l) \right\},$$

则 $E_J(\gamma, l)$ 在范数 $\| x \|_{E_J(\gamma, l)} = \sup_{t \in J} \left\{ |x(t)| \mathrm{e}^{\gamma|t|} (1 + |t|^l)^{-1} \right\}$ 下是一个 Banach 空间, $E_J^1(\gamma, l)$ 在范数 $\| x \|_{E_J^1(\gamma, l)} = \sum_{j=0}^{1} \| x^{(j)} \|_{E_J(\gamma, l)}$ 下也是 Banach 空间, 其中 $\gamma > 0$ 为一实数, $l \geqslant 0$ 为一整数.

定义 2.5 定义映射 $F : E_J^1(\gamma, l) \rightarrow E_J(\gamma, l)$, $x \mapsto h$ 为 $x'(t) - A(t)x(t) = h(t)$, 其对应的共轭映射为 $F^* : E_J^1(\gamma, l) \rightarrow E_J(\gamma, l)$, $y \mapsto g$ 为 $y'(t) + A^*(t)y(t) = g(t)$, 其中 $A^*(t)$ 为 $A(t)$ 的共轭转置.

引理 2.2 (Fredholm 交换引理[11]) 如果 (2-2) 在 $\mathbf{R}^- = (-\infty, 0]$ 和 $\mathbf{R}^+ = [0, +\infty)$ 上都存在指数二分法, 且定义指数二分法的投影分别为 $P_u^-(t)$, $P_s^-(t)$, $t \in \mathbf{R}^-$ 和 $P_u^+(t)$, $P_s^+(t)$, $t \in \mathbf{R}^+$, 则

(1) $F : E_J^1(\gamma, l) \rightarrow E_J(\gamma, l)$ 是 Fredholm 算子, 且 Fredholm 指标为 $F = \dim \mathrm{Ran} P_u^-(0) - \dim \mathrm{Ran} P_u^+(0)$.

(2) $h(t) \in \mathrm{Ran} F$ 的充要条件是

$$\int_{-\infty}^{+\infty} \psi^*(t) h(t) \mathrm{d}t = 0,$$

其中 $\psi \in \mathrm{Ker} F^*$, ψ^* 是 ψ 的共轭转置, Ran、Ker 分别表示值域和核.

定义 2.6 (横截相交) 假设 M 和 N 是 $\mathbf{R}^n$ 的两个子空间, p 是 $\mathbf{R}^n$ 中的一个点, 如果满足

$$n = \dim T_p M + \dim T_p N - \dim(T_p M \cap T_p N), \qquad (2\text{-}3)$$

则称子空间 M 和子空间 N 在 p 点横截相交, 这里 $T_p M$ 和 $T_p N$ 分别表示 M 和 N 在点 p 的切空间. 如果对于任意的点 $p \in M \cap N$, 都有式 (2-3)成立, 则称 M, N 横截相交.

考虑奇异摄动方程

$$\mu \frac{\mathrm{d}y}{\mathrm{d}t} = f(x, y, \mu), \quad \frac{\mathrm{d}x}{\mathrm{d}t} = g(x, y, \mu), \qquad (2\text{-}4)$$

这里 $y \in \mathbf{R}^{k+m}$, $x \in \mathbf{R}^l$, $\mu > 0$ 为一小参数. 令 $\mu = 0$, 可得退化系统

$$0 = f(x, y, 0), \quad \frac{\mathrm{d}x}{\mathrm{d}t} = g(x, y, 0).$$

定义 2.7 (法向双曲) 集合 $S \triangleq \{(x, y) : f(x, y, 0) = 0\}$, $S_0 \in S$. 如果在 S_0 上 $f_y(x, y, 0)$ 的特征值的实部不等于零, 则称 S_0 是法向双曲的.

作尺度变换 $\tau = t/\mu$, 由式 (2-4) 可得

$$\frac{\mathrm{d}y}{\mathrm{d}\tau} = f(x, y, \mu), \quad \frac{\mathrm{d}x}{\mathrm{d}\tau} = \mu g(x, y, \mu),$$

令 $\mu = 0$ 可得辅助系统

$$\frac{\mathrm{d}y}{\mathrm{d}\tau} = f(x, y, 0), \quad \frac{\mathrm{d}x}{\mathrm{d}\tau} = 0.$$

令 M_μ 为式 (2-4) 的解流, 设 $\dim M_\mu = k + \sigma$, $0 < \sigma \leqslant l$, $M_0 \triangleq \lim\limits_{\mu \to 0} M_\mu$. S 是法向双曲的, 过 S 的稳定流形记为 $W^s(S)$. 记

$$B = \left\{ (a, b, x) \in \mathbf{R}^{k+m+l} : \|a\| < \triangle, |b| < \triangle, x \in U \right\},$$

其中 $a \in \mathbf{R}^k$, $b \in \mathbf{R}^m$, $U \subseteq \mathbf{R}^l$.

对任意的 $\mu \geqslant 0$, 记点 $q_\mu \in \partial B \cap M_\mu$, $\omega(X)$ 为 X 的 ω−极限集.

1. M_0 与 $W^s(S)$ 横截相交于 q_0.

记 $N_0 = M_0 \cap W^s(S)$, 由 1 可知 $\dim N_0 = \sigma$.

2. $\omega(N_0)$ 是 S 的 $\sigma - 1$ 维子流形, 且满足 $\bar{q}_0 = \omega(q_0) \in \omega(N_0)$.

3. $\boldsymbol{e} = (1, 0, \cdots, 0)^{\mathrm{T}}$ 不在 $\bar{q}_0$ 的切空间上.

设 $q_\mu \in \{|b| = \Delta\} \cap M_\mu$, (2-4) 的轨线在点 $\hat{q}_\mu$ 离开 B. 记 T_μ 是沿 (2-4) 的轨线从点 q_μ 到点 $\hat{q}_\mu$ 的时间.

4. $0 < \lim\limits_{\mu \to 0} \mu T_\mu \equiv T^0 < \infty$.

引理 2.3　($k + \sigma$ 交换引理[12]) 如果满足条件 $1 \sim 4$, 那么对充分小的 $\mu > 0$ 和 $\delta > 0$(δ 与 μ 无关), M_μ 在点 $\hat{q}_\mu$ 是 C^1 的, 且与流形 $W^u(S)|_{\omega(N_0) \cdot (T^0 - \delta, T^0 + \delta)}$ 的距离为 $O(\mu)$.

引理 2.4　考虑如下奇异摄动边值问题[17]

$$\begin{cases} \mu \dfrac{\mathrm{d}y}{\mathrm{d}t} = F(y, z, t, \mu), \\ \mu \dfrac{\mathrm{d}z}{\mathrm{d}t} = G(y, z, t, \mu), \\ y(0, \mu) = y^0, \ y(T, \mu) = y^T. \end{cases} \tag{2-5}$$

假设满足如下条件:

(1) 退化方程组

$$\begin{cases} F(\bar{y}, \bar{z}, t, 0) = 0, \\ G(\bar{y}, \bar{z}, t, 0) = 0 \end{cases}$$

有两个孤立解 $(\varphi_1(t), \psi_1(t))$ 和 $(\varphi_2(t), \psi_2(t))$.

(2) 在 $(\tilde{y}, \tilde{z})$ 的相平面上 $M_1(\varphi_1(\bar{t}), \psi_1(\bar{t}))$ 和 $M_2(\varphi_2(\bar{t}), \psi_2(\bar{t}))$ 是下列辅助系统的鞍点

$$\begin{cases} \dfrac{\mathrm{d}\tilde{y}}{\mathrm{d}\tau} = F(\tilde{y}, \tilde{z}, \bar{t}, 0), \\ \dfrac{\mathrm{d}\tilde{z}}{\mathrm{d}\tau} = G(\tilde{y}, \tilde{z}, \bar{t}, 0), \end{cases} \tag{2-6}$$

$\bar{t} \in [0, T]$ 是一参数, 系统 (2-6) 存在通过 M_i 的首次积分 $\Omega_i(\tilde{y}, \tilde{z}, \bar{t}) = \Omega_i(\varphi_i(\bar{t}), \psi_i(\bar{t}), \bar{t})$, $i = 1, 2$.

(3) 方程 $\Omega_i(\tilde{y}, \tilde{z}, \bar{t}) = \Omega_i(\varphi_i(\bar{t}), \psi_i(\bar{t}), \bar{t})$, $i = 1, 2$ 关于 $\tilde{z}$ 可解

$$S_{M_1}: \ \tilde{z}^{(-)} = V(\tilde{y}, \varphi_1(\bar{t}), \psi_1(\bar{t}), \bar{t}),$$

$$S_{M_2}: \ \tilde{z}^{(+)} = V(\tilde{y}, \varphi_2(\bar{t}), \psi_2(\bar{t}), \bar{t}).$$

(4) 方程 $H(\bar{t}) = \tilde{z}^{(+)} - \tilde{z}^{(-)} = 0$ 有解 $\bar{t} = t_0 \in (0, T)$, 并且满足

$$\frac{\mathrm{d}H(t_0)}{\mathrm{d}\bar{t}} \neq 0.$$

那么边值问题 (2-5) 存在阶梯状空间对照结构解, 且满足极限关系

$$\lim_{\mu \to 0} y(t, \mu) = \begin{cases} \varphi_1(t), & t < t_0, \\ \varphi_2(t), & t > t_0, \end{cases} \qquad \lim_{\mu \to 0} z(t, \mu) = \begin{cases} \psi_1(t), & t < t_0, \\ \psi_2(t), & t > t_0. \end{cases}$$

2.2 右端不固定奇异摄动最优控制问题的空间对照结构

具有内部转移的解通常简称为空间对照结构[17], 它的基本特点是在所讨论区间内存在一点 t^*(当然也可以存在多点 t^*), t^* 称为转移点, 事先 t^* 的位置是未知的, 需要在渐近解的构造过程中确定. 在 t^* 的某个小邻域内, 问题的解会发生剧烈的结构变化, 当小参数趋于零时, 解会趋向不同的退化解. 对这类问题的研究有着很强的实际背景. 例如, 在量子力学中解从高能态迅速转向低能态或者从低能态快速跳向高能态. 空间对照结构理论初建于20世纪90年代中期, 现已成为奇异摄动领域中的热点问题之一.

M. G. Dmitriev 和 M. K. Ni[85]研究了如下向量变分问题中的阶梯状空间对照结构解

$$\begin{cases} J_\varepsilon[u] = \int_0^T \left(a(x,t) + b'(x,t)u + \frac{1}{2}\varepsilon^2 u'u\right)\mathrm{d}t \to \inf_u, \\ \frac{\mathrm{d}x}{\mathrm{d}t} = u, \ x(0) = 0, \ x(T) = 0, \ 0 < \varepsilon \ll 1, \end{cases}$$

作者不但给出了一致有效的形式渐近解, 同时证明了

$$\min_y J[y] = \min_{y_0} J_0(y_0) + \sum_{i=1}^n \mu^i \min_{y_i} \tilde{J}_i(y_i) + \cdots,$$

这里 $\tilde{J}_i(y_i) = J_i(y_i, \tilde{y}_{i-1}, \cdots, \tilde{y}_0)$, $\tilde{y}_k = \arg(\min_y \tilde{J}_k(y))$, $k = 0, \cdots, i-1$.

A. B. Vasil'eva, M. G. Dmitriev 和 M. K. Ni[86]考虑了数量变分问题

$$\begin{cases} J[u] = \int_a^b f(y, \varepsilon\frac{\mathrm{d}y}{\mathrm{d}t}, t)\mathrm{d}t \to \min_y, \\ y(a, \varepsilon) = y^0, \ y(b, \varepsilon) = y^1, \end{cases}$$

结合最优性条件和边界层函数法证明了阶梯状空间对照结构解的存在性,

同时根据解的结构, 利用直接展开法构造了一致有效的形式渐近解.

本节将运用边界层函数法、指数二分法和 Fredholm 交换引理讨论一类线性奇异摄动最优控制问题中的阶梯状空间对照结构解, 不但证明了这种解的存在性并根据解的结构构造了一致有效的形式渐近解. 阶梯状空间对照结构解反映了可控系统中的输入信号接近于脉冲信号时的状态变量的变化规律.

考虑线性奇异摄动最优控制问题

$$
\begin{cases}
J[u] = \displaystyle\int_0^T f(y, u, t)\mathrm{d}t \to \min_u, \\
\mu\dfrac{\mathrm{d}y}{\mathrm{d}t} = a(t)y + b(t)u, \\
y(0, \mu) = y^0,
\end{cases}
\tag{2-7}
$$

其中 $\mu > 0$ 是小参数, $y \in \mathbf{R}$ 为状态变量, $u \in \mathbf{R}$ 为控制输入.

由于讨论的需要, 对式 (2-7) 中的函数给出一些限制条件.

H 2.1   假设函数 $f(y, u, t)$, $a(t)$ 和 $b(t)$ 在区域 $D = \{(y, u, t) \mid\mid y \mid < A, u \in \mathrm{R}, 0 \leqslant t \leqslant T\}$ 上充分光滑, 其中 A 为某个给定的常数.

在式 (2-7) 中令 $\mu = 0$ 得到相应的退化问题

$$
J[\bar{u}] = \int_0^T f(\bar{y}, \bar{u}, t)\mathrm{d}t \to \min_{\bar{u}}, \ \bar{u} = -b^{-1}(t)a(t)\bar{y}, \tag{2-8}
$$

问题 (2-8) 可记为

$$
J[\bar{u}] = \int_0^T F(\bar{y}, t)\mathrm{d}t \to \min_{\bar{y}},
$$

其中 $F(\bar{y}, t) = f(\bar{y}, -b^{-1}(t)a(t)\bar{y}, t)$.

H 2.2   假设存在互不相交的两函数 $\bar{y} = \varphi_1(t)$, $\bar{y} = \varphi_2(t)$ 使得

$$
\min_{\bar{y}} F(\bar{y}, t) = \begin{cases}
F(\varphi_1(t), t), \ 0 \leqslant t \leqslant t_1, \\
F(\varphi_2(t), t), \ t_1 \leqslant t \leqslant T,
\end{cases}
\tag{2-9}
$$

同时

$$\begin{cases} F_y(\varphi_1(t),t)=0, \ F_{yy}(\varphi_1(t),t)>0, \ 0\leqslant t\leqslant t_1, \\ F_y(\varphi_2(t),t)=0, \ F_{yy}(\varphi_2(t),t)>0, \ t_1\leqslant t\leqslant T. \end{cases} \tag{2-10}$$

从假设 H2.2 可得

$$\bar{u}(t)=\begin{cases} \alpha_1(t)=-b^{-1}(t)a(t)\varphi_1(t), \ 0\leqslant t<t_1, \\ \alpha_2(t)=-b^{-1}(t)a(t)\varphi_2(t), \ t_1< t\leqslant T. \end{cases}$$

H 2.3 假设在区域 D 上函数 $f_{u^2}(y,u,t)>0$，并且存在唯一的 $t_1\in[0,T]$ 使得 $f(\varphi_1(t_1),\alpha_1(t_1),t_1)=f(\varphi_2(t_1),\alpha_2(t_1),t_1)$.

取 $0=t_0<t_1<t_2=T$, 且 $\tau_i=(t-t_i)/\mu$, $i=0,2$, $\tau_1=(t-t^*)/\mu$, 其中 $t^*(\mu)\in[t_0,t_2]$ 为下面形式

$$t^*=t_1+\mu t_{11}+\cdots+\mu^k t_{1k}+\cdots.$$

H 2.4 假设 $q_{i1}(\tau_i)=(q_{i1}(\tau_i),q_{i2}(\tau_i))^{\mathrm{T}}$ 是满足如下方程的解

$$\begin{cases} q'_{i1}(\tau_i)=a(t_i)q_{i1}(\tau_i)+b(t_i)g(q_{i1}(\tau_i),q_{i2}(\tau_i),t_i), \\ q'_{i2}(\tau_i)=-f_y(q_{i1}(\tau_i),g(q_{i1}(\tau_i),q_{i2}(\tau_i),t_i),t_i)-a(t_i)q_{i2}(\tau_i), \end{cases}$$

其中 $q_{i1}(\tau_i)\to\varphi_i(t_i)$, $\tau_i\to-\infty$, $i=1,2$, $q_{i1}(\tau_i)\to\varphi_{i+1}(t_i)$, $\tau_i\to+\infty$, $i=0,1$.

线性齐次方程

$$\phi'_i(\tau_i)-A\phi_i(\tau_i)=0, \tag{2-11}$$

其对应的共轭方程为

$$\psi'_i(\tau_i)+A^*\psi_i(\tau_i)=0, \tag{2-12}$$

其中

$$\phi_i(\tau_i)=(\phi_{i1}(\tau_i),\phi_{i2}(\tau_i))^{\mathrm{T}}, \ \psi_i(\tau_i)=(\psi_{i1}(\tau_i),\psi_{i2}(\tau_i))^{\mathrm{T}},$$

$$A=\begin{bmatrix} a(t_i)+b(t_i)g_y & b(t_i)g_\lambda \\ -f_{yy}-f_{yu}g_y & -f_{yu}g_\lambda-a(t_i) \end{bmatrix}, i=0,1,2,$$

其中 f_{yy} 和 f_{yu} 在 $(q_{i1}(\tau_i), g(q_{i1}(\tau_i), q_{i2}(\tau_i), t_i), t_i)$ 取值, g_y 和 g_λ 在 $(q_{i1}(\tau_i), q_{i2}(\tau_i), t_i)$ 取值.

H 2.5 假设 $\phi_i(\tau_i)$ 是式 $(2\text{-}11)_{i=0,2}$ 的非平凡解, 同时 $\phi_0(0) \neq 0$, $\phi_2(0) \neq 0$.

由上述可知 $q_1'(\tau_1)$ 是式 $(2\text{-}11)_{i=1}$ 的非平凡解.

H 2.6 假设 $q_1'(\tau_1)$ 是式 $(2\text{-}11)_{i=1}$ 唯一有界解, 且 $\displaystyle\int_{-\infty}^{\infty} \psi_1^* B \mathrm{d}\tau_1 \neq 0$, 其中

$$B = \begin{bmatrix} a'(t_1)q_{11}(\tau_1) + b'(t_1)g + b(t_1)g_t \\ -f_{yu}g_t - f_{yt} - a'(t_i)q_{12}(\tau_1) \end{bmatrix},$$

其中 f_{yu} 和 f_{yt} 在 $(q_{11}(\tau_1), g(q_{11}(\tau_1), q_{12}(\tau_1), t_1), t_1)$ 取值, g 和 g_t 在 $(q_{11}(\tau_1), q_{12}(\tau_1), t_1)$ 取值.

引进 Hamilton 函数

$$H(y, u, \lambda, t) = f(y, u, t) + \tilde{\lambda}\mu^{-1}\big(a(t)y + b(t)u\big),$$

其中 $\tilde{\lambda}$ 是 Lagrange 乘子. 从最优解的必要条件可得

$$\begin{cases} \mu y' = a(t)y + b(t)u, \\ \tilde{\lambda}' = -f_y(y, u, t) - \tilde{\lambda}\mu^{-1}a(t), \\ f_u(y, u, t) + \tilde{\lambda}\mu^{-1}b(t) = 0, \\ y(0, \mu) = y^0, \tilde{\lambda}(T) = 0, \end{cases} \tag{2-13}$$

作代换 $\tilde{\lambda} = \mu\lambda$, 因为 $f_{u^2}(y, u, t) > 0$, 所以 $f_u(y, u, t) + \lambda b(t) = 0$ 关于 u 唯一可解, 由隐函数定理可知 $u = g(y, \lambda, t)$. 由式 (2-13) 可得如下奇异摄动边值问题

$$\begin{cases} \mu\dfrac{\mathrm{d}y}{\mathrm{d}t} = a(t)y + b(t)g(y, \lambda, t), \\ \mu\dfrac{\mathrm{d}\lambda}{\mathrm{d}t} = -f_y(y, g(y, \lambda, t), t) - a(t)\lambda, \\ y(0, \mu) = y^0, \lambda(T) = 0. \end{cases} \tag{2-14}$$

接下来将证明式 (2-14) 阶梯状空间对照结构解的存在性.

2.2.1 解的存在性

结合文献[11]的主要结果, 将证明在给出的条件下, 原问题 (2-7) 存在阶梯状空间对照结构解, 为此先写出式 (2-14) 的辅助方程组

$$\begin{cases} \dfrac{dy}{d\tau} = a(\bar{t})y + b(\bar{t})g(y, \lambda, \bar{t}), \\ \dfrac{d\lambda}{d\tau} = -f_y(y, g(y, \lambda, \bar{t}), \bar{t}) - a(\bar{t})\lambda, \end{cases} \tag{2-15}$$

其中 $\tau = (t-\bar{t})\mu^{-1}$, $\bar{t} \in [0, T]$ 是一参数.

引理 2.5　如果满足假设 H2.1 $\sim$ H2.3, 那么辅助方程组 (2-15) 存在两个鞍点 $M_i\big(\varphi_i(\bar{t}), \gamma_i(\bar{t})\big)$, 其中 $\gamma_i(\bar{t}) = -b^{-1}(\bar{t})f_u(\varphi_i(\bar{t}), \alpha_i(\bar{t}), \bar{t})$, $i = 1, 2$.

证明　记

$$\begin{cases} H(y, u, \bar{t}) = a(\bar{t})y + b(\bar{t})g(y, \lambda, \bar{t}), \\ G(y, u, \bar{t}) = -f_y(y, g(y, \lambda, \bar{t}), \bar{t}) - a(\bar{t})\lambda. \end{cases}$$

显然, $M_i\big(\varphi_i(\bar{t}), \gamma_i(\bar{t})\big)$ 满足退化方程组

$$\begin{cases} H(y, u, \bar{t}) = 0, \\ G(y, u, \bar{t}) = 0, \end{cases}$$

所以, $M_i\big(\varphi_i(\bar{t}), \gamma_i(\bar{t})\big)$ 在 (2-15) 的相平面上是平衡点. 进一步确定该平衡点的类型, 写出相对应的特征方程

$$\lambda^2 - a^2(\bar{t}) + 2a(\bar{t})b(\bar{t})\bar{f}_{u^2}^{-1}\bar{f}_{uy} - b^2(\bar{t})\bar{f}_{u^2}^{-1}\bar{f}_{y^2} = 0,$$

这里 $\bar{f}_{u^2}^{-1}$、$\bar{f}_{y^2}$、$\bar{f}_{uy}$ 都在 $\big(\varphi_i(\bar{t}), \alpha_i(\bar{t}), \bar{t}\big)$, $i = 1, 2$ 取值. 由表达式 (2-10) 可知

$$\lambda^2 = a^2(\bar{t}) - 2a(\bar{t})b(\bar{t})\bar{f}_{u^2}^{-1}\bar{f}_{uy} + b^2(\bar{t})\bar{f}_{u^2}^{-1}\bar{f}_{y^2} > 0,$$

所以在相平面 (y, λ) 上平衡点 $M_i\big(\varphi_i(\bar{t}), \gamma_i(\bar{t})\big)$, $i = 1, 2$ 都是鞍点.

引理 2.6　方程组 (2-15) 存在首次积分

$$\big(a(\bar{t})y + b(\bar{t})g(y, \lambda, \bar{t})\big)\lambda + f(y, g(y, \lambda, \bar{t}), \bar{t}) = C. \tag{2-16}$$

证明 记 $y' = \dfrac{\mathrm{d}y}{\mathrm{d}\tau}$, $\lambda' = \dfrac{\mathrm{d}\lambda}{\mathrm{d}\tau}$, 方程组 (2-15) 的第二个方程可写成

$$\lambda' + f_y(y, g(y, \lambda, \bar{t}), \bar{t}) + a(\bar{t})\lambda = 0, \tag{2-17}$$

对式 (2-17) 进行配方, 并考虑到 $y'' = a(\bar{t})y' + b(\bar{t})g_y(y, \lambda, \bar{t})y' + b(\bar{t})g_\lambda(y, \lambda, \bar{t})\lambda'$ 可得

$$\frac{\mathrm{d}}{\mathrm{d}\tau}\big(\lambda y' + f(y, g(y, \lambda, \bar{t}), \bar{t})\big) = 0,$$

积分后可得首次积分曲线为

$$\big(a(\bar{t})y + b(\bar{t})g(y, \lambda, \bar{t})\big)\lambda + f(y, g(y, \lambda, \bar{t}), \bar{t}) = C.$$

引理 2.7   如果满足假设 H2.1 $\sim$ H2.3 和 $a(\bar{t})y + b(\bar{t})g(y, \lambda, \bar{t}) \neq 0$, 那么首次积分 (2-16) 关于 λ 可解.

证明 记

$$\tilde{g}(y, \lambda, \bar{t}) = \big(a(\bar{t})y + b(\bar{t})g(y, \lambda, \bar{t})\big)\lambda + f(y, g(y, \lambda, \bar{t}), \bar{t}) - C,$$

两端对 λ 求导

$$\tilde{g}_\lambda(y, \lambda, \bar{t}) = a(\bar{t})y + b(\bar{t})g(y, \lambda, \bar{t}) + b(\bar{t})\lambda g_\lambda(y, \lambda, \bar{t}) + f_u(y, g(y, \lambda, \bar{t}), \bar{t})g_\lambda(y, \lambda, \bar{t}) =$$

$$a(\bar{t})y + b(\bar{t})g(y, \lambda, \bar{t}) \neq 0,$$

由隐函数存在定理可知, 在 λ 某一邻域内 $\tilde{g}(y, \lambda, \bar{t}) = 0$ 可唯一确定隐函数

$$\lambda = h(y, \bar{t}, C). \tag{2-18}$$

选取 $C = f(\varphi_1(\bar{t}), \alpha_1(\bar{t}), \bar{t})$, 则

$$S_{M_1}: \big(a(\bar{t})y + b(\bar{t})g(y, \lambda, \bar{t})\big)\lambda + f(y, g(y, \lambda, \bar{t}), \bar{t}) = f(\varphi_1(\bar{t}), \alpha_1(\bar{t}), \bar{t}) \tag{2-19}$$
是经过平衡点 $\big(\varphi_1(\bar{t}), \gamma_1(\bar{t})\big)$ 的轨线.

同样选取 $C = f(\varphi_2(\bar{t}), \alpha_2(\bar{t}), \bar{t})$, 则

$$S_{M_2}: \big(a(\bar{t})y + b(\bar{t})g(y, \lambda, \bar{t})\big)\lambda + f(y, g(y, \lambda, \bar{t}), \bar{t}) = f(\varphi_2(\bar{t}), \alpha_2(\bar{t}), \bar{t}) \tag{2-20}$$
是经过平衡点 $\big(\varphi_2(\bar{t}), \gamma_2(\bar{t})\big)$ 的轨线.

由引理 2.7 可知轨线 (2-19) 和 (2-20) 关于 λ 分别能表示成

$$\lambda^{(-)}(\tau,\bar{t}) = h^{(-)}(y^{(-)},\varphi_1(\bar{t}),\bar{t}), \tag{2-21}$$

$$\lambda^{(+)}(\tau,\bar{t}) = h^{(+)}(y^{(+)},\varphi_2(\bar{t}),\bar{t}). \tag{2-22}$$

往下只要把轨道 (2-21) 和 (2-22) 缝接起来, 就可得到通过平衡点 $(\varphi_1(\bar{t}),\gamma_1(\bar{t}))$ 和 $(\varphi_2(\bar{t}),\gamma_2(\bar{t}))$ 的异宿轨道. 令

$$H(\bar{t}) = \lambda^{(-)}(0,\bar{t}) - \lambda^{(+)}(0,\bar{t}) = h^{(-)}(y^{(-)}(0),\varphi_1(\bar{t}),\bar{t}) - h^{(+)}(y^{(+)}(0),\varphi_2(\bar{t}),\bar{t}).$$

为方便起见, 不妨选取初值为 $y^{(-)}(0) = y^{(+)}(0) = \beta(\bar{t})$, $\varphi_1(\bar{t}) < \beta(\bar{t}) < \varphi_2(\bar{t})$.

引理 2.8   如果满足假设H2.1 ~ H2.3, 那么 $H(t_1) = 0$ 等价于

$$f(\varphi_1(t_1),\alpha_1(t_1),t_1) = f(\varphi_2(t_1),\alpha_2(t_1),t_1).$$

证明   在表达式 (2-19), (2-20) 中令 $\tau = 0$, $\bar{t} = t_1$, 可得

$$[a(t_1)\beta(t_1)+b(t_1)g^{(-)}(t_1)]h^{(-)}(t_1) + f(\beta(t_1),g^{(-)}(t_1),t_1) = \bar{f}^{(-)}(t_1), \tag{2-23}$$

$$[a(t_1)\beta(t_1)+b(t_1)g^{(+)}(t_1)]h^{(+)}(t_1) + f(\beta(t_1),g^{(+)}(t_1),t_1) = \bar{f}^{(+)}(t_1), \tag{2-24}$$

其中

$$\bar{f}^{(-)}(t_1) = f(\varphi_1(t_1),\alpha_1(t_1),t_1), \quad \bar{f}^{(+)}(t_1) = f(\varphi_2(t_1),\alpha_2(t_1),t_1),$$

$$g^{(-)}(t_1) = g(\beta(t_1),h^{(-)}(t_1),t_1), \quad g^{(+)}(t_1) = g(\beta(t_1),h^{(+)}(t_1),t_1),$$

$$h^{(-)}(t_1) = h^{(-)}(\beta(t_1),\varphi_1(t_1),t_1), \quad h^{(+)}(t_1) = h^{(+)}(\beta(t_1),\varphi_2(t_1),t_1).$$

从表达式 (2-23), (2-24)可以看出, 如果 $H(t_1) = 0$, 即 $h^{(-)}(t_1) = h^{(+)}(t_1)$ 可知

$$f(\varphi_1(t_1),\alpha_1(t_1),t_1) = f(\varphi_2(t_1),\alpha_2(t_1),t_1).$$

反之结合表达式 (2-19) 和 (2-20), 并由隐函数的唯一性可知 $h^{(-)}(t_1) = h^{(+)}(t_1)$, 即 $H(t_1) = 0$.

结合上述结论可知, 存在 $t_1 \in [0,T]$, 使得 $H(t_1) = 0$, 这就说明经过平衡点 $(\varphi_1(\bar{t}),\gamma_1(\bar{t}))$ 和 $(\varphi_2(\bar{t}),\gamma_2(\bar{t}))$ 的两轨线可缝接起来.

结合指数二分法和 Fredholm 择一理论, 可知式 (2-11)$_{i=1}$ 存在唯一有界解. 总结上面结论可知式 (2-14) 满足文献[11]中定理 2.1 的所有条件, 从而最优控制问题 (2-7) 存在阶梯状空间对照结构解 $y(t, \mu)$, 即可得如下定理:

定理 2.1 如果满足假设 H2.1~H2.6, 那么对足够小的 $\mu > 0$, 最优控制问题 (2-7) 存在阶梯状空间对照结构解 $y(t, \mu)$, 并且有下面极限过程

$$\lim_{\mu \to 0} y(t, \mu) = \begin{cases} \varphi_1(t), \ 0 < t < t_1, \\ \varphi_2(t), \ t_1 < t < T. \end{cases}$$

2.2.2 渐近解的构造

根据边界层函数法[17], 假设奇异摄动边值问题 (2-14) 的形式渐近解为

$$x^{(-)}(t, \mu) = \sum_{k=0}^{\infty} \mu^k (\bar{x}_k^{(-)}(t) + L_k x(\tau_0) + Q_k^{(-)} x(\tau_1)), \ 0 \leqslant t \leqslant t^*, \quad (2\text{-}25)$$

$$x^{(+)}(t, \mu) = \sum_{k=0}^{\infty} \mu^k (\bar{x}_k^{(+)}(t) + Q_k^{(+)} x(\tau_1) + R_k x(\tau_2)), \ t^* \leqslant t \leqslant T, \quad (2\text{-}26)$$

其中 $x = (y, \lambda)^{\mathrm{T}}$, 其中 $\tau_0 = t\mu^{-1}$, $\tau_1 = (t-t^*)\mu^{-1}$, $\tau_2 = (t-T)\mu^{-1}$, $\bar{x}_k^{(\mp)}(t)$ 是正则项级数系数, $L_k x(\tau_0)$ 和 $R_k x(\tau_2)$ 分别是在 $t = 0$ 和 $t = T$ 处的边界层项级数系数, $Q_k^{(\mp)} x(\tau_1)$ 是在转移点 t^* 处左右内部转移层项级数系数. 转移点 $t^* \in [0, T]$ 的位置是提前未知的. 同样寻找转移点 t^* 的渐近展开形式为

$$t^* = t_1 + \mu t_{11} + \cdots + \mu^k t_{1k} + \cdots,$$

上述序列的系数会在渐近解的构造中确定.

把形式渐近解 (2-25) 和 (2-26) 代入到式 (2-14) 中, 按快慢变量 t、τ_0、τ_1 与 τ_2 分离, 再比较 μ 的同次幂, 可以得到确定式 (2-25) 和 (2-26) 中各项 $\bar{y}_k^{(\mp)}(t)$、$\bar{\lambda}_k^{(\mp)}(t)$、 $L_k y(\tau_0)$、$L_k \lambda(\tau_0)$、$Q_k^{(\mp)} y(\tau_1)$、$Q_k^{(\mp)} \lambda(\tau_1)$ 和 $R_k y(\tau_2)$、$R_k \lambda(\tau_2)$, $k \geqslant 0$ 的一系列方程和条件.

先写出零次正则项 $\bar{y}_0^{(\mp)}(t)$、$\bar{\lambda}_0^{(\mp)}(t)$ 所满足的方程

$$\begin{cases} 0 = a(t)\bar{y}_0^{(\mp)}(t) + b(t)g(\bar{y}_0^{(\mp)}(t), \bar{\lambda}_0^{(\mp)}(t), t), \\ 0 = -f_y(\bar{y}_0^{(\mp)}(t), g(\bar{y}_0^{(\mp)}(t), \bar{\lambda}_0^{(\mp)}(t), t), t) - a(t)\bar{\lambda}_0^{(\mp)}(t), \end{cases}$$

由假设 H2.2 可知

$$\bar{y}_0^{(\mp)}(t) = \begin{cases} \varphi_1(t), \ 0 \leqslant t < t_1, \\ \varphi_2(t), \ t_1 < t \leqslant T, \end{cases}$$

$$\bar{\lambda}_0^{(\mp)}(t) = \begin{cases} \gamma_1(t) = -b^{-1}(t)f_u(\varphi_1(t), \alpha_1(t), t), \ 0 \leqslant t < t_1, \\ \gamma_2(t) = -b^{-1}(t)f_u(\varphi_2(t), \alpha_2(t), t), \ t_1 < t \leqslant T. \end{cases}$$

确定零次内部转移层项 $Q_0^{(\mp)}y(\tau_1)$、$Q_0^{(\mp)}\lambda(\tau_1)$ 的方程和定解条件为

$$\begin{cases} \dfrac{dQ_0^{(\mp)}y}{d\tau_1} = a(t_1)(\varphi_{1,2}(t_1) + Q_0^{(\mp)}y) + b(t_1)\Delta_0^{(\mp)}g, \\ \dfrac{dQ_0^{(\mp)}\lambda}{d\tau_1} = -\Delta_0^{(\mp)}f - a(t_1)(\gamma_{1,2}(t_1) + Q_0^{(\mp)}\lambda), \\ Q_0^{(\mp)}y(0) = \beta(t_1) - \varphi_{1,2}(t_1), \ Q_0^{(\mp)}y(\mp\infty) = 0, \ Q_0^{(\mp)}\lambda(\mp\infty) = 0, \end{cases} \tag{2-27}$$

其中

$$\Delta_0^{(\mp)}g = g(\varphi_{1,2}(t_1) + Q_0^{(\mp)}y, \gamma_{1,2}(t_1) + Q_0^{(\mp)}\lambda, t_1),$$

$$\Delta_0^{(\mp)}f = f_y(\varphi_{1,2}(t_1) + Q_0^{(\mp)}y, g(\varphi_{1,2}(t_1) + Q_0^{(\mp)}y, \gamma_{1,2}(t_1) + Q_0^{(\mp)}\lambda, t_1), t_1).$$

为了方便起见, 作变量替换

$$\tilde{y}^{(\mp)}(\tau_1) = \varphi_{1,2}(t_1) + Q_0^{(\mp)}y(\tau_1), \ \tilde{\lambda}^{(\mp)}(\tau_1) = \gamma_{1,2}(t_1) + Q_0^{(\mp)}\lambda(\tau_1),$$

则问题 (2-27) 可改写成

$$\begin{cases} \dfrac{d\tilde{y}^{(\mp)}}{d\tau_1} = a(t_1)\tilde{y}^{(\mp)} + b(t_1)g(\tilde{y}^{(\mp)}, \tilde{\lambda}^{(\mp)}, t_1), \\ \dfrac{d\tilde{\lambda}^{(\mp)}}{d\tau_1} = -f_y(\tilde{y}^{(\mp)}, g(\tilde{y}^{(\mp)}, \tilde{\lambda}^{(\mp)}, t_1), t_1) - a(t_1)\tilde{\lambda}^{(\mp)}, \\ \tilde{y}^{(\mp)}(0) = \beta(t_1), \ \tilde{y}^{(\mp)}(\mp\infty) = \varphi_{1,2}(t_1), \ \tilde{\lambda}(\mp\infty) = \gamma_{1,2}(t_1). \end{cases} \tag{2-28}$$

由假设 H2.4 可知

$$Q_0^{(\mp)}y = q_{11}(\tau_1) - \varphi_{1,2}(t_1), \ Q_0^{(\mp)}\lambda = q_{12}(\tau_1) - \gamma_{1,2}(t_1).$$

结合引理 2.1 的结论可得, $Q_0^{(\mp)}y(\tau_1)$ 和 $Q_0^{(\mp)}\lambda(\tau_1)$ 有下面的指数估计式

$$|Q_0^{(-)}y(\tau_1)| \leqslant C_0^{(-)}e^{\kappa_0\tau_1}, \ \kappa_0 > 0, \ \tau_1 \leqslant 0,$$

$$|Q_0^{(+)}y(\tau_1)| \leqslant C_0^{(+)}e^{-\kappa_1\tau_1}, \ \kappa_1 > 0, \ \tau_1 \geqslant 0,$$

$$|Q_0^{(-)}\lambda(\tau_1)| \leqslant C_1^{(-)}e^{\kappa_0\tau_1}, \ \kappa_0 > 0, \ \tau_1 \leqslant 0,$$

$$|Q_0^{(+)}\lambda(\tau_1)| \leqslant C_1^{(+)}e^{-\kappa_1\tau_1}, \ \kappa_1 > 0, \ \tau_1 \geqslant 0.$$

确定左右零次边界层项 $L_0y(\tau_0)$、$L_0\lambda(\tau_0)$ 和 $R_0y(\tau_2)$、$R_0\lambda(\tau_2)$ 的方程和条件为

$$\begin{cases} \dfrac{\mathrm{d}L_0y}{\mathrm{d}\tau_0} = a(0)\tilde{y} + b(0)g(\tilde{y}, \tilde{\lambda}, 0), \\[2mm] \dfrac{\mathrm{d}L_0\lambda}{\mathrm{d}\tau_0} = -f_y(\tilde{y}, g(\tilde{y}, \tilde{\lambda}, 0), 0) - a(0)\tilde{\lambda}, \\[2mm] \tilde{y}(0) = y^0, \ \tilde{y}(+\infty) = \varphi_1(0), \ \tilde{\lambda}(+\infty) = \gamma_1(0), \end{cases} \quad (2\text{-}29)$$

其中

$$\tilde{y}(\tau_0) = \varphi_1(0) + L_0y(\tau_0), \ \tilde{\lambda}(\tau_0) = \gamma_1(0) + L_0\lambda(\tau_0),$$

以及

$$\begin{cases} \dfrac{\mathrm{d}R_0y}{\mathrm{d}\tau_2} = a(T)\tilde{y} + b(T)g(\tilde{y}, \tilde{\lambda}, T), \\[2mm] \dfrac{\mathrm{d}R_0\lambda}{\mathrm{d}\tau_2} = -f_y(\tilde{y}, g(\tilde{y}, \tilde{\lambda}, T), T) - a(T)\tilde{\lambda}, \\[2mm] \tilde{\lambda}(0) = 0, \ \tilde{y}(-\infty) = \varphi_2(T), \ \tilde{\lambda}(-\infty) = \gamma_2(T), \end{cases} \quad (2\text{-}30)$$

其中

$$\tilde{y}(\tau_2) = \varphi_2(T) + R_0y(\tau_2), \ \tilde{\lambda}(\tau_2) = \gamma_2(T) + R_0\lambda(\tau_2).$$

为保证式 (2-29) 和 (2-30) 解的存在性, 需要如下假设条件.

H 2.7　假设 y^0 与过平衡点 $M_1(\varphi_1(0), \gamma_1(0))$ 的稳定流形 $W^s(M_1(0))$ 横截相交; 0 与过平衡点 $M_2(\varphi_2(T), \gamma_2(T))$ 的不稳定流形 $W^u(M_2(T))$ 横截相交.

这样, 就找到了所有主项的渐近解 $\bar{y}_0^{(\mp)*}(t)$、 $\bar{\lambda}_0^{(\mp)*}(t)$、 $L_0 y^*(\tau_0)$、 $L_0 \lambda^*(\tau_0)$、 $Q_0^{(\mp)} y^*(\tau_1)$、 $Q_0^{(\mp)} \lambda^*(\tau_1)$、 $R_0 y^*(\tau_2)$、 $R_0 \lambda^*(\tau_2)$.

这里把上述渐近解代入到等式 (2-7), 同样可以得到确定控制变量 u 的零次近似表达式. 记 $Y_0 = \varphi_1(t) + L_0 y(\tau_0) + Q_0^{(-)} y(\tau_1)$.

注释 2.1 一般情形下, 这样得到的控制渐近解不是容许控制[115], 因为

$$Y_0(0, \mu) - y(0, \mu) = p_0(\mu) \neq 0,$$

其中 $p_0(\mu) = O(\mathrm{e}^{-\frac{k t_1}{\mu}})$, k 为某一正常数. 为了得到容许解 $y_{0\mu}$, 需要加上磨光函数 $\theta_0(t, \mu)$, 这时

$$y_{0\mu} = Y_0(t, \mu) + \theta_0(t, \mu), \quad u_{0\mu} = b^{-1}(t)\left(\mu \frac{\mathrm{d} y_{0\mu}}{\mathrm{d} t} - a(t) y_{0\mu}\right),$$

其中 $\theta_0(t, \mu) = -p_0(\mu) \mathrm{e}^{-t/\mu}$. $y_{0\mu}$ 是容许解, 因为它满足初始值. 这时容许控制为

$$u_{0\mu} = b^{-1}(t)\Big(\mu \varphi_1'(t) + \frac{\mathrm{d} L_0 y(\tau_0)}{\mathrm{d} \tau_0} + \frac{\mathrm{d} Q_0^{(-)} y(\tau_1)}{\mathrm{d} \tau_1} + p_0(\mu) \mathrm{e}^{-t/\mu} - a(t) \varphi_1(t) -$$
$$a(t) L_0 y(\tau_0) - a(t) Q_0^{(-)} y(\tau_1) + a(t) p_0(\mu) \mathrm{e}^{-t/\mu}.$$

确定正则高阶项系数 $\bar{y}_k^{(\mp)}(t)$、 $\bar{\lambda}_k^{(\mp)}(t)$ 的方程和条件为

$$\begin{cases} \dfrac{\mathrm{d} \bar{y}_{j-1}^{(\mp)}(t)}{\mathrm{d} t} = a(t) \bar{y}_j^{(\mp)}(t) + b(t) \bar{g}_y(t) \bar{y}_j^{(\mp)} + b(t) \bar{g}_\lambda(t) \bar{\lambda}_j^{(\mp)}(t) + f_j^{(\mp)}(t), \\[2mm] \dfrac{\mathrm{d} \bar{\lambda}_{j-1}^{(\mp)}(t)}{\mathrm{d} t} = -\bar{f}_{yy}^{(\mp)}(t) \bar{y}_j^{(\mp)}(t) - \bar{f}_{yu}^{(\mp)}(t) \bar{g}_y^{(\mp)}(t) \bar{y}_j^{(\mp)} - \bar{f}_{yu}^{(\mp)}(t) \bar{g}_\lambda^{(\mp)}(t) \bar{\lambda}_j^{(\mp)} \\[2mm] \qquad\qquad -a(t) \bar{\lambda}_j^{(\mp)} + g_j^{(\mp)}(t), \end{cases}$$

其中 $\bar{f}_{yy}^{(-)}(t)$、 $\bar{f}_{yy}^{(+)}(t)$ 分别在点 $(\varphi_1(t), \alpha_1(t), t)$ 和 $(\varphi_2(t), \alpha_2(t), t)$ 取值, $\bar{f}_{yu}^{(\mp)}(t)$ 有同样的含义, $\bar{g}_y^{(-)}(t)$、 $\bar{g}_y^{(+)}(t)$ 分别在 $(\varphi_1(t), \gamma_1(t), t)$ 和 $(\varphi_2(t), \gamma_2(t), t)$ 取值, $\bar{g}_\lambda^{(\mp)}(t)$ 也有同样的表达含义, $f_j^{(\mp)}(t)$、 $g_j^{(\mp)}(t)$ 均由已知函数复合而成.

考虑左右内部层高阶项的联合系统

$$\begin{cases}
\dfrac{\mathrm{d}Q_j y}{\mathrm{d}\tau_1} = \big(a(t_1) + b(t_1)\tilde{g}_y(\tau_1)\big)Q_j y(\tau_1) + b(t_1)\tilde{g}_\lambda(\tau_1)Q_j\lambda(\tau_1) + \\
\qquad\quad \big(a'(t_1)q_{11}(\tau_1) + b'(t_1)\tilde{g} + b(t_1)\tilde{g}_t\big)t_j + F_j(\tau_1), \\[2mm]
\dfrac{\mathrm{d}Q_j\lambda}{\mathrm{d}\tau_1} = -\big(\tilde{f}_{yy}(\tau_1) + \tilde{f}_{yu}(\tau_1)\tilde{g}_y(\tau_1)\big)Q_j y(\tau_1) - \\
\qquad\quad \big(\tilde{f}_{yu}(\tau_1)\tilde{g}_\lambda(\tau_1) + a(t_1)\big)Q_j\lambda(\tau_1) - \\
\qquad\quad \big(\tilde{f}_{yu}\tilde{g}_t + \tilde{f}_{yt} + a'(t)q_{12}(\tau_1)\big)t_j + G_j(\tau_1), \\[2mm]
Q_j y(0) = \rho_j\big(\beta(t_0, t_1, \cdots t_j)\big), \\[2mm]
Q_j y(\mp\infty) = \bar{y}^{(\mp)}(t_1), \quad Q_j\lambda(\mp\infty) = \bar{\lambda}_j^{(\mp)}(t_1),
\end{cases} \tag{2-31}$$

其中 $\tilde{f}_{yy}$、$\tilde{f}_{yu}$ 和 $\tilde{f}_{yt}$ 在 $(q_{11}(\tau_1), g(q_{11}(\tau_1), q_{12}(\tau_1), t_1), t_1)$ 取值, $\tilde{g}$、$\tilde{g}_y$、$\tilde{g}_\lambda$ 和 $\tilde{g}_t$ 在 $(q_{11}(\tau_1), q_{12}(\tau_1), t_1)$ 取值, $\rho_j(\beta(t_0, t_1, \cdots t_j))$、$F_j(\tau_1)$、$G_j(\tau_1)$ 均由已知函数复合而成. 记 $Q_j x = \big(Q_j^{\mathrm{T}} y, Q_j^{\mathrm{T}}\lambda\big)^{\mathrm{T}}$, $\tilde{G}_j(\tau_1) = \big(F_j^{\mathrm{T}}(\tau_1), G_j^{\mathrm{T}}(\tau_1)\big)^{\mathrm{T}}$,

$$I(y, \lambda, t) = \begin{bmatrix} a(t)y + b(t)g(y, \lambda, t) \\ -f_y(y, g(y, \lambda, t), t) - a(t)\lambda \end{bmatrix}.$$

根据文献[11]的结果, 可知 (2-31) 在 $\mathbf{R}^-$ 和 $\mathbf{R}^+$ 上存在指数二分法, 且算子 $F(Q_j x) = \dfrac{\mathrm{d}Q_j x}{\mathrm{d}\tau_1} - I_x(\tau_1)Q_j x$ 是 Fredholm 算子, 且 Fredholm 指标为零, 即 $\dim \mathrm{Ker}F - \dim \mathrm{Ker}F^* = 0$, 其中 $I_x(\tau_1)$ 在 $(q_{11}(\tau_1), q_{12}(\tau_1), t_1)$ 取值. 由假设 H2.6 可知, 存在唯一的 $\psi(\tau_1) \in \mathrm{Ker}F^*$, 根据引理 2.2 可知, (2-31) 的解存在的充要条件是

$$t_j \int_{-\infty}^{+\infty} \psi_1^*(\tau_1)B\mathrm{d}\tau_1 = -\int_{-\infty}^{+\infty} \psi_1^*(\tau_1)\tilde{G}_j(\tau_1)\mathrm{d}\tau_1,$$

这样 t_j 完全确定, 从而渐近展开式中 $Q_j^{(\mp)}y(\tau_1)$、$Q_j^{(\mp)}\lambda(\tau_1)$ 的各项系数完全确定.

确定 $L_j y(\tau_0)$、$L_j\lambda(\tau_0)$ 的方程和条件为

$$
\begin{cases}
\dfrac{\mathrm{d}L_j y}{\mathrm{d}\tau_0} = \big(a(0) + b(0)\tilde{g}_y(\tau_0)\big) L_j y(\tau_0) + b(0)\tilde{g}_\lambda(\tau_0) L_j \lambda(\tau_0) + F_j^l(\tau_0), \\[2mm]
\dfrac{\mathrm{d}L_j \lambda}{\mathrm{d}\tau_0} = -\big(\tilde{f}_{yy}(\tau_0) + \tilde{f}_{yu}(\tau_0)\tilde{g}_y(\tau_0)\big) L_j y(\tau_0) - \\[2mm]
\qquad\qquad \big(\tilde{f}_{yu}(\tau_0)\tilde{g}_\lambda(\tau_0) + a(0)\big) L_j \lambda(\tau_0) + G_j^l(\tau_0), \\[2mm]
L_j y(0) = -\bar{y}_j(0), \ L_j y(+\infty) = 0, \ L_j \lambda(+\infty) = 0,
\end{cases}
$$

其中 $\tilde{f}_{yy}(\tau_0)$ 和 $\tilde{f}_{yu}(\tau_0)$ 在 $(\varphi_1(0) + L_0 y(\tau_0), g(\varphi_1(0) + L_0 y(\tau_0), \gamma_1(0) + L_0\lambda(\tau_0), 0), 0)$ 取值, $\tilde{g}_y(\tau_0)$ 和 $\tilde{g}_\lambda(\tau_0)$ 在 $(\varphi_1(0) + L_0 y(\tau_0), \gamma_1(0) + L_0\lambda(\tau_0), 0)$ 取值. 确定 $R_j y(\tau_2)$、$R_j\lambda(\tau_2)$ 的方程和条件与 $L_j y(\tau_0)$、$L_j\lambda(\tau_0)$ 类似, 因其与讨论的问题无实质影响, 这里不再赘述.

引理 2.9 　如果满足假设条件 H2.1~H2.7, 则边界层函数 $L_j x(\tau_0)$、$Q_j^{(\mp)} x(\tau_1)$、 $R_j x(\tau_2)$, $j = 1, 2, \cdots$ 存在, 且

$$
L_j x(\tau_0) \in E_{\mathrm{R}+}(\gamma, 0), \ Q_j^{(-)} x(\tau_1) \in E_{\mathrm{R}-}(\gamma, 0),
$$
$$
Q_j^{(+)} x(\tau_1) \in E_{\mathrm{R}+}(\gamma, 0), \ R_j x(\tau_2) \in E_{\mathrm{R}-}(\gamma, 0),
$$

这里 γ 是任意的正常数.

定理 2.2 　如果满足假设 H2.1~H2.7, 那么对足够小的 $\mu > 0$, 最优控制问题 (2-7) 存在阶梯状空间对照结构解 $y(t, \mu)$, 并有下面的渐近表达式

$$
y(t, \mu) = \begin{cases}
\displaystyle\sum_{i=0}^{n} \mu^k \big(\bar{y}_k^{(-)}(t) + L_k y(\tau_0) + Q_k^{(-)} y(\tau_1)\big) + O(\mu^{n+1}), \ 0 \leqslant t \leqslant t^*, \\[4mm]
\displaystyle\sum_{i=0}^{n} \mu^k \big(\bar{y}_k^{(+)}(t) + Q_k^{(+)} y(\tau_1) + R_k y(\tau_2)\big) + O(\mu^{n+1}), \ t^* \leqslant t \leqslant T.
\end{cases}
$$

注释 2.2 　利用 y、λ 的渐近解, 可以得到关于控制 u 的渐近表达式, 需要指出的是这样构造出的控制渐近解不是容许控制, 类似于注释 2.1 的做法, 同样可以构造高阶渐近解的容许控制, 因无本质区别, 这里不再详细给出.

2.2.3 　例子

考虑如下具体最优控制问题

$$\begin{cases} J[u] = \int_0^{2\pi} \left(\dfrac{1}{4}y^4 - \dfrac{1}{3}y^3 \sin t - y^2 + y \sin t + \dfrac{1}{2}u^2 \right) \mathrm{d}t \to \min_u, \\ \mu \dfrac{\mathrm{d}y}{\mathrm{d}t} = -y + u, \\ y(0, \mu) = 0. \end{cases} \quad (2\text{-}32)$$

对于问题 (2-32) 容易验证其满足假设 H2.1~H2.7, 接下来利用前面给出的方法来构造其一致有效渐近解.

通过计算容易得到

$$\bar{y}_0^{(\mp)}(t) = \begin{cases} -1, & 0 \leqslant t < \pi, \\ 1, & \pi < t \leqslant 2\pi, \end{cases}$$

$$\min_{\bar{y}} F(\bar{y}_0^{(\mp)}, t) = \begin{cases} -\dfrac{1}{4} - \dfrac{2}{3} \sin t, & 0 \leqslant t \leqslant \pi, \\ -\dfrac{1}{4} + \dfrac{2}{3} \sin t, & \pi \leqslant t \leqslant 2\pi, \end{cases}$$

这里 $t_0 = \pi$, 相应地 $\bar{\lambda}_0(t) = -\bar{y}_0(t)$ 也就确定了.

左右内部层的零次近似满足以下问题

$$\frac{\mathrm{d}Q_0^{(\mp)}y}{\mathrm{d}\tau_1} = -\frac{\sqrt{2}}{2}\left((Q_0^{(\mp)}y \mp 1)^2 - 1 \right), \quad Q_0^{(\mp)}y(0) = \pm 1, \quad Q_0^{(\mp)}y(\mp\infty) = 0,$$

计算可得

$$Q_0^{(-)}y = \frac{2\mathrm{e}^{\sqrt{2}\tau_1}}{1 + \mathrm{e}^{\sqrt{2}\tau_1}}, \quad Q_0^{(-)}\lambda = \frac{-2 - (2\sqrt{2} + 2)\mathrm{e}^{-\sqrt{2}\tau_1}}{(1 + \mathrm{e}^{-\sqrt{2}\tau_1})^2},$$

$$Q_0^{(+)}y = \frac{-2}{1 + \mathrm{e}^{\sqrt{2}\tau_1}}, \quad Q_0^{(+)}\lambda = \frac{2\mathrm{e}^{-2\sqrt{2}\tau_1} + (2 - 2\sqrt{2})\mathrm{e}^{-\sqrt{2}\tau_1}}{(1 + \mathrm{e}^{-\sqrt{2}\tau_1})^2}.$$

同理可得

$$L_0 y = \frac{2\mathrm{e}^{-\sqrt{2}\tau_0}}{1 + \mathrm{e}^{-\sqrt{2}\tau_0}}, \quad L_0\lambda = \frac{-2 + (2\sqrt{2} - 2)\mathrm{e}^{\sqrt{2}\tau_0}}{(1 + \mathrm{e}^{\sqrt{2}\tau_0})^2},$$

$$R_0 y = \frac{2a\mathrm{e}^{\sqrt{2}\tau_2}}{1 - a\mathrm{e}^{\sqrt{2}\tau_2}}, \quad R_0\lambda = \frac{2a^2\mathrm{e}^{2\sqrt{2}\tau_2} - (2\sqrt{2}a + 2a)\mathrm{e}^{\sqrt{2}\tau_2}}{(1 - a\mathrm{e}^{\sqrt{2}\tau_2})^2},$$

其中 $a = \dfrac{\sqrt{6} - \sqrt{2} - 2}{\sqrt{6} - \sqrt{2} + 2}$.

经计算可得 $u = -\lambda$, 从而得到问题 (2-32) 的形式渐近解为

$$y(t,\mu) = \begin{cases} -1 + \dfrac{2\mathrm{e}^{-\sqrt{2}\tau_0}}{1 + \mathrm{e}^{-\sqrt{2}\tau_0}} + \dfrac{2\mathrm{e}^{\sqrt{2}\tau_1}}{1 + \mathrm{e}^{\sqrt{2}\tau_1}} + O(\mu), \ 0 \leqslant t \leqslant \pi, \\ 1 + \dfrac{-2}{1 + \mathrm{e}^{\sqrt{2}\tau_1}} + \dfrac{2a\mathrm{e}^{\sqrt{2}\tau_2}}{1 - a\mathrm{e}^{\sqrt{2}\tau_2}} + O(\mu), \quad \pi \leqslant t \leqslant 2\pi, \end{cases}$$

$$u(t,\mu) = \begin{cases} -1 + \dfrac{2 - (2\sqrt{2} - 2)\mathrm{e}^{\sqrt{2}\tau_0}}{(1 + \mathrm{e}^{\sqrt{2}\tau_0})^2} + \dfrac{2 + (2\sqrt{2} + 2)\mathrm{e}^{-\sqrt{2}\tau_1}}{(1 + \mathrm{e}^{-\sqrt{2}\tau_1})^2} + O(\mu), t \leqslant \pi, \\ 1 + \dfrac{-2\mathrm{e}^{-2\sqrt{2}\tau_1} + (2\sqrt{2} - 2)\mathrm{e}^{-\sqrt{2}\tau_1}}{(1 + \mathrm{e}^{-\sqrt{2}\tau_1})^2} \\ + \dfrac{-2a^2\mathrm{e}^{2\sqrt{2}\tau_2} + (2\sqrt{2}a + 2a)\mathrm{e}^{\sqrt{2}\tau_2}}{(1 - a\mathrm{e}^{\sqrt{2}\tau_2})^2} + O(\mu), \ \pi \leqslant t \leqslant 2\pi. \end{cases}$$

将渐近解和数值解进行比较, 结果如图2.1所示.

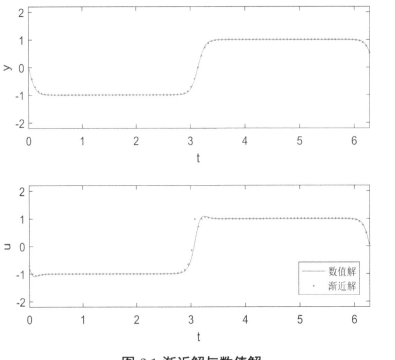

图 2.1 渐近解与数值解

从图上可以看出, 渐近解和数值解是比较拟合的, 从而很好地验证了结论.

2.3 两端固定情形奇异摄动最优控制问题的空间对照结构

关于渐近解的构造有很多方法, 包括边界层函数法、直接展开法、匹配法等. 需要指出的是, 每一种方法都有其各自的特点, 就其本质而言是等价的. 本书第一作者师从对边界层函数法和直接展开法有着深入研究的俄罗斯外籍院士倪明康, 因此主要应用边界层函数法和直接展开法构造相应问题的渐近解. 边界层函数法应用于奇异摄动最优控制问题的主要思路为: 首先利用最优控制理论, 得到原问题的一阶最优性条件; 其次利用边界层函数法构造最优性条件的渐近解; 最后利用奇异摄动理论中等价性条件确定转移点, 得出一致有效的形式渐近解. 直接展开法应用于奇异摄动最优控制问题的主要思路为: 首先利用奇异摄动最优控制问题的退化问题得到原问题的退化解, 利用奇异摄动理论证明退化问题的解就是一阶最优性条件的零次退化解; 其次利用直接展开法构造原问题一致有效的形式渐近解. 本节将利用直接展开法研究奇异摄动最优控制问题的渐近解, 具体研究过程为直接将性能指标、状态方程和边界条件按照快慢变量进行尺度分离, 进一步按小参数 μ 展开, 得到一系列极小化序列, 针对这些极小化序列应用最优控制理论得出最优解. 需要指出的是, 极小化序列简化了原问题, 揭示了奇异摄动最优控制问题的本质.

本节不但证明了奇异摄动最优控制问题阶梯状空间对照结构解的存在性, 而且证明了极值轨线和极值控制的渐近解.

2.3.1 问题描述

考虑奇异摄动最优控制问题

$$
\begin{cases}
J[u] = \displaystyle\int_0^T f(y, u, t)\,\mathrm{d}t \to \min_u, \\
\mu\dfrac{\mathrm{d}y}{\mathrm{d}t} = a(t)y + b(t)u, \\
y(0, \mu) = y^0,\ y(T, \mu) = y^T,
\end{cases}
\tag{2-33}
$$

其中 $\mu > 0$ 是一小参数.

本节假设如下条件成立.

H 2.8　　假设函数 $f(y, u, t)$ 在区域 $D = \{(y, u, t)| \mid y \mid < A, u \in \mathbf{R}, 0 \leqslant t \leqslant T\}$ 上充分光滑，其中 A 是一正常数.

H 2.9　　假设在区域 D 上 $f_{u^2}(y, u, t) > 0$.

令式 (2-33) 中 $\mu = 0$，可得退化问题

$$J[\bar{u}] = \int_0^T f(\bar{y}, \bar{u}, t)\, \mathrm{d}t \to \min_{\bar{u}}, \ \bar{u} = -b^{-1}(t)a(t)\bar{y}. \tag{2-34}$$

问题 (2-34) 可改写为等价形式

$$J[\bar{u}] = \int_0^T F(\bar{y}, t)\mathrm{d}t \to \min_{\bar{y}},$$

其中 $F(\bar{y}, t) = f(\bar{y}, -b^{-1}(t)a(t)\bar{y}, t)$.

H 2.10　　假设存在两个孤立根 $\bar{y} = \varphi_1(t)$，$\bar{y} = \varphi_2(t)$ 满足

$$\min_{\bar{y}} F(\bar{y}, t) = \begin{cases} F(\varphi_1(t), t), \ 0 \leqslant t \leqslant t_0, \\ F(\varphi_2(t), t), \ t_0 \leqslant t \leqslant T, \end{cases} \tag{2-35}$$

$$\lim_{t \to t_0^-} \varphi_1(t) \neq \lim_{t \to t_0^+} \varphi_2(t),$$

且

$$\begin{cases} F_y(\varphi_1(t), t) = 0, \ F_{yy}(\varphi_1(t), t) > 0, \ 0 \leqslant t \leqslant t_0, \\ F_y(\varphi_2(t), t) = 0, \ F_{yy}(\varphi_2(t), t) > 0, \ t_0 \leqslant t \leqslant T. \end{cases} \tag{2-36}$$

H 2.11　　假设存在转移点 t_0 使得

$$F(\varphi_1(t_0), t_0) = F(\varphi_2(t_0), t_0),$$

同时

$$\frac{\mathrm{d}}{\mathrm{d}t} F(\varphi_1(t_0), t_0) \neq \frac{\mathrm{d}}{\mathrm{d}t} F(\varphi_2(t_0), t_0).$$

由假设 H2.10 可知

$$\bar{u}(t) = \begin{cases} \alpha_1(t) = -b^{-1}(t)a(t)\varphi_1(t), \ 0 \leqslant t < t_0, \\ \alpha_2(t) = -b^{-1}(t)a(t)\varphi_2(t), \ t_0 < t \leqslant T. \end{cases}$$

考虑 Hamilton 函数

$$H(y, u, \lambda, t) = f(y, u, t) + \lambda \mu^{-1} \big[a(t)y + b(t)u \big],$$

其中 λ 是 Lagrange 乘子.

利用最优控制理论可得最优性条件为

$$\begin{cases} \mu y' = a(t)y + b(t)u, \\ \lambda' = -f_y(y, u, t) - \lambda \mu^{-1} a(t), \\ \mu f_u(y, u, t) + \lambda(t)b(t) = 0, \\ y(0, \mu) = y^0, \ y(T, \mu) = y^T. \end{cases} \quad (2\text{-}37)$$

利用式 (2-37), 整理可得如下奇异摄动边值问题

$$\begin{cases} \mu y' = a(t)y + b(t)u, \\ \mu u' = g_1(y, u, t) + \mu g_2(y, u, t), \\ y(0, \mu) = y^0, \ y(T, \mu) = y^T, \end{cases} \quad (2\text{-}38)$$

其中

$$g_1 = b(t)f_{u^2}^{-1} f_y - a(t)f_{u^2}^{-1} f_u - f_{u^2}^{-1} f_{uy}\big(a(t)y + b(t)u \big),$$

$$g_2 = b^{-1}(t)b'(t)f_{u^2}^{-1} f_u - f_{u^2}^{-1} f_{ut}.$$

关于非线性问题 (2-38) 的一般形式已在文献[17]中研究过, 作者证明了原问题空间对照结构解的存在性. 本节将利用文献[89]的主要结果, 证明最优控制问题 (2-38) 空间对照结构解的存在性.

接下来, 给出文献[89]的主要结果.

定理 2.3 考虑边值问题[89]

$$\begin{cases} \mu \dfrac{\mathrm{d}y}{\mathrm{d}t} = F(y, z, t, \mu), \\ \mu \dfrac{\mathrm{d}z}{\mathrm{d}t} = G(y, z, t, \mu), \\ y(0, \mu) = y^0, \ y(T, \mu) = y^T. \end{cases} \quad (2\text{-}39)$$

假设如下条件成立:

B_1 退化系统

$$\begin{cases} F(\bar{y}, \bar{z}, t, 0) = 0, \\ G(\bar{y}, \bar{z}, t, 0) = 0 \end{cases}$$

有两个孤立根 $(\varphi_1(t), \psi_1(t))$ 和 $(\varphi_2(t), \psi_2(t))$.

B_2 相空间 $(\tilde{y}, \tilde{z})$ 内, 点 $M_1(\varphi_1(\bar{t}), \psi_1(\bar{t}))$ 和 $M_2(\varphi_2(\bar{t}), \psi_2(\bar{t}))$ 是辅助系统

$$\begin{cases} \dfrac{\mathrm{d}\tilde{y}}{\mathrm{d}\tau} = F(\tilde{y}, \tilde{z}, \bar{t}, 0), \\ \dfrac{\mathrm{d}\tilde{z}}{\mathrm{d}\tau} = G(\tilde{y}, \tilde{z}, \bar{t}, 0) \end{cases} \tag{2-40}$$

的鞍点, 其中 $\bar{t}$ 是一参数, 系统 (2-40) 具有过平衡点 $M_i, i = 1, 2$ 的首次积分 $\Omega_i(\tilde{y}, \tilde{z}, \bar{t}) = \Omega_i(\varphi_i(\bar{t}), \psi_i(\bar{t}), \bar{t})$.

B_3 首次积分 $\Omega_i(\tilde{y}, \tilde{z}, \bar{t}) = \Omega_i(\varphi_i(\bar{t}), \psi_i(\bar{t}), \bar{t})$ 关于变量 $\tilde{z}$ 可解:

$$S_{M_1}: \quad \tilde{z}^{(-)} = V(\tilde{y}, \varphi_1(\bar{t}), \psi_1(\bar{t}), \bar{t}),$$

$$S_{M_2}: \quad \tilde{z}^{(+)} = V(\tilde{y}, \varphi_2(\bar{t}), \psi_2(\bar{t}), \bar{t}).$$

B_4 方程 $H(\bar{t}) = \tilde{z}^{(+)} - \tilde{z}^{(-)}$ 存在解 $\bar{t} = t_0 \in (0, T)$, 满足 $\dfrac{\mathrm{d}}{\mathrm{d}t} H(t_0) \neq 0$. 从而边值问题 (2-39) 存在阶梯状空间对照结构解, 且

$$\lim_{\mu \to 0} y(t, \mu) = \begin{cases} \varphi_1(t), \ t < t_0, \\ \varphi_2(t), \ t > t_0, \end{cases}$$

$$\lim_{\mu \to 0} z(t, \mu) = \begin{cases} \psi_1(t), \ t < t_0, \\ \psi_2(t), \ t > t_0. \end{cases}$$

2.3.2 阶梯状空间对照结构解的存在性

综上所述, 问题 (2-38) 是 (2-39) 的特殊情形, 因此, 在一定条件下 (2-38) 存在阶梯状的极值轨线.

问题 (2-38) 的辅助系统为

$$\begin{cases} \dfrac{\mathrm{d}u}{\mathrm{d}\tau} = b(\bar{t})f_{u^2}^{-1}f_y - a(\bar{t})f_{u^2}^{-1}f_u - f_{u^2}^{-1}f_{uy}\big(a(\bar{t})y + b(\bar{t})u\big), \\ \dfrac{\mathrm{d}y}{\mathrm{d}\tau} = a(\bar{t})y + b(\bar{t})u, \end{cases} \tag{2-41}$$

其中 $\tau = (t - \bar{t})\mu^{-1}$, $\bar{t} \in [0, T]$ 是一参数.

现在给出一些引理, 用来证明阶梯状空间对照结构解的存在性.

引理 2.10 假设条件 H2.8~H2.11 成立, 则辅助系统 (2-41) 存在两个鞍点 $M_i\big(\varphi_i(\bar{t}), \alpha_i(\bar{t})\big)$, $i = 1, 2$.

证明 令

$$\begin{cases} H(y, u, \bar{t}) = b(\bar{t})f_{u^2}^{-1}f_y - a(\bar{t})f_{u^2}^{-1}f_u - f_{u^2}^{-1}f_{uy}\big(a(\bar{t})y + b(\bar{t})u\big), \\ G(y, u, \bar{t}) = a(\bar{t})y + b(\bar{t})u. \end{cases}$$

显然, $M_i\big(\varphi_i(\bar{t}), \alpha_i(\bar{t})\big)$, $i = 1, 2$ 是退化系统

$$\begin{cases} H(y, u, \bar{t}) = 0, \\ G(y, u, \bar{t}) = 0 \end{cases}$$

的两个孤立根. 进一步, (2-41) 的特征方程为

$$\lambda^2 - a^2(\bar{t}) - b^2(\bar{t})\big(\bar{f}_{u^2}^{-1}\bar{f}_{y^2} - 2b^{-1}(\bar{t})a(\bar{t})\bar{f}_{u^2}^{-1}\bar{f}_{uy}\big) = 0,$$

其中 $\bar{f}_{u^2}^{-1}$、$\bar{f}_{y^2}$、$\bar{f}_{uy}$ 在 $\big(\varphi_i(\bar{t}), \alpha_i(\bar{t}), \bar{t}\big)$, $i = 1, 2$ 取值. 利用假设 H2.10,可知

$$\lambda^2 = a^2(\bar{t}) + b^2(\bar{t})\big(\bar{f}_{u^2}^{-1}\bar{f}_{y^2} - 2b^{-1}(\bar{t})a(\bar{t})\bar{f}_{u^2}^{-1}\bar{f}_{uy}\big) > 0.$$

因此, 在相空间 (y, u) 内, $M_i\big(\varphi_i(\bar{t}), \alpha_i(\bar{t})\big)$, $i = 1, 2$ 是两个鞍点.

引理 2.11 对于固定的 $\bar{t} \in [0, T]$, 辅助系统 (2-41) 存在首次积分

$$\big(a(\bar{t})y + b(\bar{t})u\big)f_u(y, u, \bar{t}) - b(\bar{t})f(y, u, \bar{t}) = C, \tag{2-42}$$

其中 C 是一常数.

证明 令 $y' = \dfrac{\mathrm{d}y}{\mathrm{d}\tau}$, $u' = \dfrac{\mathrm{d}u}{\mathrm{d}\tau}$, 则式 (2-41) 的第一个方程可改写为

$$f_{u^2}(y, u, \bar{t})u' = b(\bar{t})f_y(y, u, \bar{t}) - a(\bar{t})f_u(y, u, \bar{t}) - f_{uy}\big(a(\bar{t})y + b(\bar{t})u\big). \tag{2-43}$$

利用式 (2-41) 的第二个方程, 计算可得

$$f_{u^2}(y, u, \bar{t})u' - b(\bar{t})f_y(y, u, \bar{t}) + a(\bar{t})f_u(y, u, \bar{t}) + f_{uy}y' = 0, \qquad (2\text{-}44)$$

由 $y'' = a(\bar{t})y' + b(\bar{t})u'$, 可知

$$\frac{\mathrm{d}}{\mathrm{d}\tau}\big(y'f_u(y, u, \bar{t}) - b(\bar{t})f(y, u, \bar{t})\big) = 0.$$

因此, 式(2-41) 的首次积分为

$$\big(a(\bar{t})y + b(\bar{t})u\big)f_u(y, u, \bar{t}) - b(\bar{t})f(y, u, \bar{t}) = C,$$

其中 C 是一常数.

引理 2.12　　假设 H2.8~H2.9 和 $u \neq -a(\bar{t})b^{-1}(\bar{t})y$ 成立, 则对于固定的 $\bar{t} \in [0, T]$, 首次积分 (2-42) 关于变量 u 是可解的.

证明　令

$$g(y, u, \bar{t}) = \big(a(\bar{t})y + b(\bar{t})u\big)f_u(y, u, \bar{t}) - b(\bar{t})f(y, u, \bar{t}) - C.$$

显然

$$g_u(y, u, \bar{t}) = b(\bar{t})f_u(y, u, \bar{t}) + \big(a(\bar{t})y + b(\bar{t})u\big)f_{u^2}(y, u, \bar{t}) - b(\bar{t})f_u(y, u, \bar{t})$$

$$= \big(a(\bar{t})y + b(\bar{t})u\big)f_{u^2}(y, u, \bar{t}) \neq 0,$$

利用隐函数定理 , 可知方程 $g(y, u, \bar{t}) = 0$ 关于变量 u 是可解的, 同时

$$u = h(y, \bar{t}, C), \quad (y, \bar{t}) \in D_1, \qquad (2\text{-}45)$$

其中 $D_1 = \{(y, t) | |y| \leqslant A, 0 \leqslant \bar{t} \leqslant T\}$.

接下来, 继续验证定理 2.3, 显然存在两个分别通过平衡点 M_1 和 M_2 的轨道 S_{M_1} 和 S_{M_2}, 满足

$$S_{M_1}: \quad \big(a(\bar{t})y + b(\bar{t})u\big)f_u(y, u, \bar{t}) - b(\bar{t})f(y, u, \bar{t}) = -b(\bar{t})f(\varphi_1(\bar{t}), \alpha_1(\bar{t}), \bar{t}),$$

$$(2\text{-}46)$$

$$S_{M_2}: \quad \big(a(\bar{t})y + b(\bar{t})u\big)f_u(y, u, \bar{t}) - b(\bar{t})f(y, u, \bar{t}) = -b(\bar{t})f(\varphi_2(\bar{t}), \alpha_2(\bar{t}), \bar{t}).$$

$$(2\text{-}47)$$

利用引理 2.12 可得,

$$u^{(-)}(\tau, \bar{t}) = h^{(-)}(y^{(-)}, \bar{t}, \varphi_1(\bar{t})), \tag{2-48}$$

$$u^{(+)}(\tau, \bar{t}) = h^{(+)}(y^{(+)}, \bar{t}, \varphi_2(\bar{t})). \tag{2-49}$$

令

$$H(\bar{t}) = u^{(-)}(0, \bar{t}) - u^{(+)}(0, \bar{t}) = h^{(-)}(y^{(-)}(0), \bar{t}, \varphi_1(\bar{t})) - h^{(+)}(y^{(+)}(0), \bar{t}, \varphi_2(\bar{t})),$$

其中 $y^{(-)}(0) = y^{(+)}(0) = \dfrac{1}{2}(\varphi_1(\bar{t}) + \varphi_2(\bar{t})) = \beta(\bar{t})$.

引理 2.13 假设 H2.8~H2.11 成立, 则

$$a(\bar{t}) + b(\bar{t}) h_y(\varphi_i(\bar{t}), \bar{t}) = \pm\sqrt{\left(b^2(\bar{t}) f_{y^2} - 2a(\bar{t})b(\bar{t}) f_{uy} + a^2(\bar{t}) f_{u^2}\right) f_{u^2}^{-1}}, \ i = 1, 2,$$

其中 f_{y^2}、f_{uy} 和 f_{u^2} 在 $(\varphi_i(\bar{t}), \alpha_i(\bar{t}), \bar{t})$, $i = 1, 2$ 取值.

证明 表达式 (2-45) 对变量 y 进行求导, 可得

$$h_y(y, \bar{t}) = \frac{\mathrm{d}u}{\mathrm{d}y} = \frac{b(\bar{t}) f_y - a(\bar{t}) f_u - (a(\bar{t})y + b(\bar{t})u(\bar{t})) f_{yu}}{(a(\bar{t})y + b(\bar{t})u(\bar{t})) f_{u^2}},$$

利用条件 H2.9~H2.10, 计算可得 $\left(b^2(\bar{t}) f_{y^2} - 2a(\bar{t})b(\bar{t}) f_{uy} + a^2(\bar{t}) f_{u^2}\right) f_{u^2}^{-1} > 0$

和 $f_{u^2}^{-1} > 0$. 结合洛必达法则, 在鞍点 $(\varphi_i(\bar{t}), \alpha_i(\bar{t}), \bar{t}), i = 1, 2$ 附近, 有

$$a(\bar{t}) + b(\bar{t}) h_y(\varphi_i(\bar{t}), \bar{t}) = \pm\sqrt{\left(b^2(\bar{t}) f_{y^2} - 2a(\bar{t})b(\bar{t}) f_{uy} + a^2(\bar{t}) f_{u^2}\right) f_{u^2}^{-1}}, \ i = 1, 2.$$

引理 2.14 假设 H2.8~H2.11 成立, 则 $H(t_0) = 0$ 充分必要条件为

$$f(\varphi_1(t_0), \alpha_1(t_0), t_0) = f(\varphi_2(t_0), \alpha_2(t_0), t_0).$$

证明 令表达式 (2-46) 和 (2-47) 中 $\tau = 0$, $\bar{t} = t_0$, 可得

$$[a(t_0)\beta(t_0) + b(t_0)h^{(-)}(t_0)]f_u(\beta(t_0), h^{(-)}(t_0), t_0) - b(t_0)f(\beta(t_0), h^{(-)}(t_0), t_0)$$

$$= -b(t_0)f(\varphi_1(t_0), \alpha_1(t_0), t_0), \tag{2-50}$$

$$[a(t_0)\beta(t_0) + b(t_0)h^{(+)}(t_0)]f_u(\beta(t_0), h^{(+)}(t_0), t_0) - b(t_0)f(\beta(t_0), h^{(+)}(t_0), t_0)$$

$$= -b(t_0)f(\varphi_2(t_0)), \alpha_2(t_0), t_0), \tag{2-51}$$

其中

$$h^{(-)}(t_0) = h^{(-)}(\beta(t_0), \varphi_1(t_0), t_0), \quad h^{(+)}(t_0) = h^{(+)}(\beta(t_0), \varphi_2(t_0), t_0),$$

必要条件可以由式 (2-50) 和 (2-51) 直接计算确定, 充分条件可以由式 (2-45) 计算可得.

引理 2.15 假设 H2.8~H2.11 成立, 则 $\dfrac{\mathrm{d}}{\mathrm{d}t}H(t_0) \neq 0$ 充分必要条件为

$$\frac{\mathrm{d}}{\mathrm{d}t}f(\varphi_1(t_0), \alpha_1(t_0), t_0) \neq \frac{\mathrm{d}}{\mathrm{d}t}f(\varphi_2(t_0), \alpha_2(t_0), t_0).$$

证明 令表达式 (2-46) 和 (2-47) 中 $\tau = 0$, 可得

$$(a(\bar{t})\beta(\bar{t}) + b(\bar{t})h^{(-)}(\bar{t}))f_u(\beta(\bar{t}), h^{(-)}(\bar{t}), \bar{t}) - b(\bar{t})f(\beta(\bar{t}), h^{(-)}(\bar{t}), \bar{t})$$

$$= -b(\bar{t})f(\varphi_1(\bar{t}), \alpha_1(\bar{t}), \bar{t}), \tag{2-52}$$

$$(a(\bar{t})\beta(\bar{t}) + b(\bar{t})h^{(+)}(\bar{t}))f_u(\beta(\bar{t}), h^{(+)}(\bar{t}), \bar{t}) - b(\bar{t})f(\beta(\bar{t}), h^{(+)}(\bar{t}), \bar{t})$$

$$= -b(\bar{t})f(\varphi_2(\bar{t}), \alpha_2(\bar{t}), \bar{t}), \tag{2-53}$$

其中

$$h^{(-)}(\bar{t}) = h^{(-)}(\beta(\bar{t}), \varphi_1(\bar{t}), \bar{t}), \ h^{(+)}(\bar{t}) = h^{(+)}(\beta(\bar{t}), \varphi_2(\bar{t}), \bar{t}),$$

表达式 (2-52) 和 (2-53) 关于 $\bar{t}$ 求导, 计算可得

$$\frac{\mathrm{d}}{\mathrm{d}\bar{t}}(a(\bar{t})\beta(\bar{t}) + b(\bar{t})h^{(-)}(\bar{t}))f_u(\beta(\bar{t}), h^{(-)}(\bar{t}), \bar{t}) + (a(\bar{t})\beta(\bar{t}) + b(\bar{t})h^{(-)}(\bar{t})) \cdot$$

$$\frac{\mathrm{d}}{\mathrm{d}\bar{t}}f_u(\beta(\bar{t}), h^{(-)}(\bar{t}), \bar{t}) - [b'(\bar{t})f(\beta(\bar{t}), h^{(-)}(\bar{t}), \bar{t}) + b(\bar{t})\frac{\mathrm{d}}{\mathrm{d}\bar{t}}f(\beta(\bar{t}), h^{(-)}(\bar{t}), \bar{t})]$$

$$= -[b'(\bar{t})f(\varphi_1(\bar{t}), \alpha_1(\bar{t}), \bar{t}) + b(\bar{t})\frac{\mathrm{d}}{\mathrm{d}\bar{t}}f(\varphi_1(\bar{t}), \alpha_1(\bar{t}), \bar{t})], \tag{2-54}$$

$$\frac{\mathrm{d}}{\mathrm{d}\bar{t}}(a(\bar{t})\beta(\bar{t}) + b(\bar{t})h^{(+)}(\bar{t}))f_u(\beta(\bar{t}), h^{(+)}(\bar{t}), \bar{t}) + (a(\bar{t})\beta(\bar{t}) + b(\bar{t})h^{(+)}(\bar{t})) \cdot$$

$$\frac{\mathrm{d}}{\mathrm{d}\bar{t}} f_u(\beta(\bar{t}), h^{(+)}(\bar{t}), \bar{t}) - [b'(\bar{t})f(\beta(\bar{t}), h^{(+)}(\bar{t}), \bar{t}) + b(\bar{t})\frac{\mathrm{d}}{\mathrm{d}\bar{t}} f(\beta(\bar{t}), h^{(+)}(\bar{t}), \bar{t})]$$

$$= -[b'(\bar{t})f(\varphi_2(\bar{t}), \alpha_2(\bar{t}), \bar{t}) + b(\bar{t})\frac{\mathrm{d}}{\mathrm{d}\bar{t}} f(\varphi_2(\bar{t}), \alpha_2(\bar{t}), \bar{t})]. \tag{2-55}$$

代入 $\bar{t} = t_0$ 可得

$$(a(t_0)\beta(t_0) + b(\bar{t})h^{(-)}(t_0))f_{u^2}(\beta(t_0), h(t_0), t_0)\frac{\mathrm{d}}{\mathrm{d}t}H(t_0) =$$

$$= -b(t_0)[\frac{\mathrm{d}}{\mathrm{d}t} f(\varphi_1(t_0), \alpha_1(t_0), t_0) - \frac{\mathrm{d}}{\mathrm{d}t} f(\varphi_2(t_0), \alpha_2(t_0), t_0)].$$

借助于假设 H2.8~H2.9, 同时不同的轨线与 $\bar{u} = \alpha_i(t_0), i = 1, 2$ 在点 $y = \beta(t_0)$ 不可能同时相交, 因此 $\frac{\mathrm{d}}{\mathrm{d}t}H(t_0) \neq 0$ 充分必要条件为

$$\frac{\mathrm{d}}{\mathrm{d}t} f(\varphi_1(t_0), \alpha_1(t_0), t_0) \neq \frac{\mathrm{d}}{\mathrm{d}t} f(\varphi_2(t_0), \alpha_2(t_0), t_0).$$

利用引理 2.11 和引理 2.14 的主要结果, 易得如下引理.

引理 2.16   假设 H2.8~H2.11 成立, 则辅助系统 (2-41) 在点 $\bar{t} = t_0$ 存在连接鞍点 $M_1(\varphi_1(t_0), \alpha_1(t_0))$ 和 $M_2(\varphi_2(t_0), \alpha_2(t_0))$ 的异宿轨道.

综上所述, 边值问题 (2-38) 满足定理 2.3 的全部条件, 则最优控制问题 (2-33) 存在阶梯状空间对照结构的极值轨线.

定理 2.4   假设 H2.8~H2.11 成立, 则对于充分小的 $\mu > 0$, 最优控制问题 (2-33) 存在阶梯状空间对照结构的极值轨线 $y(t, \mu)$, 满足

$$\lim_{\mu \to 0} y(t, \mu) = \begin{cases} \varphi_1(t), \ 0 \leqslant t < t_0, \\ \varphi_2(t), \ t_0 < t \leqslant T. \end{cases}$$

2.3.3 渐近解的构造

奇异摄动最优控制问题 (2-33) 的渐近解形式为

$$\begin{cases} y(t, \mu) = \sum\limits_{k=0}^{\infty} \mu^k(\bar{y}_k^{(-)}(t) + L_k y(\tau_0) + Q_k^{(-)}y(\tau)), \ 0 \leqslant t \leqslant t^*, \\ u(t, \mu) = \sum\limits_{k=0}^{\infty} \mu^k(\bar{u}_k^{(-)}(t) + L_k u(\tau_0) + Q_k^{(-)}u(\tau)), \end{cases} \tag{2-56}$$

$$\begin{cases} y(t,\mu) = \sum_{k=0}^{\infty} \mu^k(\bar{y}_k^{(+)}(t) + Q_k^{(+)}y(\tau) + R_k y(\tau_1)),\ t^* \leqslant t \leqslant T, \\ u(t,\mu) = \sum_{k=0}^{\infty} \mu^k(\bar{u}_k^{(+)}(t) + Q_k^{(+)}u(\tau) + R_k u(\tau_1)), \end{cases} \tag{2-57}$$

其中 $\tau_0 = t\mu^{-1}$, $\tau = (t - t^*)\mu^{-1}$, $\tau_1 = (t - T)\mu^{-1}$, $\bar{y}_k^{(\mp)}(t)$ 和 $\bar{u}_k^{(\mp)}(t)$ 是正则项系数, $L_k y(\tau_0)$ 和 $L_k u(\tau_0)$ 是 $t = 0$ 处的左边界层项系数, $R_k y(\tau_1)$ 和 $R_k u(\tau_1)$ 是 $t = T$ 处的右边界层项系数, $Q_k y^{(\mp)}(\tau)$ 和 $Q_k u^{(\mp)}(\tau)$ 是 $t = t^*$ 处的左右内部层项系数.

内部转移层点 $t^*(\mu) \in [0, T]$ 事先是未知的, 假设 t^* 的渐近表达式为 $t^* = t_0 + \mu t_1 + \cdots + \mu^k t_k + \cdots$, 上述系数将在渐近解的构造过程中得以确定.

文献 [85] 中给出了如下主要结果

$$\min_u J[u] = \min_{u_0} J(u_0) + \sum_{i=1}^{n} \mu^i \min_{u_i} \tilde{J}_i(u_i) + \cdots,$$

其中 $\tilde{J}_i(u_i) = J_i(u_i, \tilde{u}_{i-1}, \cdots, \tilde{u}_0)$, $\tilde{u}_k = \arg(\min_{u_k} \tilde{J}_k(u_k))$, $k = 0, \cdots, i - 1$.

利用直接展开法, 将 (2-56) 和 (2-57) 代入到最优控制问题 (2-33), 按照变量 t、τ_0、τ 和 τ_1 进行尺度分离, 同时比较 μ 的同次幂, 可以得到确定 $\{\bar{y}_k^{(\mp)}(t), \bar{u}_k^{(\mp)}(t)\}$、$\{L_k y(\tau_0), L_k u(\tau_0)\}$、$\{Q_k^{(\mp)}y(\tau), Q_k^{(\mp)}u(\tau)\}$、$\{R_k y(\tau_1), R_k u(\tau_1)\}$, $k \geqslant 0$ 的方程和条件.

确定零次正则项 $\{\bar{y}_0^{(\mp)}(t), \bar{u}_0^{(\mp)}(t)\}$ 的方程和条件为

$$\begin{cases} J_0(\bar{u}_0^{(\mp)}) = \int_0^T f(\bar{y}_0^{(\mp)}, \bar{u}_0^{(\mp)}, t)\,\mathrm{d}t \to \min_{\bar{u}_0^{(\mp)}}, \\ a(t)\bar{y}_0^{(\mp)} + b(t)\bar{u}_0^{(\mp)} = 0. \end{cases}$$

利用假设 H2.10, 可得

$$\bar{y}_0^{(\mp)}(t) = \begin{cases} \varphi_1(t)\,, 0 \leqslant t < t_0, \\ \varphi_2(t)\,, t_0 < t \leqslant T, \end{cases}$$

$$\bar{u}_0^{(\mp)}(t) = \begin{cases} \alpha_1(t) = -a(t)b^{-1}(t)\varphi_1(t)\,, 0 \leqslant t < t_0, \\ \alpha_2(t) = -a(t)b^{-1}(t)\varphi_2(t)\,, t_0 < t \leqslant T. \end{cases}$$

确定零次左右内部层项 $\{Q_0^{(\mp)}y(\tau), Q_0^{(\mp)}u(\tau)\}$ 的方程和条件为

$$\begin{cases} Q_0^{(\mp)}J = \int_{-\infty(0)}^{0(+\infty)} \Delta_0^{(\mp)}f(\varphi_{1,2}(t_0) + Q_0^{(\mp)}y, \alpha_{1,2}(t_0) + Q_0^{(\mp)}u, t_0)\,\mathrm{d}\tau \to \min_{Q_0^{(\mp)}u}, \\ \dfrac{\mathrm{d}}{\mathrm{d}\tau}Q_0^{(\mp)}y = a(t_0)(\varphi_{1,2}(t_0) + Q_0^{\mp}y) + b(t_0)(\alpha_{1,2}(t_0) + Q_0^{(\mp)}u), \\ Q_0^{(\mp)}y(0) = \beta(t_0) - \varphi_{1,2}(t_0), \quad Q_0^{(\mp)}y(\mp\infty) = 0, \end{cases}$$

(2-58)

其中

$$\Delta_0^{(\mp)}f = f(\varphi_{1,2}(t_0) + Q_0^{(\mp)}y, \alpha_{1,2}(t_0) + Q_0^{(\mp)}u, t_0) - f(\varphi_{1,2}(t_0), \alpha_{1,2}(t_0), t_0).$$

作变量代换

$$\tilde{y}^{(\mp)} = \varphi_{1,2}(t_0) + Q_0^{(\mp)}y(\tau), \quad \tilde{u}^{(\mp)} = \alpha_{1,2}(t_0) + Q_0^{(\mp)}u(\tau),$$

计算可得

$$\begin{cases} Q_0^{(\mp)}J = \int_{-\infty(0)}^{0(+\infty)} \Delta_0^{(\mp)}\tilde{f}(\tilde{y}^{(\mp)}(\tau), \tilde{u}^{(\mp)}(\tau), t_0)\,\mathrm{d}\tau \to \min_{\tilde{u}^{(\mp)}(\tilde{y}^{(\mp)})}, \\ \dfrac{\mathrm{d}\tilde{y}^{(\mp)}}{\mathrm{d}\tau} = a(t_0)\tilde{y}^{(\mp)} + b(t_0)\tilde{u}^{(\mp)}, \\ \tilde{y}^{(\mp)}(0) = \beta(t_0), \quad \tilde{y}^{(\mp)}(\mp\infty) = \varphi_{1,2}(t_0). \end{cases}$$

(2-59)

利用变量代换

$$\frac{\mathrm{d}\tilde{y}^{(\mp)}}{a(t_0)\tilde{y}^{(\mp)} + b(t_0)\tilde{u}^{(\mp)}} = \mathrm{d}\tau,$$

可得不依赖于变量 τ 的最优控制问题

$$Q_0^{(\mp)}J = \int_{\varphi_1(t_0)(\beta(t_0))}^{\beta(t_0)(\varphi_2(t_0))} \frac{\Delta_0\tilde{f}(\tilde{y}^{(\mp)}, \tilde{u}^{(\mp)}, t_0)}{a(t_0)\tilde{y}^{(\mp)} + b(t_0)\tilde{u}^{(\mp)}}\,\mathrm{d}\tilde{y} \to \min_{\tilde{u}^{(\mp)}(\tilde{y}^{(\mp)})}.$$

(2-60)

利用变分法可得最优性条件

$$(a(t_0)\tilde{y}^{(\mp)} + b(t_0)\tilde{u}^{(\mp)})f_u - b(t_0)f(\tilde{y}^{(\mp)}, \tilde{u}^{(\mp)}, t_0) = -b(t_0)f(\varphi_{1,2}(t_0), \alpha_{1,2}(t_0), t_0).$$

(2-61)

利用 (2-46) 和 (2-47), 同时

$$(a(t_0)\tilde{y} + b(t_0)\tilde{u})^{-2}(a(t_0)\tilde{y} + b(t_0)\tilde{u})f_{\tilde{u}^2} > 0,$$

可知 $\tilde{u}^{(\mp)} = h^{(\mp)}(\tilde{y}^{(\mp)}, t_0)$ 是极值控制.

确定 $Q_0^{(\mp)}y$ 的方程和条件为

$$\frac{\mathrm{d}Q_0^{(\mp)}y}{\mathrm{d}\tau} = a(t_0)(\varphi_{1,2}(t_0) + Q_0^{(\mp)}y) + b(t_0)h^{(\mp)}(\varphi_{1,2}(t_0) + Q_0^{(\mp)}y, t_0).$$

H 2.12 假设初值问题

$$\begin{cases} \dfrac{\mathrm{d}Q_0^{(\mp)}y}{\mathrm{d}\tau} = a(t_0)(\varphi_{1,2}(t_0) + Q_0^{(\mp)}y) + b(t_0)h^{(\mp)}(\varphi_{1,2}(t_0) + Q_0^{(\mp)}y, t_0), \\ Q_0^{(\mp)}y(0) = \beta(t_0) - \varphi_{1,2}(t_0) \end{cases}$$

具有连续可微解 $Q_0^{(\mp)}y(\tau)$, $-\infty \leqslant \tau \leqslant +\infty$.

将 $Q_0^{(\mp)}y(\tau)$ 代入 (2-58), 容易计算出 $Q_0^{(\mp)}u(\tau)$, 至此 $Q_0^{(\mp)}y(\tau)$ 和 $Q_0^{(\mp)}u(\tau)$ 得以确定.利用引理的主要结果, 可得 $a(t_0)+b(t_0)h_y^{(-)}(\varphi_1(t_0), t_0) > 0$, $a(t_0) + b(t_0)h_y^{(+)}(\varphi_2(t_0), t_0) < 0$, 同时

$$|Q_0^{(-)}y(\tau)| \leqslant C_0^{(-)}\mathrm{e}^{\kappa_0\tau}, \ \kappa_0 > 0, \ \tau < 0,$$

$$|Q_0^{(+)}y(\tau)| \leqslant C_0^{(+)}\mathrm{e}^{-\kappa_1\tau}, \ \kappa_1 > 0, \ \tau > 0,$$

$$|Q_0^{(-)}u(\tau)| \leqslant C_1^{(-)}\mathrm{e}^{\kappa_0\tau}, \ \kappa_0 > 0, \ \tau < 0,$$

$$|Q_0^{(+)}u(\tau)| \leqslant C_1^{(+)}\mathrm{e}^{-\kappa_1\tau}, \ \kappa_1 > 0, \ \tau > 0.$$

接下来, 给出确定零次左边界层项 $\{L_0y(\tau_0), L_0u(\tau_0)\}$ 的方程和条件

$$\begin{cases} L_0J = \displaystyle\int_0^\infty \Delta_0 f(\varphi_1(0) + L_0y, \alpha_1(0) + L_0u, 0)\,\mathrm{d}\tau_0 \to \min_{L_0u}, \\ \dfrac{\mathrm{d}}{\mathrm{d}\tau_0}L_0y = a(0)(\varphi_1(0) + L_0y) + b(0)(\alpha_1(0) + L_0u), \\ L_0y(0) = y^0 - \varphi_1(0), \ L_0y(\infty) = 0, \end{cases}$$

其中

$$\Delta_0 f = f(\varphi_1(0) + L_0y, \alpha_1(0) + L_0u, 0) - f(\varphi_1(0), \alpha_1(0), 0).$$

确定零次右边界层项 $\{R_0y(\tau_1), R_0u(\tau_1)\}$ 的方程和条件为

$$\begin{cases} R_0J = \displaystyle\int_{-\infty}^0 \Delta_0 f(\varphi_2(T) + R_0y, \alpha_2(T) + R_0u, T)\,\mathrm{d}\tau_1 \to \min_{R_0u}, \\ \dfrac{\mathrm{d}}{\mathrm{d}\tau_1}R_0y = a(T)(\varphi_2(T) + R_0y) + b(T)(\alpha_2(T) + R_0u), \\ R_0y(0) = y^T - \varphi_2(T), \ R_0y(-\infty) = 0, \end{cases}$$

其中

$$\Delta_0 f = f(\varphi_2(T) + R_0 y, \alpha_2(T) + R_0 u, T) - f(\varphi_2(T), \alpha_2(T), T).$$

H 2.13 假设边界值 $y^0 - \varphi_1(0)$ 和 $y^T - \varphi_2(T)$ 在问题 $L_0 J$ 和 $R_0 J$ 的影响域内.

至此, 渐近解的主项

$$\{\bar{y}_0^{(\mp)*}(t), \quad \bar{u}_0^{(\mp)*}(t)\}, \quad \{L_0 y^*(\tau_0), \quad L_0 u^*(\tau_0)\},$$

$$\{Q_0 y^*(\tau), \quad Q_0 u^*(\tau)\}, \quad \{R_0 y^*(\tau_1), \quad R_0 u^*(\tau_1)\}.$$

都得到确定. 另外, 也得到了判断渐近解主项的最优控制问题 J_0^*、$L_0 J^*$、$Q_0^{(\mp)} J^*$、$R_0 J^*$:

$$J_0^*(\bar{u}_0^{(\mp)*}) = \int_0^T f(\bar{y}_0^{(\mp)*}, \bar{u}_0^{(\mp)*}, t)\, \mathrm{d}t,$$

$$L_0 J^* = \int_{y^0}^{\varphi_1(0)} \frac{\Delta_0^{(\mp)} f(\check{y}^*, \check{u}^*, 0)}{a(0)\check{y}^* + b(0)\check{u}^*}\, \mathrm{d}\check{y},$$

$$Q_0^{(\mp)} J^* = \pm \int_{\varphi_{1,2}(t_0)}^{\beta(t_0)} \frac{\Delta_0^{(\mp)} f(\tilde{y}^{(\mp)*}, \tilde{u}^{(\mp)*}, t_0)}{a(t_0)\tilde{y}^{(\mp)*} + b(t_0)\tilde{u}^{(\mp)*}}\, \mathrm{d}\tilde{y},$$

$$R_0 J^* = \int_{\varphi_2(T)}^{y^T} \frac{\Delta_0^{(\mp)} f(\hat{y}^*, \hat{u}^*, T)}{a(T)\hat{y}^* + b(T)\hat{u}^*}\, \mathrm{d}\hat{y},$$

其中

$$\check{y}^* = \varphi_1(0) + L_0 y^*(\tau_0), \quad \check{u}^* = \alpha_1(0) + L_0 u^*(\tau_0),$$

$$\hat{y}^* = \varphi_2(T) + R_0 y^*(\tau_1), \quad \hat{u}^* = \alpha_2(T) + R_0 u^*(\tau_1).$$

定理 2.5 假设 H2.8~H2.13 成立, 则对于充分小的 $\mu > 0$ 最优控制问题 (2-33) 存在阶梯状空间对照结构解 $y(t, \mu)$, 进一步, 满足

$$y(t, \mu) = \begin{cases} \varphi_1(t) + L_0 y(\tau_0) + Q_0^{(-)} y(\tau) + O(\mu), \ 0 \leqslant t \leqslant t_0, \\ \varphi_2(t) + R_0 y(\tau_1) + Q_0^{(+)} y(\tau) + O(\mu), \ t_0 \leqslant t \leqslant T, \end{cases}$$

$$u(t,\mu) = \begin{cases} \alpha_1(t) + L_0 u(\tau_0) + Q_0^{(-)} u(\tau) + O(\mu), & 0 \leqslant t \leqslant t_0, \\ \alpha_2(t) + R_0 u(\tau_1) + Q_0^{(+)} u(\tau) + O(\mu), & t_0 \leqslant t \leqslant T. \end{cases}$$

2.3.4 例子

考虑最优控制问题

$$\begin{cases} J[u] = \displaystyle\int_0^{2\pi} \left(\frac{1}{4}y^4 - \frac{1}{3}y^3 \sin t - y^2 + y \sin t + \frac{1}{2}u^2 \right) \mathrm{d}t \to \min_u, \\ \mu \dfrac{\mathrm{d}y}{\mathrm{d}t} = -y + u, \\ y(0,\mu) = 0, \ y(2\pi,\mu) = 2, \end{cases} \tag{2-62}$$

其中

$$f(y,u,t) = \frac{1}{4}y^4 - \frac{1}{3}y^3 \sin t - y^2 + y \sin t + \frac{1}{2}u^2.$$

对于任意的 t, 计算可得

$$\bar{y}_0^{(\mp)}(t) = \begin{cases} -1, & 0 \leqslant t < \pi, \\ 1, & \pi < t \leqslant 2\pi, \end{cases}$$

$$\min_{\bar{y}} F(\bar{y}_0, t) = \begin{cases} -\dfrac{1}{4} - \dfrac{2}{3}\sin t, & 0 \leqslant t \leqslant \pi, \\ -\dfrac{1}{4} + \dfrac{2}{3}\sin t, & \pi \leqslant t \leqslant 2\pi. \end{cases}$$

内部转移层点的主项利用方程 $\sin t_0 = 0$ 确定可得 $t_0 = \pi$.

通过鞍点 $M_1(\bar{t})$ 和 $M_2(\bar{t})$ 的轨道方程为 S_{M_1} 和 S_{M_2} 的表达式为

$$S_{M_1} : u^{(-)} = y^{(-)} + \frac{\sqrt{2}}{2}(1 - y^{(-)2}), \ S_{M_2} : u^{(+)} = y^{(+)} + \frac{\sqrt{2}}{2}(1 - y^{(+)2}).$$

确定零次左右内部层项的方程和条件为

$$\frac{\mathrm{d}Q_0^{(\mp)}y}{\mathrm{d}\tau} = -Q_0^{(\mp)}y + Q_0^{(\mp)}u, \ Q_0^{(\mp)}y(0) = \pm 1, \ Q_0^{(\mp)}y(\mp\infty) = 0.$$

求解可得

$$Q_0^{(-)}y = \frac{2\mathrm{e}^{\sqrt{2}\tau}}{1 + \mathrm{e}^{\sqrt{2}\tau}}, \ Q_0^{(-)}u = \frac{(2 + 2\sqrt{2} + 2\mathrm{e}^{\sqrt{2}\tau})\mathrm{e}^{\sqrt{2}\tau}}{(1 + \mathrm{e}^{\sqrt{2}\tau})^2},$$

$$Q_0^{(+)}y = \frac{-2}{1+e^{\sqrt{2}\tau}}, \quad Q_0^{(+)}u = \frac{(2\sqrt{2}e^{\sqrt{2}\tau} - 2e^{\sqrt{2}\tau} - 2)}{(1+e^{\sqrt{2}\tau})^2}.$$

同样地, 计算可得

$$L_0y = \frac{2e^{-\sqrt{2}\tau_0}}{1+e^{-\sqrt{2}\tau_0}}, \quad L_0u = \frac{2e^{-\sqrt{2}\tau_0} + 2e^{-2\sqrt{2}\tau_0} - 2\sqrt{2}e^{-\sqrt{2}\tau_0}}{(1+e^{-\sqrt{2}\tau_0})^2},$$

$$R_0y = \frac{2}{3e^{-\sqrt{2}\tau_1} - 1}, \quad R_0u = \frac{6e^{-\sqrt{2}\tau_1} - 2 + 6\sqrt{2}e^{-\sqrt{2}\tau_1}}{(3e^{-\sqrt{2}\tau_1} - 1)^2}.$$

通过计算, 渐近解的表达式为

$$y(t,\mu) = \begin{cases} -1 + \dfrac{2e^{-\sqrt{2}\tau_0}}{1+e^{-\sqrt{2}\tau_0}} + \dfrac{2e^{\sqrt{2}\tau}}{1+e^{\sqrt{2}\tau}} + O(\mu), \ 0 \leqslant t \leqslant \pi, \\[4mm] 1 + \dfrac{2}{3e^{-\sqrt{2}\tau_1} - 1} + \dfrac{-2}{1+e^{\sqrt{2}\tau}} + O(\mu), \ \ \pi \leqslant t \leqslant 2\pi, \end{cases}$$

$$u(t,\mu) = \begin{cases} -1 + \dfrac{2e^{-\sqrt{2}\tau_0} + 2e^{-2\sqrt{2}\tau_0} - 2\sqrt{2}e^{-\sqrt{2}\tau_0}}{(1+e^{-\sqrt{2}\tau_0})^2} + \\[4mm] \quad \dfrac{(2 + 2\sqrt{2} + 2e^{\sqrt{2}\tau})e^{\sqrt{2}\tau}}{(1+e^{\sqrt{2}\tau})^2} + O(\mu), \ 0 \leqslant t \leqslant \pi, \\[4mm] 1 + \dfrac{(2\sqrt{2}e^{\sqrt{2}\tau} - 2e^{\sqrt{2}\tau} - 2)}{(1+e^{\sqrt{2}\tau})^2} + \\[4mm] \quad \dfrac{6e^{-\sqrt{2}\tau_1} - 2 + 6\sqrt{2}e^{-\sqrt{2}\tau_1}}{(3e^{-\sqrt{2}\tau_1} - 1)^2} + O(\mu), \ \pi \leqslant t \leqslant 2\pi. \end{cases}$$

第 3 章　带有积分边界条件的奇异摄动最优控制问题的空间对照结构

3.1　一类带有积分边界条件的奇异摄动最优控制问题的空间对照结构

空间对照结构作为奇异摄动理论中的热点问题, 已引起了很多学者的关注. 俄罗斯的学者们主要利用边界层函数法和直接展开法进行研究, 西方的学者主要利用动力系统的方法进行研究. 带有积分边界条件的边值问题在应用数学和物理学方面有着广泛的应用, 例如热传导、半导体、生物医学科学等[107-109]. 文献[111]中, 作者考虑了带有积分边界条件的奇异摄动边值问题

$$\mu^2 \frac{\mathrm{d}^2 y}{\mathrm{d}t^2} = f(t, y), \ 0 < t < 1,$$

$$y(0, \mu) = \int_0^1 h_1(y(s, \mu))\mathrm{d}s, \ y(1, \mu) = \int_0^1 h_2(y(s, \mu))\mathrm{d}s,$$

利用微分不等式的方法给出了空间对照结构解的存在性.

带有积分边界的问题可视为一种可移动边界问题, 比固定边界条件更加复杂, 对其研究更加具有实际意义. 到目前为止, 作者尚未看到关于带有积分边界奇异摄动最优控制问题空间对照结构的研究报道. 本节将考虑带有积分边界条件的奇异摄动最优控制问题, 不但证明了空间对照结构解的存在性, 而且构造了其一致有效的形式渐近解.

3.1.1　问题描述

考虑奇异摄动最优控制问题

$$\begin{cases} J[u] = \int_0^T f(y, u, t)\,\mathrm{d}t \to \min_u, \\ \mu \dfrac{\mathrm{d}y}{\mathrm{d}t} = u, \\ y(0, \mu) = \int_0^T h_1(y(s, \mu))\mathrm{d}s\,, \ y(T, \mu) = \int_0^T h_2(y(s, \mu))\mathrm{d}s, \end{cases} \quad (3\text{-}1)$$

其中 $\mu > 0$ 是一参数.

本节假设如下条件成立.

H 3.1 假设函数 $f(y, u, t)$ 和 $h_i(y)$ 在区域 $D = \{(y, u, t) \mid \mid y \mid < A, u \in \mathbf{R}, 0 \leqslant t \leqslant T\}$ 上充分光滑, 其中 A 是一正常数, $i = 1, 2$.

H 3.2 假设在区域上 D 上 $f_{u^2}(y, u, t) > 0$.

令表达式 (3-1) 中 $\mu = 0$, 可得退化问题

$$J[\bar{u}] = \int_0^T f(\bar{y}, \bar{u}, t)\, \mathrm{d}t \to \min_{\bar{u}}, \ \bar{u} = 0. \tag{3-2}$$

问题 (3-2) 可改写为如下等价形式

$$J[\bar{u}] = \int_0^T F(\bar{y}, t)\mathrm{d}t \to \min_{\bar{y}},$$

其中 $F(\bar{y}, t) = f(\bar{y}, 0, t)$.

H 3.3 假设存在两个孤立根 $\bar{y} = \varphi_1(t)$, $\bar{y} = \varphi_2(t)$ 满足

$$\min_{\bar{y}} F(\bar{y}, t) = \begin{cases} F(\varphi_1(t), t), \ 0 \leqslant t \leqslant t_0, \\ F(\varphi_2(t), t), \ t_0 \leqslant t \leqslant T, \end{cases} \tag{3-3}$$

$$\lim_{t \to t_0^-} \varphi_1(t) \neq \lim_{t \to t_0^+} \varphi_2(t),$$

且

$$\begin{cases} F_y(\varphi_1(t), t) = 0, \ F_{yy}(\varphi_1(t), t) > 0, \ 0 \leqslant t \leqslant t_0, \\ F_y(\varphi_2(t), t) = 0, \ F_{yy}(\varphi_2(t), t) > 0, \ t_0 \leqslant t \leqslant T. \end{cases} \tag{3-4}$$

H 3.4 假设存在点 t_0 满足如下方程

$$F(\varphi_1(t_0), t_0) = F(\varphi_2(t_0), t_0),$$

同时

$$\frac{\mathrm{d}}{\mathrm{d}t} F(\varphi_1(t_0), t_0) \neq \frac{\mathrm{d}}{\mathrm{d}t} F(\varphi_2(t_0), t_0).$$

考虑 Hamilton 函数

$$H(y, u, \lambda, t) = f(y, u, t) + \lambda \mu^{-1} u,$$

其中 λ 是 Lagrange 乘子.

利用变分法可得最优性条件

$$
\begin{cases}
\mu y' = u, \\
\lambda' = -f_y(y, u, t), \\
\mu f_u(y, u, t) + \lambda(t) = 0, \\
y(0, \mu) = \displaystyle\int_0^T h_1(y(s, \mu))\mathrm{d}s, \ y(T, \mu) = \int_0^T h_2(y(s, \mu))\mathrm{d}s.
\end{cases}
\tag{3-5}
$$

整理式 (3-5), 可得奇异摄动边值问题

$$
\begin{cases}
\mu y' = u, \\
\mu u' = f_{u^2}^{-1}(f_y - f_{uy}u) - \mu f_{u^2}^{-1}f_{ut}, \\
y(0, \mu) = \displaystyle\int_0^T h_1(y(s, \mu))\mathrm{d}s, \ y(T, \mu) = \int_0^T h_2(y(s, \mu))\mathrm{d}s.
\end{cases}
\tag{3-6}
$$

文献 [111] 讨论了问题 (3-6) 的一般形式

$$
\begin{cases}
\mu y' = u, \\
\mu u' = f(y, u, t), \\
y(0, \mu) = \displaystyle\int_0^T h_1(y(s, \mu))\mathrm{d}s, \ y(T, \mu) = \int_0^T h_2(y(s, \mu))\mathrm{d}s,
\end{cases}
\tag{3-7}
$$

作者利用微分不等式的方法给出了式 (3-7) 空间对照结构解的存在性证明, 同时利用边界层函数法给出了一致有效的形式渐近解. 本节将利用文献[111]的主要结果, 证明边值问题 (3-6) 空间对照结构解的存在性.

3.1.2 阶梯状空间对照结构解的存在性

本节将给出一些和文献[111]主要结果相等价的引理, 这些引理是证明空间对照结构解的重要基础.

边值问题 (3-6) 的辅助系统为

$$
\begin{cases}
\dfrac{\mathrm{d}u}{\mathrm{d}\tau} = f_{u^2}^{-1}(f_y - f_{uy}u), \\
\dfrac{\mathrm{d}y}{\mathrm{d}\tau} = u.
\end{cases}
\tag{3-8}
$$

其中 $\tau = (t - \bar{t})\mu^{-1}$, $\bar{t} \in [0, T]$ 为一参数. 接下来, 将利用已给的条件证明关于问题 (3-8) 的一些重要引理, 这些引理是证明奇异摄动最优控制问题空间对照结构解的关键.

引理 3.1 假设 H3.1~H3.4 成立, 则辅助系统 (3-8) 存在两个鞍点

$M_i\big(\varphi_i(\bar{t}),0\big),\ i=1,2.$

证明　令

$$H(y,u,\bar{t})=f_{u^2}^{-1}\big(f_y-f_{uy}u\big),$$

$$G(y,u,\bar{t})=u.$$

显然, $M_i\big(\varphi_i(\bar{t}),0\big),\ i=1,2$ 是退化系统

$$H(y,u,\bar{t})=0,$$

$$G(y,u,\bar{t})=0$$

的解. 进一步, 系统 (3-8) 的特征方程为

$$\lambda^2-\frac{\bar{f}_{y^2}}{\bar{f}_{u^2}}=0,$$

其中 $\bar{f}_{y^2}$ 和 $\bar{f}_{u^2}$ 在 $\big(\varphi_i(\bar{t}),0\big),\ i=1,2$ 取值. 利用 (3-4) 可得

$$\lambda^2=\frac{\bar{f}_{y^2}}{\bar{f}_{u^2}}>0.$$

因此, 在相空间 (y,u), $M_i\big(\varphi_i(\bar{t}),0\big),\ i=1,2$ 是鞍点.

引理 3.2　对于固定的 $\bar{t}\in[0,T]$, 辅助系统 (3-8) 存在首次积分

$$uf_u(y,u,\bar{t})-f(y,u,\bar{t})=C, \qquad (3\text{-}9)$$

其中 C 是一常数.

证明　令 $y'=\dfrac{\mathrm{d}y}{\mathrm{d}\tau}$, $u'=\dfrac{\mathrm{d}u}{\mathrm{d}\tau}$. 辅助系统 (3-8) 的第一个方程可改写为

$$f_{u^2}(y,u,\bar{t})u'=f_y(y,u,\bar{t})-f_{uy}(y,u,\bar{t})u, \qquad (3\text{-}10)$$

利用 (3-8) 的第二个方程, 可知

$$f_{u^2}(y,u,\bar{t})u'-f_y(y,u,\bar{t})+f_{uy}(y,u,\bar{t})y'=0, \qquad (3\text{-}11)$$

结合 $y''=u'$, 计算可得

$$\frac{\mathrm{d}}{\mathrm{d}\tau}\big(y'f_u(y,u,\bar{t})-f(y,u,\bar{t})\big)=0.$$

因此, 系统 (3-8) 的首次积分为

$$uf_u(y,u,\bar{t})-f(y,u,\bar{t})=C,$$

其中 C 是一常数.

引理 3.3　假设 H3.1~H3.2 和 $u \neq 0$ 成立, 则对于固定的 $\bar{t} \in [0, T]$, 首次积分 (3-9) 关于变量 u 可解.

证明　令

$$G(y, u, \bar{t}) = u f_u(y, u, \bar{t}) - f(y, u, \bar{t}) - C,$$

显然

$$G_u(y, u, \bar{t}) = f_u(y, u, \bar{t}) + u f_{u^2}(y, u, \bar{t}) - f_u(y, u, \bar{t}) = u f_{u^2} \neq 0,$$

利用隐函数定理, 可知方程 $G(y, u, \bar{t}) = 0$ 关于变量 u 可解:

$$u = h(y, \bar{t}, C), \ (y, \bar{t}) \in D_1, \tag{3-12}$$

其中 $D_1 = \{(y, t) \mid |y| < A, 0 \leqslant t \leqslant T\}$.

接下来, 继续验证文献 [111] 中的条件. 显然, 存在分别通过平衡点 M_1 和 M_2 的轨线 S_{M_1} 和 S_{M_1}, 分别满足方程

$$S_{M_1}: \ u f_u(y, u, \bar{t}) - f(y, u, \bar{t}) = -f(\varphi_1(\bar{t}), 0, \bar{t}), \tag{3-13}$$

$$S_{M_2}: \ u f_u(y, u, \bar{t}) - f(y, u, \bar{t}) = -f(\varphi_2(\bar{t}), 0, \bar{t}). \tag{3-14}$$

利用引理 3.3 可得

$$u^{(-)}(\tau, \bar{t}) = h^{(-)}(y^{(-)}, \bar{t}, \varphi_1(\bar{t})), \tag{3-15}$$

$$u^{(+)}(\tau, \bar{t}) = h^{(+)}(y^{(+)}, \bar{t}, \varphi_2(\bar{t})). \tag{3-16}$$

令

$$H(\bar{t}) = u^{(-)}(0, \bar{t}) - u^{(+)}(0, \bar{t}) = h^{(-)}(y^{(-)}(0), \bar{t}, \varphi_1(\bar{t})) - h^{(+)}(y^{(+)}(0), \bar{t}, \varphi_2(\bar{t})),$$

其中 $y^{(-)}(0) = y^{(+)}(0) = \dfrac{1}{2}(\varphi_1(\bar{t}) + \varphi_2(\bar{t})) = \beta(\bar{t})$.

引理 3.4　假设 H3.1~H3.4 成立, 则

$$h_y(\varphi_i(\bar{t}), \bar{t}) = \pm \sqrt{\frac{f_{y^2}(\varphi_i(\bar{t}), 0, \bar{t})}{f_{u^2}(\varphi_i(\bar{t}), 0, \bar{t})}}, \ i = 1, 2.$$

证明　对隐函数进行求导

$$h_y(y, \bar{t}) = \frac{\mathrm{d}u}{\mathrm{d}y} = \frac{f_y - u f_{uy}}{u f_{u^2}}.$$

利用 L'Hospital's 法则, 可知在鞍点附近

$$h_y\big(\varphi_i(\bar{t}),\bar{t}\big) = \pm\sqrt{\dfrac{f_{y^2}(\varphi_i(\bar{t}),0,\bar{t})}{f_{u^2}(\varphi_i(\bar{t}),0,\bar{t})}}, \quad i = 1,2.$$

引理 3.5 假设 H3.1~H3.4 成立, 则 $H(t_0) = 0$ 的充分必要条件为

$$f(\varphi_1(t_0),0,t_0) = f(\varphi_2(t_0),0,t_0).$$

证明 令表达式 (3-13) 和 (3-14) 中的 $\tau = 0$, $\bar{t} = t_0$, 可得

$$h^{(-)}(t_0)f_u(\beta(t_0),h^{(-)}(t_0),t_0) - f(\beta(t_0),h^{(-)}(t_0),t_0) = -f(\varphi_1(t_0),0,t_0),$$
$$(3\text{-}17)$$

$$h^{(+)}(t_0)f_u(\beta(t_0),h^{(+)}(t_0),t_0) - f(\beta(t_0),h^{(+)}(t_0),t_0) = -f(\varphi_2(t_0),0,t_0),$$
$$(3\text{-}18)$$

其中

$$h^{(-)}(t_0) = h^{(-)}(\beta(t_0),\varphi_1(t_0),t_0), \ \ h^{(+)}(t_0) = h^{(+)}(\beta(t_0),\varphi_2(t_0),t_0),$$

必要性可以由表达式 (3-17) 和 (3-18) 确定, 充分性可以由 (3-12) 确定.

引理 3.6 假设 H3.1~H3.4 成立, 则 $\dfrac{\mathrm{d}}{\mathrm{d}t}H(t_0) \neq 0$ 当且仅当

$$\frac{\mathrm{d}}{\mathrm{d}t}f(\varphi_1(t_0),0,t_0) \neq \frac{\mathrm{d}}{\mathrm{d}t}f(\varphi_2(t_0),0,t_0).$$

证明 令表达式 (3-13) 和 (3-14) 中 $\tau = 0$, 可得

$$h^{(-)}(\bar{t})f_u(\beta(\bar{t}),h^{(-)}(\bar{t}),\bar{t}) - f(\beta(\bar{t}),h^{(-)}(\bar{t}),\bar{t}) = -f(\varphi_1(\bar{t}),0,\bar{t}), \quad (3\text{-}19)$$

$$h^{(+)}(\bar{t})f_u(\beta(\bar{t}),h^{(+)}(\bar{t}),\bar{t}) - f(\beta(\bar{t}),h^{(+)}(\bar{t}),\bar{t}) = -f(\varphi_2(\bar{t}),0,\bar{t}), \quad (3\text{-}20)$$

其中

$$h^{(-)}(\bar{t}) = h^{(-)}(\beta(\bar{t}),\varphi_1(\bar{t}),\bar{t}), \ \ h^{(+)}(\bar{t}) = h^{(+)}(\beta(\bar{t}),\varphi_2(\bar{t}),\bar{t}),$$

表达式 (3-19) 和 (3-20) 关于变量 $\bar{t}$ 求导, 可得

$$\frac{\mathrm{d}}{\mathrm{d}\bar{t}}\big(h^{(-)}(\bar{t})\big)f_u(\beta(\bar{t}),h^{(-)}(\bar{t}),\bar{t}) + h^{(-)}(\bar{t})\frac{\mathrm{d}}{\mathrm{d}\bar{t}}\big(f_u(\beta(\bar{t}),h^{(-)}(\bar{t}),\bar{t})\big)$$
$$-\frac{\mathrm{d}}{\mathrm{d}\bar{t}}f(\beta(\bar{t}),h^{(-)}(\bar{t}),\bar{t}) = -\frac{\mathrm{d}}{\mathrm{d}\bar{t}}f(\varphi_1(\bar{t}),0,\bar{t}), \quad (3\text{-}21)$$

$$\frac{\mathrm{d}}{\mathrm{d}\bar{t}}\big(h^{(+)}(\bar{t})\big)f_u(\beta(\bar{t}),h^{(+)}(\bar{t}),\bar{t}) + h^{(+)}(\bar{t})\frac{\mathrm{d}}{\mathrm{d}\bar{t}}\big(f_u(\beta(\bar{t}),h^{(+)}(\bar{t}),\bar{t})\big)$$

$$-\frac{\mathrm{d}}{\mathrm{d}\bar{t}}f(\beta(\bar{t}), h^{(+)}(\bar{t}), \bar{t}) = -\frac{\mathrm{d}}{\mathrm{d}\bar{t}}f(\varphi_2(\bar{t}), 0, \bar{t}), \tag{3-22}$$

令 $\bar{t} = t_0$, 计算可得

$$h^{(-)}(t_0)f_{u^2}(\beta(t_0), h^{(-)}(t_0), t_0)\frac{\mathrm{d}}{\mathrm{d}\bar{t}}H(t_0)$$

$$= -\Big(\frac{\mathrm{d}}{\mathrm{d}\bar{t}}f(\varphi_1(t_0), 0, t_0) - \frac{\mathrm{d}}{\mathrm{d}\bar{t}}f(\varphi_2(t_0), 0, t_0)\Big).$$

利用假设 H3.1~H3.2, 同时不同轨线与线 $\bar{u} = 0$ 在点 $y = \beta(t_0)$ 不可能相交, 因此 $\frac{\mathrm{d}}{\mathrm{d}t}H(t_0) \neq 0$ 当且仅当

$$\frac{\mathrm{d}}{\mathrm{d}t}f(\varphi_1(t_0), 0, t_0) \neq \frac{\mathrm{d}}{\mathrm{d}t}f(\varphi_2(t_0), 0, t_0).$$

结合引理 3.2 和引理 3.5 的主要结论, 易得如下引理:

引理 3.7 假设 H3.1~H3.4 成立, 则辅助系统 (3-8) 在点 $\bar{t} = t_0$ 处存在连接鞍点 $M_1(\varphi_1(t_0), 0)$ 和 $M_2(\varphi_2(t_0), 0)$ 的异宿轨道.

综上所述, 边值问题 (3-6) 满足文献[111]中的全部条件, 则奇异摄动最优控制问题 (3-1) 存在阶梯状极值轨线.

定理 3.1 假设 H3.1~H3.4 成立, 则对充分小的 $\mu > 0$, 奇异摄动最优控制问题 (3-1) 具有阶梯状空间对照结构解 $y(t, \mu)$, 满足

$$\lim_{\mu \to 0} y(t, \mu) = \begin{cases} \varphi_1(t), 0 \leqslant t < t_0, \\ \varphi_2(t), t_0 < t \leqslant T. \end{cases}$$

3.1.3 渐近解的构造

奇异摄动最优控制问题 (3-1) 的渐近解形式为

$$\begin{cases} y(t, \mu) = \sum_{k=0}^{\infty} \mu^k(\bar{y}_k^{(-)}(t) + L_k y(\tau_0) + Q_k^{(-)} y(\tau)), \ 0 \leqslant t < t^*, \\ u(t, \mu) = \sum_{k=0}^{\infty} \mu^k(\bar{u}_k^{(-)}(t) + L_k u(\tau_0) + Q_k^{(-)} u(\tau)), \end{cases} \tag{3-23}$$

$$\begin{cases} y(t, \mu) = \sum_{k=0}^{\infty} \mu^k(\bar{y}_k^{(+)}(t) + Q_k^{(+)} y(\tau) + R_k y(\tau_1)), \ t^* < t \leqslant T, \\ u(t, \mu) = \sum_{k=0}^{\infty} \mu^k(\bar{u}_k^{(+)}(t) + Q_k^{(+)} u(\tau) + R_k u(\tau_1)), \end{cases} \tag{3-24}$$

其中 $\tau_0 = t\mu^{-1}$、$\tau = (t - t^*)\mu^{-1}$、$\tau_1 = (t - T)\mu^{-1}$、$\bar{y}_k^{(\mp)}(t)$ 和 $\bar{u}_k^{(\mp)}(t)$ 是正则项系数, $L_k y(\tau_0)$ 和 $L_k u(\tau_0)$ 是在 $t = 0$ 处的左边界层项系数, $R_k y(\tau_1)$ 和 $R_k u(\tau_1)$ 是在 $t = T$ 处的右边界层项系数, $Q_k^{(\mp)} y(\tau)$ 和 $Q_k^{(\mp)} u(\tau)$ 是在 $t = t^*$ 处的左右内部层项系数.

内部转移层点 $t^*(\mu) \in [0, T]$ 事先是未知的, 因为小参数的存在假设 t^* 的表达式形式为

$$t^* = t_0 + \mu t_1 + \cdots + \mu^k t_k + \cdots,$$

关于转移点的系数会在渐近解的构造过程中确定.

利用文献[85]的主要结果, 可知

$$\min_{u} J[u] = \min_{u_0} J(u_0) + \sum_{i=1}^{n} \mu^i \min_{u_i} \tilde{J}_i(u_i) + \cdots,$$

其中 $\tilde{J}_i(u_i) = J_i(u_i, \tilde{u}_{i-1}, \cdots, \tilde{u}_0)$, $\tilde{u}_k = \arg(\min_{u_k} \tilde{J}_k(u_k))$, $k = 0, \cdots, i - 1$.

将式 (3-23) 和 (3-24) 代入式 (3-1), 按照变量 t、τ_0、τ 和 τ_1 进行尺度分离, 同时比较 μ 的同次幂, 可得确定 $\{\bar{y}_0^{(\mp)}(t),$ $\bar{u}_0^{(\mp)}(t)\}$、$\{L_k y(\tau_0), L_k u(\tau_0)\}$、$\{Q_k^{\mp} y(\tau), Q_k^{\mp} u(\tau)\}$、$\{R_k y(\tau_1), R_k u(\tau_1)\}$, $k \geqslant 0$ 的一系列方程和条件.

确定零次正则项 $\{\bar{y}_0^{(\mp)}(t), \bar{u}_0^{(\mp)}(t)\}$ 的方程和条件为

$$\begin{cases} J_0(\bar{u}_0^{(\mp)}) = \displaystyle\int_0^T f(\bar{y}_0^{(\mp)}, \bar{u}_0^{(\mp)}, t) \, \mathrm{d}t \to \min_{\bar{u}_0^{(\mp)}}, \\ \bar{u}_0^{(\mp)} = 0. \end{cases}$$

利用假设 H3.3 , 可得

$$\bar{y}_0^{(\mp)}(t) = \begin{cases} \varphi_1(t) \, , 0 \leqslant t < t_0, \\ \varphi_2(t) \, , t_0 < t \leqslant T, \end{cases}$$

$$\bar{u}_0^{(\mp)}(t) = \begin{cases} 0 \, , 0 \leqslant t < t_0, \\ 0 \, , t_0 < t \leqslant T. \end{cases}$$

确定零次内部转移层项 $\{Q_0^{(\mp)} y(\tau), Q_0^{(\mp)} u(\tau)\}$ 的方程和条件为

$$
\begin{cases}
Q_0^{(\mp)} J = \displaystyle\int_{-\infty(0)}^{0(+\infty)} \Delta_0^{(\mp)} f\big(\varphi_{1,2}(t_0) + Q_0^{(\mp)} y, \alpha_{1,2}(t_0) + Q_0^{(\mp)} u, t_0\big) \, \mathrm{d}\tau \to \min_{Q_0^{(\mp)} u}, \\
\dfrac{\mathrm{d}}{\mathrm{d}\tau} Q_0^{(\mp)} y = Q_0^{(\mp)} u, \\
Q_0^{(\mp)} y(0) = \beta(t_0) - \varphi_{1,2}(t_0), \ \ Q_0^{(\mp)} y(\mp\infty) = 0,
\end{cases}
\tag{3-25}
$$

其中

$$
\Delta_0^{(\mp)} f = f\big(\varphi_{1,2}(t_0) + Q_0^{(\mp)} y, Q_0^{(\mp)} u, t_0\big) - f\big(\varphi_{1,2}(t_0), 0, t_0\big).
$$

作变量代换

$$
\tilde{y}^{(\mp)} = \varphi_{1,2}(t_0) + Q_0^{(\mp)} y(\tau), \ \ \tilde{u}^{(\mp)} = Q_0^{(\mp)} u(\tau).
$$

可得

$$
\begin{cases}
Q_0^{(\mp)} J = \displaystyle\int_{-\infty(0)}^{0(+\infty)} \Delta_0^{(\mp)} \tilde{f}\big(\tilde{y}^{(\mp)}(\tau), \tilde{u}^{(\mp)}(\tau), t_0\big) \, \mathrm{d}\tau \to \min_{\tilde{u}^{(\mp)}(\tilde{y}^{(\mp)})}, \\
\dfrac{\mathrm{d}\tilde{y}^{(\mp)}}{\mathrm{d}\tau} = \tilde{u}^{(\mp)}, \\
\tilde{y}^{(\mp)}(0) = \beta(t_0), \ \ \tilde{y}^{(\mp)}(\mp\infty) = \varphi_{1,2}(t_0).
\end{cases}
\tag{3-26}
$$

利用变换

$$
\frac{\mathrm{d}\tilde{y}^{(\mp)}}{\tilde{u}^{(\mp)}} = \mathrm{d}\tau,
$$

可得形式上不依赖于变量 τ 的变分问题

$$
Q_0^{(\mp)} J = \int_{\varphi_1(t_0)(\beta(t_0))}^{\beta(t_0)(\varphi_2(t_0))} \frac{\Delta_0 \tilde{f}\big(\tilde{y}^{(\mp)}, \tilde{u}^{(\mp)}, t_0\big)}{\tilde{u}^{(\mp)}} \, \mathrm{d}\tilde{y} \to \min_{\tilde{u}^{(\mp)}(\tilde{y}^{(\mp)})},
\tag{3-27}
$$

利用变分法可得极值最优性条件

$$
\tilde{u}^{(\mp)} f_u\big(\tilde{y}^{(\mp)}, \tilde{u}^{(\mp)}, t_0\big) - f\big(\tilde{y}^{(\mp)}, \tilde{u}^{(\mp)}, t_0\big) = -f\big(\varphi_{1,2}(t_0), 0, t_0\big).
$$

因为

$$
\frac{\tilde{u}^{(\mp)} f_{u^2}\big(\tilde{y}^{(\mp)}, \tilde{u}^{(\mp)}, t_0\big)}{\tilde{u}^{(\mp)2}} > 0,
$$

可知 $\tilde{u}^{(\mp)} = h^{(\mp)}(\tilde{y}^{(\mp)}, t_0)$ 是极值控制.

利用式 (3-27) 的极值条件可得

$$
\tilde{u}^{(\mp)} f_u\big(\tilde{y}^{(\mp)}, \tilde{u}^{(\mp)}, t_0\big) - f\big(\tilde{y}^{(\mp)}, \tilde{u}^{(\mp)}, t_0\big) = -f\big(\varphi_{1,2}(t_0), 0, t_0\big),
$$

结合引理 3.3, 可得 $\tilde{u}^{(\mp)} = h^{(\mp)}(\tilde{y}, t_0)$. 利用式 (3-25) 的第二个方程和边值

条件, 容易得到确定 $Q_0^{(\mp)}y$ 的初值问题

$$\begin{cases} \dfrac{\mathrm{d}Q_0^{(\mp)}y}{\mathrm{d}\tau} = h^{(\mp)}(\varphi_{1,2}(t_0) + Q_0^{(\mp)}y, t_0), \\ Q_0^{(\mp)}y(0) = \beta(t_0) - \varphi_{1,2}(t_0), \end{cases}$$

这样就确定了零次内部层项 $Q_0^{(\mp)}y(\tau)$, $-\infty < \tau < +\infty$.

将上述解 $Q_0^{(\mp)}y(\tau)$ 代入表达式 (3-25), 可以直接确定 $Q_0^{(\mp)}u(\tau)$, 此时 $Q_0^{(\mp)}y(\tau)$ 和 $Q_0^{(\mp)}u(\tau)$ 均得以确定. 利用引理 3.4 的直接结论有 $h_y^{(-)}(\varphi_1(t_0), t_0) > 0$, $h_y^{(+)}(\varphi_2(t_0), t_0) < 0$, 同时

$$|Q_0^{(-)}y(\tau)| \leqslant C_0^{(-)}\mathrm{e}^{\kappa_0\tau}, \ \kappa_0 > 0, \ \tau < 0,$$

$$|Q_0^{(+)}y(\tau)| \leqslant C_0^{(+)}\mathrm{e}^{-\kappa_1\tau}, \ \kappa_1 > 0, \ \tau > 0,$$

$$|Q_0^{(-)}u(\tau)| \leqslant C_1^{(-)}\mathrm{e}^{\kappa_0\tau}, \ \kappa_0 > 0, \ \tau < 0,$$

$$|Q_0^{(+)}u(\tau)| \leqslant C_1^{(+)}\mathrm{e}^{-\kappa_1\tau}, \ \kappa_1 > 0, \ \tau > 0.$$

接下来, 给出确定零次左边界层项 $\{L_0y(\tau_0), L_0u(\tau_0)\}$ 的方程和条件

$$\begin{cases} L_0J = \displaystyle\int_0^\infty \Delta_0 f(\varphi_1(0) + L_0y, L_0u, 0)\,\mathrm{d}\tau_0 \to \min_{L_0u}, \\ \dfrac{\mathrm{d}}{\mathrm{d}\tau_0} L_0y = L_0u, \\ L_0y(0) = \displaystyle\int_0^{t_0} h_1(\varphi_1(s))\mathrm{d}s + \int_{t_0}^T h_1(\varphi_2(s))\mathrm{d}s - \varphi_1(0), \ L_0y(\infty) = 0, \end{cases}$$

$$(3\text{-}28)$$

其中

$$\Delta_0 f = f(\varphi_1(0) + L_0y, L_0u, 0) - f(\varphi_1(0), 0, 0).$$

同时, 确定零次右边界层项 $\{R_0y(\tau_1), R_0u(\tau_1)\}$ 的方程和条件为

$$\begin{cases} R_0J = \displaystyle\int_{-\infty}^0 \Delta_0 f(\varphi_2(T) + R_0y, R_0u, T)\,\mathrm{d}\tau_1 \to \min_{R_0u}, \\ \dfrac{\mathrm{d}}{\mathrm{d}\tau_1} R_0y = R_0u, \\ R_0y(0) = \displaystyle\int_0^{t_0} h_2(\varphi_1(s))\mathrm{d}s + \int_{t_0}^T h_2(\varphi_2(s))\mathrm{d}s - \varphi_2(T), \quad R_0y(-\infty) = 0, \end{cases}$$

$$(3\text{-}29)$$

其中

$$\Delta_0 f = f(\varphi_2(T) + R_0y, R_0u, T) - f(\varphi_2(T), 0, T).$$

类似于内部层项 $Q_0^{(\mp)}y(\tau)$ 的讨论, 可得如下确定左右边界层项的初值问题

$$\begin{cases} \dfrac{\mathrm{d}L_0 y}{\mathrm{d}\tau_0} = h(\varphi_1(0) + L_0 y, 0), \\ L_0 y(0) = \displaystyle\int_0^{t_0} h_1(\varphi_1(s))\mathrm{d}s + \int_{t_0}^T h_1(\varphi_2(s))\mathrm{d}s - \varphi_1(0), \end{cases}$$

和

$$\begin{cases} \dfrac{\mathrm{d}R_0 y}{\mathrm{d}\tau_1} = h(\varphi_2(T) + L_0 y, T), \\ R_0 y(0) = \displaystyle\int_0^{t_0} h_2(\varphi_1(s))\mathrm{d}s + \int_{t_0}^T h_2(\varphi_2(s))\mathrm{d}s - \varphi_2(T), \end{cases}$$

这样边界层项 $L_0 y(\tau_0)$ 和 $R_0 y(\tau_1)$, $0 \leqslant \tau_0 < +\infty, -\infty < \tau_1 \leqslant 0$ 均得到确定.

将上述零次左边界层解 $L_0 y(\tau_0)$ 代入表达式 (3-28) 的第二个方程, 同时零次右边界层项 $R_0 y(\tau_1)$ 代入 (3-29), 计算容易可得 $L_0 u(\tau_0)$ 和 $R_0 u(\tau_1)$ 的解, 这样 $L_0 y(\tau_0)$、$R_0 y(\tau_1)$、$L_0 u(\tau_0)$ 和 $R_0 u(\tau_1)$ 的解都已确定. 利用引理 3.4 的主要结果, 计算可得 $h_y(\varphi_1(0), 0) < 0$, $h_y(\varphi_2(T), T) > 0$, 同时

$$|L_0 y(\tau_0)| \leqslant C_2^{(-)} \mathrm{e}^{-\kappa_2 \tau_0}, \ \kappa_2 > 0, \ \tau_0 > 0,$$

$$|R_0 y(\tau_1)| \leqslant C_2^{(+)} \mathrm{e}^{\kappa_3 \tau_1}, \ \kappa_3 > 0, \ \tau_1 < 0,$$

$$|L_0 u(\tau_0)| \leqslant C_3^{(-)} \mathrm{e}^{-\kappa_2 \tau_0}, \ \kappa_2 > 0, \ \tau_0 > 0,$$

$$|R_0 u(\tau_1)| \leqslant C_3^{(+)} \mathrm{e}^{\kappa_3 \tau_1}, \ \kappa_3 > 0, \ \tau_1 < 0.$$

H 3.5　假设边值

$$\beta(t_0) - \varphi_{1,2}(t_0), \int_0^{t_0} h_1(\varphi_1(s))\mathrm{d}s + \int_{t_0}^T h_1(\varphi_2(s))\mathrm{d}s - \varphi_1(0),$$

$$\int_0^{t_0} h_2(\varphi_1(s))\mathrm{d}s + \int_{t_0}^T h_2(\varphi_2(s))\mathrm{d}s - \varphi_2(T)$$

分别在零次左右内部层问题 $Q_0^{(\mp)}J$、零次左边界层问题 $L_0 J$ 和零次右边界层问题 $R_0 J$ 的影响域.

假设 H3.5 类似于 Tikhonov 定理的条件, 边值属于某一问题的影响域是为了保证相应问题解的存在性, 这些条件都是基本的.

因为得到的控制序列使得最优解 $y(t,\mu)$ 和初值 y^0 之间有 $O(\mu)$ 的距离, 因此一般情形下, 利用直接展开法和边界层函数法得到的控制序列不是容许控制, 为此可以通过引入光滑函数得到容许控制. 对于 $t \in [0,t_0]$, 零阶渐近解为 $Y_0 = \varphi_1(t) + L_0 y(\tau_0) + Q_0^{(-)} y(\tau)$, Y_0 并不是容许解, 类似于文献 [115] 的做法, 可知

$$Y_0(0,\mu) - y_{0\mu}(0,\mu) = p_0(\mu) \neq 0, \; Y_0(t_0,\mu) - y_{0\mu}(t_0,\mu) = p_1(\mu) \neq 0,$$

其中 $p_i(\mu) = O(\mathrm{e}^{-\frac{t_0}{\mu}}), i = 0,1$. 为了得到容许解 $y_{0\mu}$, 引入光滑函数 $\theta_0(t,\mu)$, 则

$$y_{0\mu} = Y_0(t,\mu) + \theta_0(t,\mu), \; u_{0\mu} = \mu\frac{\mathrm{d}y_{0\mu}}{\mathrm{d}t}, \; \theta_0(t,\mu) = A\mathrm{e}^{-t/\mu} + B\mathrm{e}^{(t-t_0)/\mu},$$

同时

$$A = (-p_0(\mu) + \mathrm{e}^{-t_0/\mu} p_1(\mu))(1 - \mathrm{e}^{-2t_0/\mu})^{-1},$$

$$B = (-p_1(\mu) + \mathrm{e}^{-t_0/\mu} p_0(\mu))(1 - \mathrm{e}^{-2t_0/\mu})^{-1}.$$

$y_{0\mu}$ 满足边界条件, 因此是容许解, 从而可得容许控制为

$$u_{0\mu} = \mu\varphi_1'(t) + L_0 u(\tau_0) + Q_0^{(-)} u(\tau) - A\mathrm{e}^{-t/\mu} + B\mathrm{e}^{(t-t_0)/\mu}, t \in [0,t_0].$$

类似地

$$u_{0\mu} = \mu\varphi_2'(t) + Q_0^{(+)} u(\tau) + R_0 u(\tau_1) - \bar{A}\mathrm{e}^{-(t-t_0)/\mu} + \bar{B}\mathrm{e}^{(t-T)/\mu}, t \in [t_0,T],$$

其中

$$\bar{A} = (-\bar{p}_0(\mu) + \mathrm{e}^{(t_0-T)/\mu} \bar{p}_1(\mu))(1 - \mathrm{e}^{2(t_0-T)/\mu})^{-1},$$

$$\bar{B} = (-\bar{p}_1(\mu) + \mathrm{e}^{(t_0-T)/\mu} \bar{p}_0(\mu))(1 - \mathrm{e}^{2(t_0-T)/\mu})^{-1}.$$

需要指出的是, 光滑函数是指数小的函数.

综上所述, 已经构造了渐近解的所有主项

$$\{\bar{y}_0^{(\mp)*}(t), \; \bar{u}_0^{(\mp)*}(t)\}, \; \{L_0 y^*(\tau_0), \; L_0 u^*(\tau_0)\},$$

$$\{Q_0 y^*(\tau), \; Q_0 u^*(\tau)\}, \; \{R_0 y^*(\tau_1), \; R_0 u^*(\tau_1)\}.$$

同时可以得到关于相应最优控制问题的极值 J_0^*、$L_0 J^*$、$Q_0^{(\mp)} J^*$、$R_0 J^*$:

$$J_0^*(\bar{u}_0^{(\mp)*}) = \int_0^T f(\bar{y}_0^{(\mp)*}, \bar{u}_0^{(\mp)*}, t)\,\mathrm{d}t,$$

$$L_0 J^* = \int_{y^0}^{\varphi_1(0)} \frac{\Delta_0^{(\mp)} f(\check{y}^*, \check{u}^*, 0)}{\check{u}^*}\, d\check{y}^*,$$

$$Q_0^{(\mp)} J^* = \pm \int_{\varphi_{1,2}(t_0)}^{\beta(t_0)} \frac{\Delta_0^{(\mp)} f(\tilde{y}^{(\mp)*}, \tilde{u}^{(\mp)*}, t_0)}{\tilde{u}^{(\mp)*}}\, d\tilde{y}^*,$$

$$R_0 J^* = \int_{\varphi_2(T)}^{y^T} \frac{\Delta_0^{(\mp)} f(\hat{y}^*, \hat{u}^*, T)}{\hat{u}^*}\, d\hat{y}^*,$$

其中

$$\check{y}^* = \varphi_1(0) + L_0 y^*(\tau_0), \quad \check{u} = L_0 u^*(\tau_0),$$

$$\hat{y}^* = \varphi_2(T) + R_0 y^*(\tau_1), \quad \hat{u}^* = R_0 u^*(\tau_1).$$

结合以上结果, 可得如下定理:

定理 3.2   假设 H3.1～H3.5 成立, 则对于充分小的 $\mu > 0$ 最优控制问题 (3-1) 存在阶梯状空间对照结构解 $y(t, \mu)$, 进一步, 满足

$$y(t, \mu) = \begin{cases} \varphi_1(t) + L_0 y(\tau_0) + Q_0^{(-)} y(\tau) + O(\mu), 0 \leqslant t < t_0 + \mu t_1, \\ \varphi_2(t) + R_0 y(\tau_1) + Q_0^{(+)} y(\tau) + O(\mu), t_0 + \mu t_1 < t \leqslant T. \end{cases}$$

证明 文献[111]中作者考虑了带有积分边界条件的奇异摄动边值问题

$$\begin{cases} \mu \dfrac{\mathrm{d}y}{\mathrm{d}t} = z, \\ \mu \dfrac{\mathrm{d}z}{\mathrm{d}t} = f(t, y), \\ y(0, \mu) = \int_0^1 h_1(y(s, \mu))\mathrm{d}s, \ y(1, \mu) = \int_0^1 h_2(y(s, \mu))\mathrm{d}s. \end{cases}$$

空间对照结构解的存在性. 需要指出的是定理 3.2 和文献[111]中的定理 3.3 没有本质区别, 只是形式上稍作了修改, 如 $t \in [0, 1]$ 改为了 $t \in [0, T]$. 同时, 本节给出的条件和文献 [111] 中的条件是等价的(参看本节中的引理 3.1～3.7), 应用文献中的主要结果直接可得定理 3.2, 具体证明过程这里不再赘述.

3.1.4 例子

本节给出一个带有积分边界条件的例子, 给出了零次渐近解的构造过

程. 考虑带有积分边界条件的奇异摄动最优控制问题

$$
\begin{cases}
J[u] = \displaystyle\int_0^{2\pi} \left(\frac{1}{4}y^4 - \frac{1}{3}y^3 \sin t - \frac{1}{2}y^2 + y\sin t + \frac{1}{2}u^2 \right) \mathrm{d}t \to \min_u, \\
\mu \dfrac{\mathrm{d}y}{\mathrm{d}t} = u, \\
y(0,\mu) = \displaystyle\int_0^{2\pi} y^3(s,\mu)\mathrm{d}s\,,\ \ y(2\pi,\mu) = \int_0^{2\pi} y^5(s,\mu)\mathrm{d}s.
\end{cases} \tag{3-30}
$$

令

$$
f(y,u,t) = \frac{1}{4}y^4 - \frac{1}{3}y^3 \sin t - \frac{1}{2}y^2 + y\sin t + \frac{1}{2}u^2,
$$

对于任意的 t, 有

$$
\bar{y}_0^{(\mp)}(t) = \begin{cases} -1,\ 0 \leqslant t < \pi, \\ 1,\ \pi < t \leqslant 2\pi. \end{cases}
$$

$$
\min_{\bar{y}} F(\bar{y}_0^{(\mp)}, t) = \begin{cases} -\dfrac{1}{4} - \dfrac{2}{3}\sin t,\ 0 \leqslant t \leqslant \pi, \\ -\dfrac{1}{4} + \dfrac{2}{3}\sin t,\ \pi \leqslant t \leqslant 2\pi. \end{cases}
$$

利用方程 $\sin t_0 = 0$ 可确定内部转移点 $t_0 = \pi$.

首先, 确定零次内部转移层项 $Q_0^{(\mp)}y$ 和 $Q_0^{(\mp)}u$. 利用引理 3.2 的主要结果, 同时 $\bar{t} = \pi$, 计算可得

$$
u^2 - \left(\frac{1}{4}y^4 - \frac{1}{2}y^2 + \frac{1}{2}u^2 \right) = \frac{1}{4}.
$$

利用文中的构造, 可得分别通过 $M_1(\bar{t})$ 和 $M_2(\bar{t})$ 的轨线 S_{M_1} 和 S_{M_2} 为

$$
S_{M_1} : u^{(-)} = \frac{\sqrt{2}}{2}(1 - y^{(-)2}), \quad S_{M_2} : u^{(+)} = \frac{\sqrt{2}}{2}(1 - y^{(+)2}).
$$

利用 $\dfrac{\mathrm{d}}{\mathrm{d}\tau} Q_0^{(\mp)}y = Q_0^{(\mp)}u$, $\bar{u}_0^{(\mp)}(t) = 0$, 可得确定零次左右内部层项的方程和条件为

$$
\frac{\mathrm{d}Q_0^{(\mp)}y}{\mathrm{d}\tau} = \frac{\sqrt{2}}{2}\left(1 - (\mp 1 + Q_0^{(\mp)}y)^2 \right),\ Q_0^{(\mp)}y(0) = \pm 1,\ Q_0^{(\mp)}y(\mp\infty) = 0,
$$

解表达式为

$$
Q_0^{(-)}y = \frac{2\mathrm{e}^{\sqrt{2}\tau}}{1 + \mathrm{e}^{\sqrt{2}\tau}}, \quad Q_0^{(-)}u = \frac{2\sqrt{2}\mathrm{e}^{\sqrt{2}\tau}}{(1 + \mathrm{e}^{\sqrt{2}\tau})^2},
$$

$$
Q_0^{(+)}y = \frac{-2}{1 + \mathrm{e}^{\sqrt{2}\tau}}, \quad Q_0^{(+)}u = \frac{2\sqrt{2}\mathrm{e}^{\sqrt{2}\tau}}{(1 + \mathrm{e}^{\sqrt{2}\tau})^2}.
$$

同样地, 确定零次左右边界层项的方程和条件为

$$\begin{cases} \dfrac{\mathrm{d}L_0 y}{\mathrm{d}\tau_0} = -\dfrac{\sqrt{2}}{2}\left(1 - (-1 + L_0 y)^2\right), \\ L_0 y(0) = 1, \quad L_0 y(+\infty) = 0, \quad \dfrac{\mathrm{d}L_0 y}{\mathrm{d}\tau_0} = L_0 u, \end{cases}$$

$$\begin{cases} \dfrac{\mathrm{d}R_0 y}{\mathrm{d}\tau_1} = -\dfrac{\sqrt{2}}{2}\left(1 - (1 + R_0 y)^2\right), \\ R_0 y(0) = -1, \quad R_0 y(-\infty) = 0, \quad \dfrac{\mathrm{d}R_0 y}{\mathrm{d}\tau_1} = R_0 u. \end{cases}$$

进一步, 可得

$$L_0 y = \frac{2\mathrm{e}^{-\sqrt{2}\tau_0}}{1 + \mathrm{e}^{-\sqrt{2}\tau_0}}, \quad L_0 u = \frac{-2\sqrt{2}\mathrm{e}^{-\sqrt{2}\tau_0}}{(1 + \mathrm{e}^{-\sqrt{2}\tau_0})^2},$$

$$R_0 y = \frac{-2\mathrm{e}^{\sqrt{2}\tau_1}}{1 + \mathrm{e}^{\sqrt{2}\tau_1}}, \quad R_0 u = \frac{-2\sqrt{2}\mathrm{e}^{\sqrt{2}\tau_1}}{(1 + \mathrm{e}^{\sqrt{2}\tau_1})^2}.$$

问题 (3-30) 的形式渐近解为

$$y(t,\mu) = \begin{cases} -1 + \dfrac{2\mathrm{e}^{-\sqrt{2}\tau_0}}{1 + \mathrm{e}^{-\sqrt{2}\tau_0}} + \dfrac{2\mathrm{e}^{\sqrt{2}\tau}}{1 + \mathrm{e}^{\sqrt{2}\tau}} + O(\mu), \ 0 \leqslant t \leqslant \pi, \\ 1 + \dfrac{-2}{1 + \mathrm{e}^{\sqrt{2}\tau}} + \dfrac{-2\mathrm{e}^{\sqrt{2}\tau_1}}{1 + \mathrm{e}^{\sqrt{2}\tau_1}} + O(\mu), \ \pi \leqslant t \leqslant 2\pi. \end{cases}$$

3.2 含有积分边界条件的奇异摄动最优控制问题的几何方法

含有积分边界条件的边值问题具有非常重要的应用, 例如热传导、半导体、生物医学等. 对于带有积分边界条件的奇异摄动边值问题引起了学者们的关注. M. Cakir 和 G. M. Amiraliyev[110]讨论了带有积分边界条件的奇异摄动边值问题

$$\varepsilon^2 y'' + \varepsilon a(t)y' - b(t)y = f(t), \ 0 < t < l, \ 0 < \varepsilon \ll 1,$$

$$y(0) = y^0, \quad y(l) = y^l + \int_{l_0}^{l_1} g(s)y(s)\mathrm{d}s, \ 0 \leqslant l_0 < l_1 \leqslant l,$$

借助于有限差分的方法, 作者给出了具有边界层的数值解.

F. Xie, Z. Y. Jin 和 M. K. Ni[111]研究了如下含有积分边界条件的奇异摄动边值问题

$$\mu^2 \frac{\mathrm{d}^2 y}{\mathrm{d}t^2} = f(t, y), \ 0 < t < 1,$$

$$y(0, \mu) = \int_0^1 h_1(y(s, \mu)) \mathrm{d}s, \ y(1, \mu) = \int_0^1 h_2(y(s, \mu)) \mathrm{d}s.$$

作者利用微分不等式理论证明了阶梯状空间对照结构解的存在性, 同时借助边界层函数法构造了一致有效的形式渐近解.

上一节中研究了状态方程仅含控制变量 u 的最优控制问题, 利用文献[111]的主要结果给出了空间对照结构解的存在性, 同时利用直接展开法构造了一致有效的形式渐近解. 本节研究如下含有积分边界条件的线性奇异摄动最优控制问题

$$\begin{cases} J[u] = \int_0^T f(y, u, t) \mathrm{d}t \to \min_u, \\ \mu \dfrac{\mathrm{d}y}{\mathrm{d}t} = a(t)y + b(t)u, \\ y(0, \mu) = y^0, \ y(T, \mu) = \int_0^T g(s)y(s) \mathrm{d}s, \end{cases} \quad (3\text{-}31)$$

其中 $\mu > 0$ 是小参数, $y \in \mathbf{R}$ 为状态变量, $u \in \mathbf{R}$ 为控制输入.

积分边界条件的引入使得最优控制问题 (3-31) 变得复杂, 它的处理方法和两端固定的最优控制问题有所不同. 为了避免积分边界条件所带来的困难, 首先将最优控制问题 (3-31) 转化为如下具有快慢变量的最优控制问题

$$\begin{cases} J[u] = \int_0^T f(y, u, t) \mathrm{d}t \to \min_u, \\ \mu \dfrac{\mathrm{d}y}{\mathrm{d}t} = a(t)y + b(t)u, \\ \dfrac{\mathrm{d}z}{\mathrm{d}t} = g(t)y, \\ y(0, \mu) = y^0, \ z(0, \mu) = 0, \ y(T, \mu) = z(T, \mu). \end{cases} \quad (3\text{-}32)$$

将式 (3-32) 转化为无条件极小问题

$$J_a[u] = r\big(y(T) - z(T)\big) + \int_0^T \Big[f(y, u, t) + \lambda_1(t)\big(a(t)y + b(t)u - \mu y'\big) +$$

$$\lambda_2(t)\big(g(t)y - z'\big)\Big] \mathrm{d}t = r\big(y(T) - z(T)\big) + \int_0^T \Big[f(y, u, t) +$$

$$\lambda_1(t)\big(a(t)y + b(t)u\big) + \lambda_2(t)g(t)y - \mu \lambda_1(t)y' - \lambda_2(t)z'\Big] \mathrm{d}t.$$

引进 Hamilton 函数

$$H(y, u, \lambda_1, \lambda_2, t) = f(y, u, t) + \lambda_1(t)\big(a(t)y + b(t)u\big) + \lambda_2(t)g(t)y,$$

$$J_a[u] = r\big(y(T) - z(T)\big) + \int_0^T \big[H - \mu\lambda_1(t)y' - \lambda_2(t)z'\big]\mathrm{d}t$$

$$= r\big(y(T) - z(T)\big) - \mu\lambda_1(T)y(T) + \mu\lambda_1(0)y(0) - \lambda_2(T)z(T) +$$

$$\lambda_2(0)z(0) + \int_0^T \big[H + \mu\lambda_1'(t)y + \lambda_2'(t)z\big]\mathrm{d}t,$$

对上式取一次变分

$$\delta J_a[u] = (r - \mu\lambda_1(T))\delta y(T) - (r + \lambda_2(T))\delta z(T) +$$

$$\int_0^T \left[\left(\frac{\partial H}{\partial y} + \mu\lambda_1'(t)\right)\delta y + \lambda_2'(t)\delta z + \frac{\partial H}{\partial u}\delta u\right]\mathrm{d}t,$$

可得

$$\begin{cases} \mu\dfrac{\mathrm{d}y}{\mathrm{d}t} = a(t)y + b(t)u, \\[2mm] \mu\dfrac{\mathrm{d}\lambda_1}{\mathrm{d}t} = -f_y(y, u, t) - a(t)\lambda_1(t) - \lambda_2(t)g(t), \\[2mm] \dfrac{\mathrm{d}z}{\mathrm{d}t} = g(t)y, \ \ \dfrac{\mathrm{d}\lambda_2}{\mathrm{d}t} = 0, \\[2mm] f_u(y, u, t) + b(t)\lambda_1(t) = 0, \\[2mm] y(0, \mu) = y^0, \ z(0, \mu) = 0, \ r - \mu\lambda_1(T) = 0, \\[2mm] r + \lambda_2(T) = 0, \ y(T, \mu) = z(T, \mu). \end{cases} \tag{3-33}$$

这里假设 $f_u(y, u, t) + \lambda_1 b(t) = 0$ 关于 u 唯一可解, 可得 $u = g_1(y, \lambda_1, t)$, 这里 r 为一待定常量, 且具有渐近表达式 $r = r_0 + \mu r_1 + \cdots + \mu^n r_n + \cdots$. 由 (3-33) 可知 $\lambda_2(t) = -r$, $r_0 = 0$.

将 (3-33) 化为如下等价的吉洪诺夫系统

$$\begin{cases} \mu\dfrac{\mathrm{d}y}{\mathrm{d}t} = a(t)y + b(t)g_1(y, \lambda_1, t), \\[2mm] \mu\dfrac{\mathrm{d}\lambda_1}{\mathrm{d}t} = -f_y(y, g_1(y, \lambda_1, t), t) - a(t)\lambda_1(t) + rg(t), \\[2mm] \dfrac{\mathrm{d}z}{\mathrm{d}t} = g(t)y, \ \ \dfrac{\mathrm{d}r}{\mathrm{d}t} = 0, \\[2mm] y(0, \mu) = y^0, \ z(0, \mu) = 0, \ r - \mu\lambda_1(T) = 0, \ y(T, \mu) = z(T, \mu). \end{cases} \tag{3-34}$$

由于讨论的需要, 对 (3-31) 中的函数给出一些限制条件.

H 3.6   假设函数 $f(y,u,t)$、$a(t)$、$b(t)$ 和 $g(t)$ 在区域 $D = \{(y,u,t) \mid | y |< A, u \in \mathbf{R}, 0 \leqslant t \leqslant T\}$ 上充分光滑, 并且 $b(t) > 0$, 其中 A 为某个给定的常数.

H 3.7   假设在区域 D 上函数 $f_{u^2}(y,u,t) > 0$.

在式 (3-32) 中令 $\mu = 0$, 得到相应的退化问题

$$\begin{cases} J[\bar{u}] = \displaystyle\int_0^T f(\bar{y}, \bar{u}, t)\mathrm{d}t \to \min_{\bar{u}}, \\ \bar{u} = -b^{-1}(t)a(t)\bar{y}, \ \dfrac{\mathrm{d}\bar{z}}{\mathrm{d}t} = g(t)\bar{y}, \ \bar{z}(0) = 0, \end{cases} \tag{3-35}$$

问题 (3-35) 可记为

$$J[\bar{u}] = \int_0^T F(\bar{y}, t)\mathrm{d}t \to \min_{\bar{y}}, \ \frac{\mathrm{d}\bar{z}}{\mathrm{d}t} = g(t)\bar{y}, \ \bar{z}(0) = 0,$$

其中 $F(\bar{y}, t) = f(\bar{y}, -b^{-1}(t)a(t)\bar{y}, t)$.

H 3.8   假设存在互不相交的两函数 $\bar{y} = \varphi_1(t)$, $\bar{y} = \varphi_2(t)$ 使得

$$\min_{\bar{y}} F(\bar{y}, t) = \begin{cases} F(\varphi_1(t), t), \ 0 \leqslant t \leqslant t_0, \\ F(\varphi_2(t), t), \ t_0 \leqslant t \leqslant T, \end{cases} \tag{3-36}$$

同时

$$\begin{cases} F_y(\varphi_1(t), t) = 0, \ F_{yy}(\varphi_1(t), t) > 0, \ 0 \leqslant t \leqslant t_0, \\ F_y(\varphi_2(t), t) = 0, \ F_{yy}(\varphi_2(t), t) > 0, \ t_0 \leqslant t \leqslant T. \end{cases} \tag{3-37}$$

H 3.9   假设初值问题

$$\frac{\mathrm{d}\bar{z}^{(-)}}{\mathrm{d}t} = g(t)\varphi_1(t), \ \bar{z}^{(-)}(0) = 0$$

和

$$\frac{\mathrm{d}\bar{z}^{(+)}}{\mathrm{d}t} = g(t)\varphi_2(t), \ \bar{z}^{(+)}(t_0) = \bar{z}^{(-)}(t_0)$$

相应的解 $\beta_1(t)$ 和 $\beta_2(t)$ 在 t_0 处横截相交, 其中 $t_0 \in (0, T)$.

H 3.10   假设存在唯一的 t_0 满足下列方程

$$F(\varphi_1(t_0), t_0) = F(\varphi_2(t_0), t_0),$$

且

$$\frac{\mathrm{d}}{\mathrm{d}t}F(\varphi_1(t_0), t_0) \neq \frac{\mathrm{d}}{\mathrm{d}t}F(\varphi_2(t_0), t_0).$$

由假设 H3.8 可得

$$\bar{u}(t) = \begin{cases} \alpha_1(t) = -b^{-1}(t)a(t)\varphi_1(t), \ 0 \leqslant t < t_0, \\ \alpha_2(t) = -b^{-1}(t)a(t)\varphi_2(t), \ t_0 < t \leqslant T. \end{cases}$$

接下来, 将证明式 (3-34) 存在阶梯状空间对照结构解.

3.2.1 解的存在性

为了证明最优控制问题 (3-31) 阶梯状空间对照结构解的存在性, 首先写出式 (3-34) 的辅助方程组

$$\begin{cases} \dfrac{\mathrm{d}y}{\mathrm{d}\tau} = a(\bar{t})y + b(\bar{t})g_1(y, \lambda_1, \bar{t}), \\ \dfrac{\mathrm{d}\lambda_1}{\mathrm{d}\tau} = -f_y(y, g_1(y, \lambda_1, \bar{t}), \bar{t}) - a(\bar{t})\lambda_1, \end{cases} \tag{3-38}$$

其中 $\tau = (t-\bar{t})\mu^{-1}$, $\bar{t} \in [0, T]$ 是一参数.

引理 3.8 如果满足假设 H3.6~H3.10, 那么辅助方程组 (3-38) 存在两个鞍点 $M_i\big(\varphi_i(\bar{t}), \gamma_i(\bar{t})\big)$, 其中 $\gamma_i(\bar{t}) = -b^{-1}(\bar{t})f_u(\varphi_i(\bar{t}), \alpha_i(\bar{t}), \bar{t})$, $i = 1, 2$.

证明 记

$$\begin{cases} H(y, u, \bar{t}) = a(\bar{t})y + b(\bar{t})g_1(y, \lambda_1, \bar{t}), \\ G(y, u, \bar{t}) = -f_y(y, g_1(y, \lambda_1, \bar{t}), \bar{t}) - a(\bar{t})\lambda_1. \end{cases}$$

显然, $M_i\big(\varphi_i(\bar{t}), \gamma_i(\bar{t})\big)$ 满足退化方程组

$$\begin{cases} H(y, u, \bar{t}) = 0, \\ G(y, u, \bar{t}) = 0, \end{cases}$$

所以, $M_i\big(\varphi_i(\bar{t}), \gamma_i(\bar{t})\big)$ 在式 (3-38) 的相平面上是平衡点. 进一步确定该平衡点的类型, 写出相对应的特征方程

$$\lambda^2 - a^2(\bar{t}) + 2a(\bar{t})b(\bar{t})\bar{f}_{u^2}^{-1}\bar{f}_{uy} - b^2(\bar{t})\bar{f}_{u^2}^{-1}\bar{f}_{y^2} = 0.$$

这里, $\bar{f}_{u^2}^{-1}$、$\bar{f}_{y^2}$、$\bar{f}_{uy}$ 都在 $\big(\varphi_i(\bar{t}), \alpha_i(\bar{t}), \bar{t}\big)$, $i = 1, 2$ 取值. 由表达式 (3-37) 可知

$$\lambda^2 = a^2(\bar{t}) - 2a(\bar{t})b(\bar{t})\bar{f}_{u^2}^{-1}\bar{f}_{uy} + b^2(\bar{t})\bar{f}_{u^2}^{-1}\bar{f}_{y^2} > 0,$$

所以, 在相平面 (y, λ_1) 上平衡点 $M_i\big(\varphi_i(\bar{t}), \gamma_i(\bar{t})\big)$, $i = 1, 2$ 都是鞍点.

类似于上一节的做法有如下引理成立:

引理 3.9 方程组 (3-38) 存在首次积分

$$\big(a(\bar{t})y + b(\bar{t})g_1(y, \lambda_1, \bar{t})\big)\lambda_1 + f(y, g_1(y, \lambda_1, \bar{t}), \bar{t}) = C. \tag{3-39}$$

引理 3.10 如果满足假设 H3.6～H3.10, 并且 $a(\bar{t})y + b(\bar{t})g_1(y, \lambda_1, \bar{t}) \neq 0$, 那么首次积分 (3-39) 关于 λ_1 可解.

选取 $C = f(\varphi_1(\bar{t}), \alpha_1(\bar{t}), \bar{t})$, 则

$$\big(a(\bar{t})y + b(\bar{t})g_1(y, \lambda_1, \bar{t})\big)\lambda_1 + f(y, g_1(y, \lambda_1, \bar{t}), \bar{t}) = f(\varphi_1(\bar{t}), \alpha_1(\bar{t}), \bar{t}) \tag{3-40}$$

是经过平衡点 $\big(\varphi_1(\bar{t}), \gamma_1(\bar{t})\big)$ 的轨线.

同样选取 $C = f(\varphi_2(\bar{t}), \alpha_2(\bar{t}), \bar{t})$, 则

$$\big(a(\bar{t})y + b(\bar{t})g_1(y, \lambda_1, \bar{t})\big)\lambda_1 + f(y, g_1(y, \lambda_1, \bar{t}), \bar{t}) = f(\varphi_2(\bar{t}), \alpha_2(\bar{t}), \bar{t}) \tag{3-41}$$

是经过平衡点 $\big(\varphi_2(\bar{t}), \gamma_2(\bar{t})\big)$ 的轨线.

由引理 3.10 可知轨线 (3-40) 和 (3-41) 关于 λ_1 分别能表示成

$$\lambda_1^{(-)}(\tau, \bar{t}) = h^{(-)}(y^{(-)}, \varphi_1(\bar{t}), \bar{t}), \tag{3-42}$$

$$\lambda_1^{(+)}(\tau, \bar{t}) = h^{(+)}(y^{(+)}, \varphi_2(\bar{t}), \bar{t}). \tag{3-43}$$

往下只要把轨道 (3-42)、(3-43) 缝接起来, 就可得到通过平衡点 $\big(\varphi_1(\bar{t}), \gamma_1(\bar{t})\big)$ 和 $\big(\varphi_2(\bar{t}), \gamma_2(\bar{t})\big)$ 的异宿轨道. 令

$$H(\bar{t}) = \lambda_1^{(-)}(0, \bar{t}) - \lambda_1^{(+)}(0, \bar{t}) = h^{(-)}(y^{(-)}(0), \varphi_1(\bar{t}), \bar{t}) - h^{(+)}(y^{(+)}(0), \varphi_2(\bar{t}), \bar{t}).$$

为方便起见, 不妨选取初值为

$$y^{(-)}(0) = y^{(+)}(0) = \beta(\bar{t}), \ \varphi_1(\bar{t}) < \beta(\bar{t}) < \varphi_2(\bar{t}).$$

引理 3.11　如果满足假设 H3.6~H3.10, 那么 $H(t_0) = 0$ 等价于

$$f(\varphi_1(t_0), \alpha_1(t_0), t_0) = f(\varphi_2(t_0), \alpha_2(t_0), t_0).$$

这时就得到了确定 t_0 的方程, 由假设 H3.10 可知 t_0 可唯一确定.

本节将采用 $k + \sigma$ 交换引理来证明奇异摄动问题 (3-34) 阶梯状空间对照结构解的存在性. 考虑系统 (3-34) 的"连接问题"

$$\begin{cases} \mu y' = a(t)y + b(t)g_1(y, \lambda_1, t), \\ \mu \lambda_1' = -f_y(y, g_1(y, \lambda_1, t), t) - a(t)\lambda_1(t) + rg(t), \\ z' = g(t)y, \ r' = 0, \ t' = 1, \end{cases} \tag{3-44}$$

将边界条件重新记为

$$B_\mu^L = \{(y, \lambda_1, z, r, t) \mid y(0, \mu) = y^0, \ z(0, \mu) = 0, \ t = 0\},$$

$$B_\mu^R = \{(y, \lambda_1, z, r, t) \mid r(T) - \mu\lambda_1(T) = 0, \ y(T, \mu) = z(T, \mu), \ t = T\}.$$

退化方程的两组解 $\phi_1(\varphi_1(t), t)$ 和 $\phi_2(\varphi_2(t), t)$ 所在的曲面分别记为 S_1、S_2, 如图 3.1 所示.

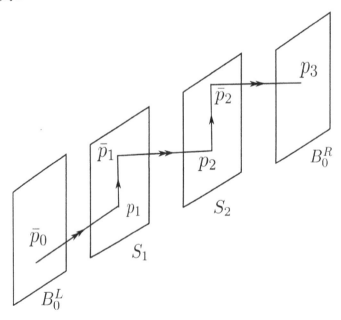

图 3.1 奇异解轨线

系统 (3-44) 的奇异解是指系统 (3-44) 初始点在 B_0^L 和端点在 B_0^R 的一系列快慢退化系统的解. 如图 3.1 所示, 记 $\bar{p}_0$ 为奇异解在 B_0^L 上的点, p_3 为在 B_0^R 上的点, p_i 和 $\bar{p}_i$ 是奇异解在 S_i 上的初始点和终点, 其中 S_i 是奇异解所经过的第 i 个慢流形$(i = 1, 2)$, 即退化系统的两组解 $\phi_1(\varphi_1(t), t)$ 和 $\phi_2(\varphi_2(t), t)$ 所在的曲面.

定理 3.3   如果满足假设 H3.6~H3.10, 那么对足够小的 $\mu > 0$, 最优控制问题 (3-31) 存在阶梯状空间对照结构解 $y(t, \mu)$, 并且有下面极限过程

$$\lim_{\mu \to 0} y(t, \mu) = \begin{cases} \varphi_1(t), \ 0 < t < t_0, \\ \varphi_2(t), \ t_0 < t < T. \end{cases}$$

证明   由题意可知, 这时整个空间的维数是 5, $\dim B_\mu^L = 2$, $\dim B_\mu^R = 2$, $\dim S_1 = \dim S_2 = 3$. 记过 S_1 的稳定流形为 $W^s(S_1)$, 设 $\sigma_1 = \dim \left(W^s(S_1) \cap B_0^L \right)$, 而 $\dim W^s(S_1) = 4$, 由横截的定义知 $\sigma_1 = 1$, 所以过 S_1 的稳定流形与初始流形 B_0^L 横截相交于一个一维流形. 记 $N_0 = B_0^L \cap W^s(S_1)$, 则 $\dim N_0 = 1$. 设 $\bar{p}_0 \in N_0$. 映射 $N_0 \to \omega(N_0) = \chi^1, p_1 \in \chi^1$, 且 $\omega(\bar{p}_0) = p_1$, 显然, 这里的 $\dim \chi^1 = 1$, 记 $U^1 = \chi^1 \cdot (T_1 - \delta, T_1 + \delta), \dim U^1 = 2$. p_1 经过时间 T_1 到达 $\bar{p}_1, \dim W^u(U^1) = 3$.

记过 S_2 的不稳定流形为 $W^u(S_2)$, 设$\sigma_2 = \dim \left(W^u(S_2) \cap B_0^R \right)$, 而 $\dim W^u(S_2) = 4$. 由横截的定义知 $\sigma_2 = 1$, 所以过 S_2 的不稳定流形与初始流形 B_0^R 横截相交于一个一维流形. 记 $N_1 = B_0^R \cap W^u(S_2)$, $p_3 \in N_1$, 则 $\dim N_1 = 1$. 映射 $N_1 \to \alpha(N_1) = \chi^2, \bar{p}_2 \in \chi^2$, 且 $\alpha(p_3) = \bar{p}_2$, 显然, 这里的 $\dim \chi^2 = 1$, 记 $U^2 = \chi^2 \cdot (T_2 - \delta, T_2 + \delta), \dim U^2 = 2$. $\bar{p}_2$ 经过时间 T_2 到达 $p_2, \dim W^s(U^2) = 3$.

记 $\sigma = \dim(W^s(U^2) \cap W^u(U^1))$, 由横截的定义知 $\sigma = 1$, 即存在 S_1 到 S_2 的异宿轨道.

综上分析, 式 (3-34) 满足 $k + \sigma$ 交换引理的条件, 定理 3.3 成立.

3.2.2   渐近解的构造

通常构造这一问题的渐近解有两种方法: 第一种方法是将边界层函数

法直接应用于最优控制问题的必要性条件[82-83], 第二种方法是利用在边界层函数法基础上发展起来的直接展开法来构造最优控制问题的渐近解[84]. 本节将利用直接展开法来构造最优控制问题 (3-32) 的渐近解. 通过直接展开, 得到一系列极小化控制序列, 每一个新的控制序列简化了原问题的性能指标. 需要指出的是, 直接展开法不但容易找到渐近解之间的关系, 而且表明了最优控制问题的本质. 同样地, 它可以直接应用于一些最优控制计算算法.

根据直接展开法, 假设最优控制问题 (3-32) 的形式渐近解为

$$x^{(-)}(t,\mu) = \sum_{k=0}^{\infty} \mu^k(\bar{x}_k^{(-)}(t) + L_k x(\tau_0) + Q_k^{(-)}x(\tau)),\ 0 \leqslant t \leqslant t^*, \quad (3\text{-}45)$$

$$x^{(+)}(t,\mu) = \sum_{k=0}^{\infty} \mu^k(\bar{x}_k^{(+)}(t) + Q_k^{(+)}x(\tau) + R_k x(\tau_1)),\ t^* \leqslant t \leqslant T, \quad (3\text{-}46)$$

其中 $x = (y, u, z)^{\mathrm{T}}$, $\tau_0 = t\mu^{-1}, \tau = (t - t^*)\mu^{-1}, \tau_1 = (t - T)\mu^{-1}$, $\bar{x}_k^{(\mp)}(t)$ 是正则项级数系数, $L_k x(\tau_0)$ 和 $R_k x(\tau_1)$ 分别是在 $t = 0$ 和 $t = T$ 处的边界层项级数系数, $Q_k^{(\mp)}x(\tau)$ 是在转移点 t^* 处左右内部转移层项级数系数. 转移点 $t^* \in [0, T]$ 的位置是提前未知的. 同样, 寻找转移点 t^* 的渐近展开形式为

$$t^* = t_0 + \mu t_1 + \cdots + \mu^k t_k + \cdots,$$

上述序列的系数会在渐近解的构造中确定.

结合文献[85]的主要结果, 可知

$$\min_y J[y] = \min_{y_0} J_0(y_0) + \sum_{i=1}^{n} \mu^i \min_{y_i} \tilde{J}_i(y_i) + \cdots,$$

这里 $\tilde{J}_i(y_i) = J_i(y_i, \tilde{y}_{i-1}, \cdots, \tilde{y}_0)$, $\tilde{y}_k = \arg(\min_y \tilde{J}_k(y))$, $k = 0, \cdots, i - 1$.

把形式渐近解 (3-45)、(3-46) 代入 (3-32) 中按 t、τ_0、τ 与 τ_1 分离, 再比较 μ 的同次幂, 可以得到确定 $\bar{y}_k^{(\mp)}(t)$、$\bar{u}_k^{(\mp)}(t)$、$\bar{z}_k^{(\mp)}(t)$, $L_k y(\tau_0)$、$L_k u(\tau_0)$、$L_k z(\tau_0)$、$Q_k^{(\mp)}y(\tau)$、$Q_k^{(\mp)}u(\tau)$、$Q_k^{(\mp)}z(\tau)$ 和 $R_k y(\tau_1)$、$R_k u(\tau_1)$、$R_k z(\tau_1)$, $k \geqslant 0$ 的一系列最优控制问题.

先写出确定零次正则项 $\bar{y}_0^{(\mp)}(t)$、$\bar{u}_0^{(\mp)}(t)$、$\bar{z}_0^{(\mp)}(t)$ 的最优控制问题

$$\begin{cases} J_0[\bar{u}_0^{(\mp)}] = \displaystyle\int_0^T f(\bar{y}_0^{(\mp)}, \bar{u}_0^{(\mp)}, t)\,\mathrm{d}t \to \min_{\bar{u}_0^{(\mp)}}, \\[2mm] a(t)\bar{y}_0^{(\mp)} + b(t)\bar{u}_0^{(\mp)} = 0, \\[2mm] \dfrac{\mathrm{d}\bar{z}_0^{(\mp)}}{\mathrm{d}t} = g(t)\bar{y}_0^{(\mp)}, \ \ \bar{z}_0^{(-)}(0) = 0, \end{cases}$$

由假设 H3.8 可知

$$\bar{y}_0^{(\mp)}(t) = \begin{cases} \varphi_1(t), \ 0 \leqslant t < t_0, \\[2mm] \varphi_2(t), \ t_0 < t \leqslant T, \end{cases} \qquad \bar{z}_0^{(\mp)}(t) = \begin{cases} \beta_1(t), \ 0 \leqslant t \leqslant t_0, \\[2mm] \beta_2(t), \ t_0 \leqslant t \leqslant T, \end{cases}$$

$$\bar{u}_0^{(\mp)}(t) = \begin{cases} \alpha_1(t) = -b^{-1}(t)a(t)\varphi_1(t), \ 0 \leqslant t < t_0, \\[2mm] \alpha_2(t) = -b^{-1}(t)a(t)\varphi_2(t), \ t_0 < t \leqslant T. \end{cases}$$

写出确定 $Q_0^{(\mp)}y(\tau)$、$Q_0^{(\mp)}u(\tau)$、$Q_0^{(\mp)}z(\tau)$ 的最优控制问题

$$\begin{cases} Q_0^{(\mp)}J = \displaystyle\int_{-\infty(0)}^{0(+\infty)} \Delta_0^{(\mp)} f(Q_0^{(\mp)}y, Q_0^{(\mp)}u, t_0)\mathrm{d}\tau \to \min_{Q_0^{(\mp)}u}, \\[2mm] \dfrac{\mathrm{d}Q_0^{(\mp)}y}{\mathrm{d}\tau} = a(t_0)(\varphi_{1,2}(t_0) + Q_0^{(\mp)}y) + b(t_0)(\alpha_{1,2}(t_0) + Q_0^{(\mp)}u), \\[2mm] \dfrac{\mathrm{d}Q_0^{(\mp)}z}{\mathrm{d}\tau} = 0, \\[2mm] Q_0^{(\mp)}y(0) = \beta(t_0) - \varphi_{1,2}(t_0), \ \ Q_0^{(\mp)}y(\mp\infty) = 0, \ \ Q_0^{(\mp)}z(\mp\infty) = 0, \end{cases}$$
$$\tag{3-47}$$

其中

$$\Delta_0^{(\mp)} f = f(\varphi_{1,2}(t_0) + Q_0^{(\mp)}y, \alpha_{1,2}(t_0) + Q_0^{(\mp)}u, t_0) - f(\varphi_{1,2}(t_0), \alpha_{1,2}(t_0), t_0).$$

由 (3-47) 可知 $Q_0^{(\mp)}z(\tau) = 0$, 作替换

$$\tilde{y}^{(\mp)}(\tau) = \varphi_{1,2}(t_0) + Q_0^{(\mp)}y(\tau), \ \ \tilde{u}^{(\mp)}(\tau) = \alpha_{1,2}(t_0) + Q_0^{(\mp)}u(\tau),$$

可得

$$\begin{cases} Q_0^{(\mp)}J = \displaystyle\int_{-\infty(0)}^{0(+\infty)} \Delta_0^{(\mp)} \tilde{f}(\tilde{y}^{(\mp)}, \tilde{u}^{(\mp)}, t_0)\,\mathrm{d}\tau \to \min_{\tilde{u}^{(\mp)}}, \\[2mm] \dfrac{\mathrm{d}\tilde{y}^{(\mp)}}{\mathrm{d}\tau} = a(t_0)\tilde{y}^{(\mp)} + b(t_0)\tilde{u}^{(\mp)}, \\[2mm] \tilde{y}^{(\mp)}(0) = \beta(t_0), \ \ \ \tilde{y}^{(\mp)}(\mp\infty) = \varphi_{1,2}(t_0). \end{cases}$$
$$\tag{3-48}$$

通过变换

$$\frac{\mathrm{d}\tilde{y}^{(\mp)}}{a(t_0)\tilde{y}^{(\mp)} + b(t_0)\tilde{u}^{(\mp)}} = \mathrm{d}\tau,$$

得到如下变分问题

$$Q_0^{(\mp)}J = \int_{\varphi_1(t_0)(\beta(t_0))}^{\beta(t_0)(\varphi_2(t_0))} \frac{\Delta_0 \tilde{f}(\tilde{y}^{(\mp)}, \tilde{u}^{(\mp)}, t_0)}{a(t_0)\tilde{y}^{(\mp)} + b(t_0)\tilde{u}^{(\mp)}} \, \mathrm{d}\tilde{y} \to \min_{\tilde{u}^{(\mp)}(\tilde{y}^{(\mp)})} . \quad (3\text{-}49)$$

由极值存在的必要条件可知

$$(a(t_0)\tilde{y}^{(\mp)} + b(t_0)\tilde{u}^{(\mp)})f_u - b(t_0)f(\tilde{y}^{(\mp)}, \tilde{u}^{(\mp)}, t_0) = -b(t_0)\bar{f}^{(\mp)}(t_0), \quad (3\text{-}50)$$

其中 $\bar{f}^{(\mp)}(t_0)$ 在 $(\varphi_{1,2}(t_0), \alpha_{1,2}(t_0), t_0)$ 取值.

在 $(\varphi_{1,2}(t_0), \alpha_{1,2}(t_0), t_0)$ 某一邻域, 式 (3-50) 关于 $\tilde{u}$ 唯一可解, 即 $\tilde{u}^{(\mp)} = I^{(\mp)}(\tilde{y}^{(\mp)}, t_0)$, 它是极小值, 因为其满足

$$(a(t_0)\tilde{y} + b(t_0)\tilde{u})^{-1}f_{u^2} > 0.$$

确定 $Q_0^{(\mp)}y$ 的方程为

$$\frac{\mathrm{d}Q_0^{(\mp)}y}{\mathrm{d}\tau} = a(t_0)(\varphi_{1,2}(t_0) + Q_0^{(\mp)}y) + b(t_0)I^{(\mp)}(\varphi_{1,2}(t_0) + Q_0^{(\mp)}y, t_0).$$

H 3.11   假设下面的初值问题

$$\begin{cases} \dfrac{\mathrm{d}Q_0^{(\mp)}y}{\mathrm{d}\tau} = a(t_0)(\varphi_{1,2}(t_0) + Q_0^{(\mp)}y) + b(t_0)I^{(\mp)}(\varphi_{1,2}(t_0) + Q_0^{(\mp)}y, t_0), \\ Q_0^{(\mp)}y(0) = \beta(t_0) - \varphi_{1,2}(t_0) \end{cases}$$

有连续可微解 $Q_0^{(\mp)}y(\tau)$, $-\infty < \tau < +\infty$.

把 $Q_0^{(\mp)}y(\tau)$ 代入到式 (3-47), 可得 $Q_0^{(\mp)}u(\tau)$, 这样 $Q_0^{(\mp)}y(\tau)$ 和 $Q_0^{(\mp)}u(\tau)$ 得到确定. 由引理可知

$$|Q_0^{(-)}y(\tau)| \leqslant C_0^{(-)}\mathrm{e}^{\kappa_0\tau}, \ \kappa_0 > 0, \ \tau \leqslant 0,$$

$$|Q_0^{(+)}y(\tau)| \leqslant C_0^{(+)}\mathrm{e}^{-\kappa_1\tau}, \ \kappa_1 > 0, \ \tau \geqslant 0,$$

$$|Q_0^{(-)}u(\tau)| \leqslant C_1^{(-)}\mathrm{e}^{\kappa_0\tau}, \ \kappa_0 > 0, \ \tau \leqslant 0,$$

$$|Q_0^{(+)}u(\tau)| \leqslant C_1^{(+)}\mathrm{e}^{-\kappa_1\tau}, \ \kappa_1 > 0, \ \tau \geqslant 0.$$

同样地, 给出确定 $L_0y(\tau_0)$、$L_0u(\tau_0)$、$L_0z(\tau_0)$、 $R_0y(\tau_1)$、$R_0u(\tau_1)$、

$R_0 z(\tau_1)$ 的方程和条件

$$\begin{cases} L_0 J = \displaystyle\int_0^\infty \Delta_0 f(\varphi_1(0) + L_0 y, \alpha_1(0) + L_0 u, 0)\, \mathrm{d}\tau_0 \to \min_{L_0 u}, \\[2mm] \dfrac{\mathrm{d}L_0 y}{\mathrm{d}\tau_0} = a(0)(\varphi_1(0) + L_0 y) + b(0)(\alpha_1(0) + L_0 u), \\[2mm] \dfrac{\mathrm{d}L_0 z}{\mathrm{d}\tau_0} = 0, \\[2mm] L_0 y(0) = y^0 - \varphi_1(0), \ \ L_0 y(+\infty) = 0, \ \ L_0 z(+\infty) = 0, \end{cases}$$

其中

$$\Delta_0 f = f(\varphi_1(0) + L_0 y, \alpha_1(0) + L_0 u, 0) - f(\varphi_1(0), \alpha_1(0), 0),$$

以及

$$\begin{cases} R_0 J = \displaystyle\int_{-\infty}^0 \Delta_0 f(\varphi_2(T) + R_0 y, \alpha_2(T) + R_0 u, T)\, \mathrm{d}\tau_1 \to \min_{R_0 u}, \\[2mm] \dfrac{\mathrm{d}R_0 y}{\mathrm{d}\tau_1} = a(T)(\varphi_2(T) + R_0 y) + b(T)(\alpha_2(T) + R_0 u), \\[2mm] \dfrac{\mathrm{d}R_0 z}{\mathrm{d}\tau_1} = 0, \\[2mm] R_0 y(0) = \beta_2(T) - \varphi_2(T), \ \ R_0 y(-\infty) = 0, \ \ R_0 z(-\infty) = 0, \end{cases}$$

这里

$$\Delta_0 f = f(\varphi_2(T) + R_0 y, \alpha_2(T) + R_0 u, T) - f(\varphi_2(T), \alpha_2(T), T).$$

为了保证上述最优控制问题有解, 给出如下假设:

H 3.12　假设 $y^0 - \varphi_1(0)$ 和 $\beta_2(T) - \varphi_2(T)$ 分别属于问题 $L_0 J$ 和 $R_0 J$ 的影响域.

这样, 就构造了所有主项的渐近解

$$\bar{y}_0^{(\mp)*}(t), \ \ \bar{u}_0^{(\mp)*}(t), \ \ \bar{z}_0^{(\mp)*}(t), \ \ L_0 y^*(\tau_0), \ \ L_0 u^*(\tau_0), \ \ L_0 z^*(\tau_0),$$

$$Q_0^{(\mp)} y^*(\tau), \ \ Q_0^{(\mp)} u^*(\tau), \ \ Q_0^{(\mp)} z^*(\tau), \ \ R_0 y^*(\tau_1), \ \ R_0 u^*(\tau_1), \ \ R_0 z^*(\tau_1).$$

此外, 还可以写出相应最优控制问题的极小值 J_0^*、$L_0 J^*$、$Q_0^{(\mp)} J^*$、$R_0 J^*$:

$$J_0^*[\bar{u}_0^{(\mp)*}] = \int_0^T f(\bar{y}_0^{(\mp)*}, \bar{u}_0^{(\mp)*}, t)\, \mathrm{d}t,$$

$$L_0 J^* = \int_{y^0}^{\varphi_1(0)} \frac{\Delta_0 f(\breve{y}^*, \breve{u}^*, 0)}{a(0)\breve{y}^* + b(0)\breve{u}^*}\, \mathrm{d}\breve{y}^*,$$

$$Q_0^{(\mp)} J^* = \pm \int_{\varphi_{1,2}(t_0)}^{\beta(t_0)} \frac{\Delta_0^{(\mp)} f(\tilde{y}^{(\mp)*}, \tilde{u}^{(\mp)*}, t_0)}{a(t_0)\tilde{y}^{(\mp)*} + b(t_0)\tilde{u}^{(\mp)*}} \, \mathrm{d}\tilde{y}^*,$$

$$R_0 J^* = \int_{\varphi_2(T)}^{\beta_2(T)} \frac{\Delta_0 f(\hat{y}^*, \hat{u}^*, T)}{a(T)\hat{y}^* + b(T)\hat{u}^*} \, \mathrm{d}\hat{y}^*,$$

其中 $\tilde{y}^* = \varphi_1(0) + L_0 y^*(\tau_0)$, $\tilde{u}^* = \alpha_1(0) + L_0 u^*(\tau_0)$, $\hat{y}^* = \varphi_2(T) + R_0 y^*(\tau_1)$, $\hat{u}^* = \alpha_2(T) + R_0 u^*(\tau_1)$.

定理 3.4　如果满足假设 H3.6 $\sim$ H3.12, 那么对足够小的 $\mu > 0$, 最优控制问题 (3-11) 存在阶梯状空间对照结构解 $y(t,\mu)$, 进一步满足如下渐近表达式

$$y(t,\mu) = \begin{cases} \varphi_1(t) + L_0 y(\tau_0) + Q_0^{(-)} y(\tau) + O(\mu), & 0 \leqslant t \leqslant t_0, \\ \varphi_2(t) + Q_0^{(+)} y(\tau) + R_0 y(\tau_1) + O(\mu), & t_0 \leqslant t \leqslant T, \end{cases}$$

$$u(t,\mu) = \begin{cases} \alpha_1(t) + L_0 u(\tau_0) + Q_0^{(-)} u(\tau) + O(\mu), & 0 \leqslant t \leqslant t_0, \\ \alpha_2(t) + Q_0^{(+)} u(\tau) + R_0 u(\tau_1) + O(\mu), & t_0 \leqslant t \leqslant T. \end{cases}$$

注释 3.1　结合 S. V. Belokopytov 和 M. G. Dmitriev[84]的主要结果, 根据需要利用直接展开法可以构造出 n 阶近似解. 需要指出的是, 根据直接展开法构造出的控制渐近解不是容许控制, 通过磨光函数的选取, 可以构造出任意阶的容许控制渐近解和容许解, 因做法无本质区别, 这里不再赘述.

3.2.3　例子

考虑最优控制问题

$$\begin{cases} J[u] = \int_0^{2\pi} \left(\frac{1}{4} y^4 - \frac{1}{3} y^3 \sin t - \frac{y^2}{2} + y \sin t + \frac{1}{2} u^2 \right) \mathrm{d}t \to \min_u, \\ \mu \dfrac{\mathrm{d}y}{\mathrm{d}t} = u, \\ y(0,\mu) = 0, \ y(2\pi,\mu) = \int_0^{2\pi} y(s,\mu)\mathrm{d}s, \end{cases} \quad (3\text{-}51)$$

其中 $y \in \mathbf{R}, u \in \mathbf{R}$.

对于问题 (3-51) 容易验证其满足所有假设, 接下来利用前面给出的方法来构造其一致有效渐近解.

根据直接展开法计算可得

$$
\bar{y}_0^{(\mp)}(t) = \begin{cases} -1, \ 0 \leqslant t < \pi, \\ 1, \ \pi < t \leqslant 2\pi, \end{cases}
$$

这里 $t_0 = \pi, \bar{u}_0^{(\mp)}(t) = 0$.

$Q_0^{(\mp)}y$ 与 $Q_0^{(\mp)}u$ 满足如下方程和条件

$$
\begin{cases} \dfrac{\mathrm{d}Q_0^{(\mp)}y}{\mathrm{d}\tau} = \dfrac{-\sqrt{2}}{2}\big((\mp 1 + Q_0^{(\mp)}y)^2 - 1\big), \\ \dfrac{\mathrm{d}Q_0^{(\mp)}y}{\mathrm{d}\tau} = Q_0^{(\mp)}u, \\ Q_0^{(\mp)}y(\mp\infty) = 0, \ Q_0^{(\mp)}y(0) = \pm 1, \end{cases}
$$

计算可得

$$
Q_0^{(-)}y = \frac{2\mathrm{e}^{\sqrt{2}\tau}}{1 + \mathrm{e}^{\sqrt{2}\tau}}, \quad Q_0^{(-)}u = \frac{2\sqrt{2}\mathrm{e}^{-\sqrt{2}\tau}}{(1 + \mathrm{e}^{-\sqrt{2}\tau})^2},
$$

$$
Q_0^{(+)}y = \frac{-2}{1 + \mathrm{e}^{\sqrt{2}\tau}}, \quad Q_0^{(+)}u = \frac{2\sqrt{2}\mathrm{e}^{-\sqrt{2}\tau}}{(1 + \mathrm{e}^{-\sqrt{2}\tau})^2}.
$$

同理, 有

$$
L_0 y = \frac{2\mathrm{e}^{-\sqrt{2}\tau_0}}{1 + \mathrm{e}^{-\sqrt{2}\tau_0}}, \quad L_0 u = \frac{-2\sqrt{2}\mathrm{e}^{\sqrt{2}\tau_0}}{(1 + \mathrm{e}^{\sqrt{2}\tau_0})^2},
$$

$$
R_0 y = \frac{-2}{\mathrm{e}^{-\sqrt{2}\tau_1} + 1}, \quad R_0 u = \frac{-2\sqrt{2}\mathrm{e}^{\sqrt{2}\tau_1}}{(1 + \mathrm{e}^{\sqrt{2}\tau_1})^2}.
$$

从而得到问题 (3-51) 的形式渐近解为

$$
y(t, \mu) = \begin{cases} -1 + \dfrac{2\mathrm{e}^{-\sqrt{2}\tau_0}}{1 + \mathrm{e}^{-\sqrt{2}\tau_0}} + \dfrac{2\mathrm{e}^{\sqrt{2}\tau}}{1 + \mathrm{e}^{\sqrt{2}\tau}} + O(\mu), \ 0 \leqslant t \leqslant \pi, \\ 1 + \dfrac{-2}{1 + \mathrm{e}^{\sqrt{2}\tau}} + \dfrac{-2}{\mathrm{e}^{-\sqrt{2}\tau_1} + 1} + O(\mu), \ \pi \leqslant t \leqslant 2\pi, \end{cases}
$$

$$u(t,\mu) = \begin{cases} \dfrac{-2\sqrt{2}\mathrm{e}^{\sqrt{2}\tau_0}}{(1+\mathrm{e}^{\sqrt{2}\tau_0})^2} + \dfrac{2\sqrt{2}\mathrm{e}^{-\sqrt{2}\tau}}{(1+\mathrm{e}^{-\sqrt{2}\tau})^2} + O(\mu),\ 0 \leqslant t \leqslant \pi, \\[4mm] \dfrac{2\sqrt{2}\mathrm{e}^{-\sqrt{2}\tau}}{(1+\mathrm{e}^{-\sqrt{2}\tau})^2} + \dfrac{-2\sqrt{2}\mathrm{e}^{\sqrt{2}\tau_1}}{(1+\mathrm{e}^{\sqrt{2}\tau_1})^2} + O(\mu),\ \pi \leqslant t \leqslant 2\pi. \end{cases}$$

第 4 章 非线性奇异摄动最优控制问题的空间对照结构

4.1 一类仿射非线性奇异摄动最优控制问题的空间对照结构

奇异摄动问题中的空间对照结构解主要是指脉冲状空间对照结构解和阶梯状空间对照结构解, 阶梯状空间对照结构是本书研究的重点. 前三章主要研究了线性奇异摄动最优控制问题中的空间对照结构, 本章将利用直接展开法讨论一类仿射非线性和完全非线性最优控制问题中的阶梯状空间对照结构解, 不但证明了这种解的存在性, 而且构造了其一致有效的形式渐近解.

考虑如下一类仿射非线性最优控制问题

$$\begin{cases} J[u] = \displaystyle\int_0^T f(y,u,t)\,\mathrm{d}t \to \min_u, \\ \mu\dfrac{\mathrm{d}y}{\mathrm{d}t} = g(y,t) + a(t)u, \\ y(0,\mu) = y^0, \quad y(T,\mu) = y^T, \end{cases} \tag{4-1}$$

其中 $\mu > 0$ 是小参数.

对所提问题 (4-1) 作如下假设:

H 4.1   假设函数 $f(y,u,t)$, $g(y,t)$ 和 $a(t)$ 在区域 $D = \{\mid y \mid < A, u \in \mathbf{R}, 0 \leqslant t \leqslant T\}$ 上充分光滑, 其中 A 为某个给定的常数.

H 4.2   假设在区域 D 上满足 $f_{u^2}(y,u,t) > 0$.

在 (4-1) 中令 $\mu = 0$ 得到相应的退化问题

$$J[\bar{u}] = \int_0^T F(\bar{y},t)\mathrm{d}t \to \min_{\bar{y}}, \tag{4-2}$$

其中 $F(\bar{y},t) = f(\bar{y}, -a^{-1}(t)g(\bar{y},t), t)$.

H 4.3　假设存在互不相交的两函数 $\bar{y} = \varphi_1(t)$, $\bar{y} = \varphi_2(t)$ 使得

$$\min_{\bar{y}} F(\bar{y}, t) = \begin{cases} F(\varphi_1(t), t), \ 0 \leqslant t \leqslant t_0, \\ F(\varphi_2(t), t), \ t_0 \leqslant t \leqslant T, \end{cases} \tag{4-3}$$

并且要求 $\lim\limits_{t \to t_0^-} \varphi_1(t) \neq \lim\limits_{t \to t_0^+} \varphi_2(t)$,

$$\begin{cases} F_y(\varphi_1(t), t) = 0, \ F_{yy}(\varphi_1(t), t) > 0, \ 0 \leqslant t \leqslant t_0, \\ F_y(\varphi_2(t), t) = 0, \ F_{yy}(\varphi_2(t), t) > 0, \ t_0 \leqslant t \leqslant T. \end{cases} \tag{4-4}$$

H 4.4　假设转移点 t_* 的主值 t_0 由下列方程确定

$$F(\varphi_1(t_0), t_0) = F(\varphi_2(t_0), t_0),$$

并且

$$\frac{\mathrm{d}}{\mathrm{d}t} F(\varphi_1(t_0), t_0) \neq \frac{\mathrm{d}}{\mathrm{d}t} F(\varphi_2(t_0), t_0).$$

由条件 H4.3 可得

$$\bar{u}(t) = \begin{cases} \alpha_1(t) = -a^{-1}(t) g(\varphi_1(t), t), \ 0 \leqslant t < t_0, \\ \alpha_2(t) = -a^{-1}(t) g(\varphi_2(t), t), \ t_0 < t \leqslant T. \end{cases}$$

引进 Hamilton 函数

$$H(y, u, \lambda, t) = f(y, u, t) + \lambda \mu^{-1} \big(g(y, t) + a(t)u \big),$$

其中 λ 是 Lagrange 乘子. 从最优解的必要条件可得

$$\begin{cases} \mu y' = g(y, t) + a(t)u, \\ \mu u' = g_1(y, u, t) + \mu g_2(y, u, t), \\ y(0, \mu) = y^0, \ y(T, \mu) = y^T, \end{cases} \tag{4-5}$$

其中

$$g_1(y, u, t) = f_{u^2}^{-1} \big[a(t) f_y - f_u g_y - f_{uy} \big(g(y, t) + a(t)u \big) \big],$$

$$g_2(y, u, t) = f_{u^2}^{-1} \big[a^{-1}(t) a'(t) f_u - f_{ut} \big].$$

4.1.1 阶梯状空间对照结构解的存在性

方程组 (4-5) 是文献[89]的特殊形式, 下面证明在所给的条件下边值问题 (4-5) 存在空间对照结构解, 为此先写出 (4-5) 的辅助方程组

$$\begin{cases} \dfrac{\mathrm{d}u}{\mathrm{d}\tau} = f_{u^2}^{-1}\big[a(\bar{t})f_y - f_u g_y - f_{uy}\big(g(y,\bar{t}) + a(\bar{t})u\big)\big], \\ \dfrac{\mathrm{d}y}{\mathrm{d}\tau} = g(y,\bar{t}) + a(\bar{t})u, \end{cases} \tag{4-6}$$

其中 $\tau = (t - \bar{t})\mu^{-1}$, $\bar{t}$ 是 $[0,T]$ 中固定值.

引理 4.1 如果满足条件 H4.1∼H4.4, 那么辅助方程组 (4-6) 存在两个鞍点 $M_i\big(\varphi_i(\bar{t}), \alpha_i(\bar{t})\big)$, $i = 1, 2$.

证明 记

$$\begin{cases} H(y,u,\bar{t}) = f_{u^2}^{-1}\big[a(\bar{t})f_y - f_u g_y - f_{uy}\big(g(y,\bar{t}) + a(\bar{t})u\big)\big], \\ G(y,u,\bar{t}) = g(y,\bar{t}) + a(\bar{t})u. \end{cases}$$

显然, $M_i\big(\varphi_i(\bar{t}), \alpha_i(\bar{t})\big)$, $i = 1,2$ 满足退化方程组 $H(y,u,\bar{t}) = 0$, $G(y,u,\bar{t}) = 0$, 所以, $M_i\big(\varphi_i(\bar{t}), \alpha_i(\bar{t})\big)$, $i = 1,2$ 在 (4-6) 的相平面上是平衡点. 进一步确定该平衡点的类型, 写出相对应的特征方程

$$\lambda^2 - \bar{g}_y^2 - a^2(\bar{t})\frac{\big(\bar{f}_{y^2} - 2a^{-1}(\bar{t})\bar{f}_{uy}\bar{g}_y - a^{-1}(\bar{t})\bar{f}_u\bar{g}_{y^2}\big)}{\bar{f}_{u^2}} = 0,$$

这里 $\bar{g}_y$、$\bar{g}_{y^2}$ 在 $\big(\varphi_i(\bar{t}), \bar{t}\big)$ 取值, $\bar{f}_{y^2}$、$\bar{f}_y$、$\bar{f}_{uy}$、$\bar{f}_{u^2}$ 在 $\big(\varphi_i(\bar{t}), \alpha_i(\bar{t}), \bar{t}\big)$, $i = 1,2$ 取值, 由条件 (4-4) 可知

$$\lambda^2 = \bar{g}_y^2 + a^2(\bar{t})\frac{\big(\bar{f}_{y^2} - 2a^{-1}(\bar{t})\bar{f}_{uy}\bar{g}_y - a^{-1}(\bar{t})\bar{f}_u\bar{g}_{y^2}\big)}{\bar{f}_{u^2}} > 0,$$

所以在相平面 (y, u) 上平衡点 $M_i\big(\varphi_i(\bar{t}), \alpha_i(\bar{t})\big)$, $i = 1,2$ 都是鞍点.

引理 4.2 方程组 (4-6) 存在首次积分

$$\big(g(y,\bar{t}) + a(\bar{t})u\big)f_u(y,u,\bar{t}) - a(\bar{t})f(y,u,\bar{t}) = C, \tag{4-7}$$

其中 C 为一常数.

证明 方程组 (4-6) 的第一个方程可写成

$$f_{u^2}u' = a(\bar{t})f_y - f_u g_y - f_{uy}\big(g(y,\bar{t}) + a(\bar{t})u\big), \tag{4-8}$$

这里 $y' = \dfrac{\mathrm{d}y}{\mathrm{d}\tau}$, $u' = \dfrac{\mathrm{d}u}{\mathrm{d}\tau}$. 把方程组 (4-6) 的第二个方程代入 (4-8)

$$f_{u^2}u' - a(\bar{t})f_y + f_u g_y + f_{uy}y' = 0, \tag{4-9}$$

考虑到 $y'' = g_y y' + a(\bar{t})u'$, 可得 $\dfrac{\mathrm{d}}{\mathrm{d}\tau}\big(y'f_u - a(\bar{t})f\big) = 0$, 积分后可知式 (4-7) 成立.

引理 4.3   如果满足条件 H4.1~H4.2 和 $u \neq -a^{-1}(t)g(y,t)$, 那么首次积分 (4-7) 关于 u 可解.

证明   记

$$G(y,u,\bar{t}) = \big(g(y,\bar{t}) + a(\bar{t})u\big)f_u(y,u,\bar{t}) - a(\bar{t})f(y,u,\bar{t}) - C,$$

两端对 u 求导

$$G_u(y,u,\bar{t}) = a(\bar{t})f_u(y,u,\bar{t}) + \big(g(y,\bar{t}) + a(\bar{t})u\big)f_{u^2}(y,u,\bar{t}) - a(\bar{t})f_u(y,u,\bar{t})$$

$$= \big(g(y,\bar{t}) + a(\bar{t})u\big)f_{u^2}(y,u,\bar{t}) \neq 0,$$

由隐函数存在定理, 在 u 某一邻域内 $G(y,u,\bar{t}) = 0$ 可唯一确定隐函数

$$u = h(y,\bar{t},C), \ (y,\bar{t}) \in D_1, \tag{4-10}$$

其中 $D_1 = \{(y,\bar{t})|\ |y| < A, 0 \leqslant \bar{t} \leqslant T\}$.

显然, 存在两轨线 S_{M_1} 和 S_{M_2} 分别经过 M_1 和 M_2 且满足

$$S_{M_1}: \quad \big(g(y,\bar{t}) + a(\bar{t})u\big)f_u(y,u,\bar{t}) - a(\bar{t})f(y,u,\bar{t}) = -a(\bar{t})f(\varphi_1(\bar{t}),\alpha_1(\bar{t}),\bar{t}),$$
$$\tag{4-11}$$

$$S_{M_2}: \quad \big(g(y,\bar{t}) + a(\bar{t})u\big)f_u(y,u,\bar{t}) - a(\bar{t})f(y,u,\bar{t}) = -a(\bar{t})f(\varphi_2(\bar{t}),\alpha_2(\bar{t}),\bar{t}).$$
$$\tag{4-12}$$

由引理 4.3 可知轨线 (4-11)、(4-12) 分别能表示成

$$u^{(-)}(\tau,\bar{t}) = h^{(-)}(y^{(-)},\bar{t},\varphi_1(\bar{t})), \tag{4-13}$$

$$u^{(+)}(\tau, \bar{t}) = h^{(+)}(y^{(+)}, \bar{t}, \varphi_2(\bar{t})). \tag{4-14}$$

往下只要把轨道 (4-13)、(4-14) 缝接起来, 就可得到通过 $(\varphi_1(\bar{t}), \alpha_1(\bar{t}))$ 和 $(\varphi_2(\bar{t}), \alpha_2(\bar{t}))$ 的异宿轨道. 令

$$H(\bar{t}) = u^{(-)}(0, \bar{t}) - u^{(+)}(0, \bar{t}) = h^{(-)}(y^{(-)}(0), \bar{t}, \varphi_1(\bar{t})) - h^{(+)}(y^{(+)}(0), \bar{t}, \varphi_2(\bar{t})).$$

为方便起见, 不妨选取初值为 $y^{(-)}(0) = y^{(+)}(0) = \beta(\bar{t})$, 且满足 $\varphi_1(\bar{t}) < \beta(\bar{t}) < \varphi_2(\bar{t})$.

引理 4.4　如果满足条件 H4.1~H4.4, 那么

$$g_y(\varphi_i(\bar{t}), \bar{t}) + a(\bar{t})h_y(\varphi_i(\bar{t}), \bar{t})$$

$$= \pm\sqrt{f_{u^2}^{-1}(a^2(\bar{t})f_{y^2} - 2a(\bar{t})g_y f_{uy} - a(\bar{t})g_{y^2}f_u + g_y^2 f_{u^2})},$$

其中 g_y 和 g_{y^2} 在 $(\varphi_i(\bar{t}), \bar{t})$ 取值, $f_{(\cdot)}$ 在 $(\varphi_i(\bar{t}), \alpha_i(\bar{t}), \bar{t}), i = 1, 2$ 取值.

证明　对式 (4-13)、(4-14) 通过隐函数求导可得

$$h_y(y, \bar{t}) = \frac{\mathrm{d}u}{\mathrm{d}y} = \frac{a(\bar{t})f_y - g_y f_u - (g(y, \bar{t}) + a(\bar{t})u)f_{uy}}{(g(y, \bar{t}) + a(\bar{t})u)f_{u^2}},$$

根据洛毕达法则, 则

$$g_y(\varphi_i(\bar{t}), \bar{t}) + a(\bar{t})h_y(\varphi_i(\bar{t}), \bar{t})$$

$$= \pm\sqrt{f_{u^2}^{-1}(a^2(\bar{t})f_{y^2} - 2a(\bar{t})g_y f_{uy} - a(\bar{t})g_{y^2}f_u + g_y^2 f_{u^2})}.$$

引理 4.5　如果满足条件 H4.1~H4.4, 那么 $H(t_0) = 0$ 等价于

$$f(\varphi_1(t_0), \alpha_1(t_0), t_0) = f(\varphi_2(t_0), \alpha_2(t_0), t_0).$$

证明　在式 (4-11)、(4-12) 中令 $\tau = 0, \bar{t} = t_0$, 可得

$$\big(g(\beta(t_0), t_0) + a(t_0)h^{(-)}(t_0)\big)f_u(\beta(t_0), h^{(-)}(t_0), t_0) - a(t_0)f(\beta(t_0), h^{(-)}(t_0), t_0)$$

$$= -a(t_0)f(\varphi_1(t_0), \alpha_1(t_0), t_0), \tag{4-15}$$

$$\big(g(\beta(t_0), t_0) + a(t_0)h^{(+)}(t_0)\big)f_u(\beta(t_0), h^{(+)}(t_0), t_0) - a(t_0)f(\beta(t_0), h^{(+)}(t_0), t_0)$$

$$= -a(t_0)f(\varphi_2(t_0), \alpha_2(t_0), t_0), \tag{4-16}$$

其中 $h^{(-)}(t_0) = h^{(-)}(\beta(t_0), \varphi_1(t_0), t_0)$，$h^{(+)}(t_0) = h^{(+)}(\beta(t_0), \varphi_2(t_0), t_0)$. 从表达式 (4-15)、(4-16)可以看出, 如果 $H(t_0) = 0$, 即 $h^{(-)}(t_0) = h^{(+)}(t_0)$ 可知 $f(\varphi_1(t_0), \alpha_1(t_0), t_0) = f(\varphi_2(t_0), \alpha_2(t_0), t_0)$. 反之从式 (4-13)、(4-14) 并由隐函数 (4-10) 的唯一性可知 $h^{(-)}(t_0) = h^{(+)}(t_0)$, 即 $H(t_0) = 0$.

引理 4.6 如果满足条件 H4.1~H4.4, 那么 $\dfrac{\mathrm{d}}{\mathrm{d}t}H(t_0) \neq 0$ 等价于

$$\frac{\mathrm{d}}{\mathrm{d}t}f(\varphi_1(t_0), \alpha_1(t_0), t_0) \neq \frac{\mathrm{d}}{\mathrm{d}t}f(\varphi_2(t_0), \alpha_2(t_0), t_0).$$

证明 在式 (4-11)、(4-12) 中令 $\tau = 0$ 可得

$$\big(g(\beta(\bar{t}), \bar{t}) + a(\bar{t})h^{(-)}(\bar{t})\big)f_u(\beta(\bar{t}), h^{(-)}(\bar{t}), \bar{t}) - a(\bar{t})f(\beta(\bar{t}), h^{(-)}(\bar{t}), \bar{t})$$

$$= -a(\bar{t})f(\varphi_1(\bar{t}), \alpha_1(\bar{t}), \bar{t}), \tag{4-17}$$

$$\big(g(\beta(\bar{t}), \bar{t}) + a(\bar{t})h^{(+)}(\bar{t})\big)f_u(\beta(\bar{t}), h^{(+)}(\bar{t}), \bar{t}) - a(\bar{t})f(\beta(\bar{t}), h^{(+)}(\bar{t}), \bar{t})$$

$$= -a(\bar{t})f(\varphi_2(\bar{t}), \alpha_2(\bar{t}), \bar{t}), \tag{4-18}$$

其中 $h^{(-)}(\bar{t}) = h^{(-)}(\beta(\bar{t}), \varphi_1(\bar{t}), \bar{t})$，$h^{(+)}(\bar{t}) = h^{(+)}(\beta(\bar{t}), \varphi_2(\bar{t}), \bar{t})$. 对式(4-17)、(4-18) 两边关于 $\bar{t}$ 求导

$$\frac{\mathrm{d}}{\mathrm{d}\bar{t}}\big(g(\beta(\bar{t}), \bar{t}) + a(\bar{t})h^{(-)}(\bar{t})\big)f_u(\beta(\bar{t}), h^{(-)}(\bar{t}), \bar{t}) + \big(g(\beta(\bar{t}), \bar{t}) + a(\bar{t})h^{(-)}(\bar{t})\big)\cdot$$

$$\frac{\mathrm{d}}{\mathrm{d}\bar{t}}f_u(\beta(\bar{t}), h^{(-)}(\bar{t}), \bar{t}) - a'(\bar{t})f(\beta(\bar{t}), h^{(-)}(\bar{t}), \bar{t}) - a(\bar{t})\frac{\mathrm{d}}{\mathrm{d}\bar{t}}f(\beta(\bar{t}), h^{(-)}(\bar{t}), \bar{t})$$

$$= -a'(\bar{t})f(\varphi_1(\bar{t}), \alpha_1(\bar{t}), \bar{t}) - a(\bar{t})\frac{\mathrm{d}}{\mathrm{d}\bar{t}}f(\varphi_1(\bar{t}), \alpha_1(\bar{t}), \bar{t}), \tag{4-19}$$

$$\frac{\mathrm{d}}{\mathrm{d}\bar{t}}\big(g(\beta(\bar{t}), \bar{t}) + a(\bar{t})h^{(+)}(\bar{t})\big)f_u(\beta(\bar{t}), h^{(+)}(\bar{t}), \bar{t}) + \big(g(\beta(\bar{t}), \bar{t}) + a(\bar{t})h^{(+)}(\bar{t})\big)\cdot$$

$$\frac{\mathrm{d}}{\mathrm{d}\bar{t}} f_u(\beta(\bar{t}), h^{(+)}(\bar{t}), \bar{t}) - a'(\bar{t}) f(\beta(\bar{t}), h^{(+)}(\bar{t}), \bar{t}) - a(\bar{t}) \frac{\mathrm{d}}{\mathrm{d}\bar{t}} f(\beta(\bar{t}), h^{(+)}(\bar{t}), \bar{t})$$

$$= -a'(\bar{t}) f(\varphi_1(\bar{t}), \alpha_1(\bar{t}), \bar{t}) - a(\bar{t}) \frac{\mathrm{d}}{\mathrm{d}\bar{t}} f(\varphi_1(\bar{t}), \alpha_1(\bar{t}), \bar{t}), \qquad (4\text{-}20)$$

在式 (4-19)、(4-20) 的展开式中令 $\bar{t} = t_0$ 并相减可得

$$\big(g(\beta(t_0), t_0) + a(t_0) h^{(-)}(t_0)\big) f_{u^2}(\beta(t_0), h^{(-)}(t_0), t_0) \frac{\mathrm{d}}{\mathrm{d}\bar{t}} H(t_0)$$

$$= -a(t_0)\big(\frac{\mathrm{d}}{\mathrm{d}\bar{t}} f(\varphi_1(t_0), \alpha_1(t_0), t_0) - \frac{\mathrm{d}}{\mathrm{d}\bar{t}} f(\varphi_2(t_0), \alpha_2(t_0), t_0)\big),$$

根据条件 H4.1~H4.2 及轨线不与直线 $\bar{u} = \alpha_i(t_0), i = 1, 2$ 在点 $y = \beta(t_0)$ 处相交, 推出 $\dfrac{\mathrm{d}}{\mathrm{d}t} H(t_0) \neq 0$ 等价于 $\dfrac{\mathrm{d}}{\mathrm{d}t} f(\varphi_1(t_0), \alpha_1(t_0), t_0) \neq \dfrac{\mathrm{d}}{\mathrm{d}t} f(\varphi_2(t_0), \alpha_2(t_0), t_0)$.

引理 4.7   如果满足条件 H4.1~H4.4, 那么存在时刻 $\bar{t} = t_0$ 辅助系统 (4-6) 存在连接 $M_1(\varphi_1(t_0), \alpha_1(t_0))$、 $M_2(\varphi_2(t_0), \alpha_2(t_0))$ 的异宿轨道.

总结上面结论可得下面基本定理:

定理 4.1   如果满足 H4.1~H4.4, 那么对足够小的 $\mu > 0$, 最优控制问题 (4-1) 存在阶梯状内部转移层解 $y(t, \mu)$, 即

$$\lim_{\mu \to 0} y(t, \mu) = \begin{cases} \varphi_1(t), \ 0 \leqslant t < t_0, \\ \varphi_2(t), \ t_0 < t \leqslant T. \end{cases}$$

4.1.2 形式渐近解的构造

假设最优控制问题 (4-1) 的形式渐近级数为

$$\begin{cases} y(t, \mu) = \sum\limits_{k=0}^{\infty} \mu^k (\bar{y}_k^{(-)}(t) + L_k y(\tau_0) + Q_k^{(-)} y(\tau)), \ 0 \leqslant t < t^*, \\ u(t, \mu) = \sum\limits_{k=0}^{\infty} \mu^k (\bar{u}_k^{(-)}(t) + L_k u(\tau_0) + Q_k^{(-)} u(\tau)), \end{cases} \qquad (4\text{-}21)$$

$$\begin{cases} y(t, \mu) = \sum\limits_{k=0}^{\infty} \mu^k (\bar{y}_k^{(+)}(t) + Q_k^{(+)} y(\tau) + R_k y(\tau_1)), \ t^* < t \leqslant T, \\ u(t, \mu) = \sum\limits_{k=0}^{\infty} \mu^k (\bar{u}_k^{(+)}(t) + Q_k^{(+)} u(\tau) + R_k u(\tau_1)), \end{cases} \qquad (4\text{-}22)$$

其中 $\tau_0 = t\mu^{-1}$, $\tau = (t-t^*)\mu^{-1}$, $\tau_1 = (t-T)\mu^{-1}$, $\bar{y}^{(\mp)}(t)$ 和 $\bar{u}^{(\mp)}(t)$ 是正则项级数系数, $L_k y(\tau_0)$ 和 $L_k u(\tau_0)$ 是左边界层项级数系数, $R_k y(\tau_1)$ 和 $R_k u(\tau_1)$ 是右边界层项级数系数, $Q_k y^{(\mp)}(\tau)$ 和 $Q_k u^{(\mp)}(\tau)$ 是左右内部转移层项级数系数, $t^* \in [0,T]$ 且具有渐近表达式

$$t^* = t_0 + \mu t_1 + \cdots + \mu^k t_k + \cdots.$$

结合文献[85]的结论

$$\min_u J[u] = \min_{u_0} J(u_0) + \sum_{i=1}^{n} \mu^i \min_{u_i} \tilde{J}_i(u_i) + \cdots,$$

这里 $\tilde{J}_i(u_i) = J_i(u_i, \tilde{u}_{i-1}, \cdots, \tilde{u}_0)$, $\tilde{u}_k = \arg(\min_{u_k} \tilde{J}_k(u_k))$, $k = 0, \cdots, i-1$.

把形式渐近解 (4-21)、(4-22) 代入 (4-1) 中, 按快慢变量 t、τ_0、τ 与 τ_1 分离,再比较 μ 的同次幂,可以得到确定 (4-21)、(4-22) 中各项 $\{\bar{y}_k^{(\mp)}(t), \bar{u}_k^{(\mp)}(t)\}$、$\{L_k y(\tau_0), L_k u(\tau_0)\}$、$\{Q_k^{(\mp)} y(\tau), Q_k^{(\mp)} u(\tau)\}$、$\{R_k y(\tau_1), R_k u(\tau_1)\}$, $k \geqslant 0$ 的一系列最优控制问题.

先写出零次正则项 $\{\bar{y}_0^{(\mp)}(t), \bar{u}_0^{(\mp)}(t)\}$ 所满足的问题

$$\begin{cases} J_0(\bar{u}_0^{(\mp)}) = \displaystyle\int_0^T f(\bar{y}_0^{(\mp)}, \bar{u}_0^{(\mp)}, t)\,\mathrm{d}t \to \min_{\bar{u}_0}, \\ g(\bar{y}_0^{(\mp)}, t) + a(t)\bar{u}_0^{(\mp)} = 0, \end{cases}$$

由条件 H4.3 可知

$$\bar{y}_0^{(\mp)}(t) = \begin{cases} \varphi_1(t), 0 \leqslant t < t_0, \\ \varphi_2(t), t_0 < t \leqslant T, \end{cases} \qquad \bar{u}_0^{(\mp)}(t) = \begin{cases} \alpha_1(t), 0 \leqslant t < t_0, \\ \alpha_2(t), t_0 < t \leqslant T. \end{cases}$$

确定 $\{Q_0^{(\mp)} y(\tau), Q_0^{(\mp)} u(\tau)\}$ 的问题

$$\begin{cases} Q_0^{(\mp)} J = \displaystyle\int_{-\infty(0)}^{0(+\infty)} \Delta_0^{(\mp)} f(\varphi_{1,2}(t_0) + Q_0^{(\mp)} y, \alpha_{1,2}(t_0) + Q_0^{(\mp)} u, t_0)\,\mathrm{d}\tau \to \min_{Q_0^{(\mp)} u}, \\ \dfrac{\mathrm{d}}{\mathrm{d}\tau} Q_0^{(\mp)} y = g(\varphi_{1,2}(t_0) + Q_0^{(\mp)} y, t_0) + a(t_0)(\alpha_{1,2}(t_0) + Q_0^{(\mp)} u), \\ Q_0^{(\mp)} y(0) = \beta(t_0) - \varphi_{1,2}(t_0), \ Q_0^{(\mp)} y(\mp\infty) = 0, \end{cases}$$

$$(4\text{-}23)$$

其中

$$\Delta_0^{(\mp)} f = f(\varphi_{1,2}(t_0) + Q_0^{(\mp)} y, \alpha_{1,2}(t_0) + Q_0^{(\mp)} u, t_0) - f(\varphi_{1,2}(t_0), \alpha_{1,2}(t_0), t_0).$$

为了方便起见,令

$$\tilde{y}^{(\mp)} = \varphi_{1,2}(t_0) + Q_0^{(\mp)}y(\tau), \quad \tilde{u}^{(\mp)} = \alpha_{1,2}(t_0) + Q_0^{(\mp)}u(\tau),$$

则问题 (4-23) 可改写成

$$
\begin{cases}
Q_0^{(\mp)}J = \displaystyle\int_{-\infty(0)}^{0(+\infty)} \Delta_0^{(\mp)}\tilde{f}(\tilde{y}^{(\mp)}(\tau), \tilde{u}^{(\mp)}(\tau), t_0)\,\mathrm{d}\tau \to \min_{\tilde{u}^{(\mp)}}, \\
\dfrac{\mathrm{d}\tilde{y}^{(\mp)}}{\mathrm{d}\tau} = g(\tilde{y}^{(\mp)}, t_0) + a(t_0)\tilde{u}^{(\mp)}, \\
\tilde{y}^{(\mp)}(0) = \beta(t_0), \quad \tilde{y}^{(\mp)}(\mp\infty) = \varphi_{1,2}(t_0).
\end{cases} \tag{4-24}
$$

往下把 $\tilde{u}^{(\mp)}$ 看作 $\tilde{y}^{(\mp)}$ 的函数, 将式 (4-24) 化为下面的等价问题

$$Q_0^{(\mp)}J = \int_{\varphi_1(t_0)(\beta(t_0))}^{\beta(t_0)(\varphi_2(t_0))} \frac{\Delta_0\tilde{f}(\tilde{y}^{(\mp)}, \tilde{u}^{(\mp)}, t_0)}{g(\tilde{y}^{(\mp)}, t_0) + a(t_0)\tilde{u}^{(\mp)}}\,\mathrm{d}\tilde{y} \to \min_{\tilde{u}^{(\mp)}(\tilde{y}^{(\mp)})}. \tag{4-25}$$

由极值存在的必要条件可得

$$\big(g(\tilde{y}^{(\mp)}, t_0) + a(t_0)\tilde{u}^{(\mp)}\big)f_u\big(\tilde{y}^{(\mp)}, \tilde{u}^{(\mp)}, t_0\big) - a(t_0)f(\tilde{y}^{(\mp)}, \tilde{u}^{(\mp)}, t_0) = -a(t_0)\bar{f},$$

$$\tag{4-26}$$

其中 $\bar{f}$ 在 $(\varphi_{1,2}(t_0), \alpha_{1,2}(t_0), t_0)$ 取值. 由式 (4-11) 和 (4-12)可知, 式 (4-26) 是过 $(\varphi_{1,2}(t_0), \alpha_{1,2}(t_0))$ 的轨线, 且可写成

$$\tilde{u}^{(\mp)} = h^{(\mp)}(\tilde{y}^{(\mp)}, t_0). \tag{4-27}$$

再计算式 (4-26) 中被积函数关于 u 的二阶导数

$$\frac{\big(g(\tilde{y}^{(\mp)}, t_0) + a(t_0)\tilde{u}^{(\mp)}\big)f_{u^2}\big(\tilde{y}^{(\mp)}, \tilde{u}^{(\mp)}, t_0\big)}{\big(g(\tilde{y}^{(\mp)}, t_0) + a(t_0)\tilde{u}^{(\mp)}\big)^2} > 0,$$

所以沿着轨线 (4-26), (4-25) 中性能指标取得极小值. 把式 (4-27) 代入 (4-23) 中的方程可得

$$\frac{\mathrm{d}Q_0^{(\mp)}y}{\mathrm{d}\tau} = g(\varphi_{1,2}(t_0) + Q_0^{(\mp)}y, t_0) + a(t_0)h^{(\mp)}(\varphi_{1,2}(t_0) + Q_0^{(\mp)}y, t_0). \tag{4-28}$$

H 4.5 假设下面的柯西问题

$$
\begin{cases}
\dfrac{\mathrm{d}Q_0^{(\mp)}y}{\mathrm{d}\tau} = g(\varphi_{1,2}(t_0) + Q_0^{(\mp)}y, t_0) + a(t_0)h^{(\mp)}(\varphi_{1,2}(t_0) + Q_0^{(\mp)}y, t_0), \\
Q_0^{(\mp)}y(0) = \beta(t_0) - \varphi_{1,2}(t_0)
\end{cases}
$$

有解 $Q_0^{(\mp)}y(\tau)$, $-\infty \leqslant \tau \leqslant +\infty$.

将 $Q_0^{(\mp)}y$ 代入式 (4-23), 则 $Q_0^{(\mp)}u$ 可以确定, 由引理 4.4 可知, $Q_0^{(\mp)}y(\tau)$

和 $Q_0^{(\mp)}u(\tau)$ 有下面的指数估计式

$|Q_0^{(-)}y(\tau)| \leqslant C_0^{(-)}e^{\kappa_0\tau}, \kappa_0 > 0, \tau < 0, |Q_0^{(+)}y(\tau)| \leqslant C_0^{(+)}e^{-\kappa_1\tau}, \kappa_1 > 0, \tau > 0,$

$|Q_0^{(-)}u(\tau)| \leqslant C_1^{(-)}e^{\kappa_0\tau}, \kappa_0 > 0, \tau < 0, |Q_0^{(+)}u(\tau)| \leqslant C_1^{(+)}e^{-\kappa_1\tau}, \kappa_1 > 0, \tau > 0.$

类似于上述讨论, 给出确定 $\{L_0y(\tau_0), L_0u(\tau_0)\}$ 和 $\{R_0y(\tau_1), R_0u(\tau_1)\}$ 的问题

$$\begin{cases} L_0J = \int_0^\infty \Delta_0f(\varphi_1(0) + L_0y, \alpha_1(0) + L_0u, 0)\,\mathrm{d}\tau_0 \to \min_{L_0u}, \\ \dfrac{\mathrm{d}}{\mathrm{d}\tau_0}L_0y = g(\varphi_1(0) + L_0y, 0) + a(0)(\alpha_1(0) + L_0u), \\ L_0y(0) = y^0 - \varphi_1(0), \ L_0y(\infty) = 0, \end{cases}$$

其中

$$\Delta_0f = f(\varphi_1(0) + L_0y, \alpha_1(0) + L_0u, 0) - f(\varphi_1(0), \alpha_1(0), 0),$$

以及

$$\begin{cases} R_0J = \int_{-\infty}^0 \Delta_0f(\varphi_2(T) + R_0y, \alpha_2(T) + R_0u, T)\,\mathrm{d}\tau_1 \to \min_{R_0u}, \\ \dfrac{\mathrm{d}}{\mathrm{d}\tau_1}R_0y = g(\varphi_2(T) + R_0y, T) + a(T)(\alpha_2(T) + R_0u), \\ R_0y(0) = y^T - \varphi_2(T), \ R_0y(-\infty) = 0, \end{cases}$$

这里

$$\Delta_0f = f(\varphi_2(T) + R_0y, \alpha_2(T) + R_0u, T) - f(\varphi_2(T), \alpha_2(T), T).$$

H 4.6 假设 $y^0 - \varphi_1(0)$ 和 $y^T - \varphi_2(T)$ 分别属于最优控制问题 L_0J 和 R_0J 的影响域.

这样, 就找到了渐近解所有主项的最优解

$$\{\bar{y}_0^{(\mp)*}(t), \ \bar{u}_0^{(\mp)*}(t)\}, \ \{L_0y^*(\tau_0), \ L_0u^*(\tau_0)\},$$

$$\{Q_0^{(\mp)}y^*(\tau), \ Q_0^{(\mp)}u^*(\tau)\}, \ \{R_0y^*(\tau_1), \ R_0u^*(\tau_1)\}.$$

此外, 还可以写出相应目标函数的最优值 J_0^*、L_0J^*、$Q_0^{(\mp)}J^*$、R_0J^*:

$$J_0^*(\bar{u}_0^{(\mp)*}) = \int_0^T f(\bar{y}_0^{(\mp)*}, \bar{u}_0^{(\mp)*}, t)\,\mathrm{d}t,$$

$$L_0 J^* = \int_{y^0}^{\varphi_1(0)} \frac{\Delta_0 f(\check{y}^*, \check{u}^*, 0)}{g(\check{y}^*, \check{u}^*, 0)} \, d\check{y}^*,$$

$$Q_0^{(\mp)} J^* = \pm \int_{\varphi_{1,2}(t_0)}^{\beta(t_0)} \frac{\Delta_0^{(\mp)} f(\tilde{y}^{(\mp)*}, \tilde{u}^{(\mp)*}, t_0)}{g(\tilde{y}^{(\mp)*}, \tilde{u}^{(\mp)*}, t_0)} \, d\tilde{y}^*,$$

$$R_0 J^* = \int_{\varphi_2(T)}^{y^T} \frac{\Delta_0 f(\hat{y}^*, \hat{u}^*, T)}{g(\hat{y}^*, \hat{u}^*, T)} \, d\hat{y}^*,$$

其中

$$\check{y}^* = \varphi_1(0) + L_0 y^*(\tau_0), \quad \check{u} = \alpha_1(0) + L_0 u^*(\tau_0),$$

$$\hat{y}^* = \varphi_2(T) + R_0 y^*(\tau_1), \quad \hat{u}^* = \alpha_2(T) + R_0 u^*(\tau_1).$$

定理 4.2　　如果满足条件 H4.1~H4.6, 那么对足够小的 $\mu > 0$, 最优控制问题 (4-1) 存在内部转移层解 $y(t, \mu)$ 且满足

$$y(t, \mu) = \begin{cases} \varphi_1(t) + L_0 y(\tau_0) + Q_0^{(-)} y(\tau) + O(\mu), & 0 \leqslant t \leqslant t_0, \\ \varphi_2(t) + R_0 y(\tau_1) + Q_0^{(+)} y(\tau) + O(\mu), & t_0 \leqslant t \leqslant T, \end{cases}$$

$$u(t, \mu) = \begin{cases} \alpha_1(t) + L_0 u(\tau_0) + Q_0^{(-)} u(\tau) + O(\mu), & 0 \leqslant t \leqslant t_0, \\ \alpha_2(t) + R_0 u(\tau_1) + Q_0^{(+)} u(\tau) + O(\mu), & t_0 \leqslant t \leqslant T. \end{cases}$$

4.1.3　例子

考虑如下具体最优控制问题

$$\begin{cases} J[u] = \int_0^{2\pi} \left(\frac{1}{4} y^4 - \frac{1}{3} y^3 \sin t - \frac{1}{2} y^2 + y \sin t - \frac{1}{4} t^2 + u^2 \right) dt \to \min_u, \\ \mu \dfrac{dy}{dt} = t + 2u, \\ y(0, \mu) = 0, \quad y(2\pi, \mu) = 2. \end{cases}$$

$$(4\text{-}29)$$

对于问题 (4-29), 容易验证其满足所有条件, 接下来利用前面给出的方法来构造其一致有效渐近解. 通过计算容易得到

$$\bar{y}_0^{(\mp)}(t) = \begin{cases} -1, & 0 \leqslant t < \pi, \\ 1, & \pi < t \leqslant 2\pi, \end{cases}$$

这里 $\bar{u}_0^{(\mp)}(t) = -\dfrac{t}{2}$, $t_0 = \pi$.

左右内部层的零次近似满足以下问题

$$\frac{\mathrm{d}Q_0^{(\mp)}y}{\mathrm{d}\tau} = 1 - (\mp 1 + Q_0^{(\mp)}y)^2, \ Q_0^{(\mp)}y(0) = \pm 1, \ Q_0^{(\mp)}y(\mp\infty) = 0,$$

计算可得

$$Q_0^{(-)}y = \frac{2\mathrm{e}^{2\tau}}{1 + \mathrm{e}^{2\tau}}, \ Q_0^{(-)}u = \frac{2\mathrm{e}^{2\tau}}{(1 + \mathrm{e}^{2\tau})^2}, \ Q_0^{(+)}y = \frac{-2}{1 + \mathrm{e}^{2\tau}}, \ Q_0^{(+)}u = \frac{2\mathrm{e}^{-2\tau}}{(1 + \mathrm{e}^{-2\tau})^2}.$$

同理可得

$$L_0 y = \frac{2\mathrm{e}^{-2\tau_0}}{1 + \mathrm{e}^{-2\tau_0}}, \ L_0 u = \frac{-2\mathrm{e}^{-2\tau_0}}{(1 + \mathrm{e}^{-2\tau_0})^2}, \ R_0 y = \frac{2}{3\mathrm{e}^{-2\tau_1} - 1}, \ R_0 u = \frac{6\mathrm{e}^{-2\tau_1}}{(3\mathrm{e}^{-2\tau_1} - 1)^2},$$

从而得到问题 (4-29) 的形式渐近解为

$$y(t, \mu) = \begin{cases} -1 + \dfrac{2\mathrm{e}^{-2\tau_0}}{1 + \mathrm{e}^{-2\tau_0}} + \dfrac{2\mathrm{e}^{2\tau}}{1 + \mathrm{e}^{2\tau}} + O(\mu), \ 0 \leqslant t \leqslant \pi, \\[3mm] 1 + \dfrac{-2}{1 + \mathrm{e}^{2\tau}} + \dfrac{2}{3\mathrm{e}^{-2\tau_1} - 1} + O(\mu), \ \pi \leqslant t \leqslant 2\pi, \end{cases}$$

$$u(t, \mu) = \begin{cases} -\dfrac{t}{2} + \dfrac{-2\mathrm{e}^{-2\tau_0}}{(1 + \mathrm{e}^{-2\tau_0})^2} + \dfrac{2\mathrm{e}^{2\tau}}{(1 + \mathrm{e}^{2\tau})^2} + O(\mu), \ 0 \leqslant t \leqslant \pi, \\[3mm] -\dfrac{t}{2} + \dfrac{2\mathrm{e}^{-2\tau}}{(1 + \mathrm{e}^{-2\tau})^2} + \dfrac{6\mathrm{e}^{-2\tau_1}}{(3\mathrm{e}^{-2\tau_1} - 1)^2} + O(\mu), \ \pi \leqslant t \leqslant 2\pi. \end{cases}$$

4.2　一类非线性奇异摄动最优控制问题中的空间对照结构

4.2.1　问题的提出

E. Fridman[32-34]发展了非线性无穷区间上奇异摄动最优控制问题中的几何方法, 基于快慢分解构造了最优状态反馈和最优轨线的高阶渐近解. 其中文献[34]中研究了非线性奇异摄动最优控制问题

$$\begin{cases} J = \displaystyle\int_0^\infty [k'(x)k(x) + u'R(x)u]\mathrm{d}t, \\[3mm] E_\varepsilon \dot{x} = F(x) + B(x)u, \ E_\varepsilon = \begin{bmatrix} I_{n_1} & 0 \\ 0 & \varepsilon I_{n_2} \end{bmatrix}, \end{cases}$$

其中 $x = \mathrm{col}\{x_1, x_2\}$, $x_1(t) \in \mathbf{R}^{n_1}$, $x_2(t) \in \mathbf{R}^{n_2}$ 是状态变量, $u(t) \in \mathbf{R}^m$ 是

控制输入, 且 $\varepsilon > 0$ 是小参数. 利用几何方法, 作者研究了原问题和描述系统之间的关系, 得到了原问题和描述系统之间的有效估计. 据研究所知, 状态方程为完全非线性奇异摄动最优控制问题中的空间对照结构尚未见报道. 本节将考虑一类非线性奇异摄动最优控制问题中的阶梯状空间对照结构, 利用边界层函数法和直接展开法, 不但证明了阶梯状空间对照结构解的存在性, 而且构造了其一致有效的渐近解.

考虑非线性奇异摄动最优控制问题

$$\begin{cases} J[u] = \int_0^T f(y, u, t)\mathrm{d}t \to \min_u, \\ \mu\dfrac{\mathrm{d}y}{\mathrm{d}t} = g(y, u, t), \\ y(0, \mu) = y^0, \; y(T, \mu) = y^T, \end{cases} \tag{4-30}$$

其中 $\mu > 0$ 是小参数, $y \in \mathbf{R}$ 为状态变量, $u \in \mathbf{R}$ 为控制输入.

由于讨论的需要, 对 (4-30) 中的函数给出一些限制条件.

H 4.7   假设函数 $f(y, u, t)$、$g(y, u, t)$ 在区域 $D = \{(y, u, t) |\ |\ y\ |\leqslant A, u \in \mathbf{R}, 0 \leqslant t \leqslant T\}$ 上充分光滑, 其中 A 为某个给定的正常数.

H 4.8   假设在区域 D 上满足

$$g_u(y, u, t) > 0, \; g_{u^2}(y, u, t) \leqslant 0, \; f_{u^2}(y, u, t) > 0,$$
$$g_u(y, u, t)f_{u^2}(y, u, t) - f_u(y, u, t)g_{u^2}(y, u, t) > 0.$$

H 4.9   假设等式 $g(y, u, t) = 0$ 和 $G(y, u, t) = 0$ 关于 u 在区域 D 上唯一可解, 其中 $G(y, u, t) = g(y, u, t)\dfrac{f_u(y, u, t)}{g_u(y, u, t)} - f(y, u, t) - C$, C 是某一常数.

由假设 H4.9 可知 $g(y, u, t) = 0$ 关于 u 唯一可解, 则

$$u = u(y, t), \; (y, t) \in D_1,$$

其中 $D_1 = \{(y, t) |\ |\ y\ |\leqslant A, 0 \leqslant t \leqslant T\}$.

在式 (4-30) 中令 $\mu = 0$, 得到相应的退化问题

$$J[\bar{u}] = \int_0^T f(\bar{y}, \bar{u}, t)\mathrm{d}t \to \min_{\bar{u}}, \; \bar{u} = u(\bar{y}, t), \tag{4-31}$$

式 (4-31) 可记为

$$J[\bar{u}] = \int_0^T F(\bar{y}, t)\mathrm{d}t \to \min_{\bar{y}},$$

其中 $F(\bar{y}, t) = f(\bar{y}, u(\bar{y}, t), t)$.

H 4.10　假设存在互不相交的两函数 $\bar{y} = \varphi_1(t)$, $\bar{y} = \varphi_2(t)$ 使得

$$\min_{\bar{y}} F(\bar{y}, t) = \begin{cases} F(\varphi_1(t), t), & 0 \leqslant t \leqslant t_0, \\ F(\varphi_2(t), t), & t_0 \leqslant t \leqslant T, \end{cases} \tag{4-32}$$

同时

$$\begin{cases} F_y(\varphi_1(t), t) = 0, & F_{yy}(\varphi_1(t), t) > 0, & 0 \leqslant t \leqslant t_0, \\ F_y(\varphi_2(t), t) = 0, & F_{yy}(\varphi_2(t), t) > 0, & t_0 \leqslant t \leqslant T. \end{cases} \tag{4-33}$$

H 4.11　假设转移点 t_* 的主值 t_0 由下列方程确定

$$F(\varphi_1(t_0), t_0) = F(\varphi_2(t_0), t_0),$$

并且满足条件

$$\frac{\mathrm{d}}{\mathrm{d}t} F(\varphi_1(t_0), t_0) \neq \frac{\mathrm{d}}{\mathrm{d}t} F(\varphi_2(t_0), t_0).$$

由假设 H4.10可得

$$\bar{u}(t) = \begin{cases} \alpha_1(t) = u(\varphi_1(t), t), & 0 \leqslant t < t_0, \\ \alpha_2(t) = u(\varphi_2(t), t), & t_0 < t \leqslant T. \end{cases}$$

考虑 Hamilton 函数

$$H(y, u, \lambda, t) = f(y, u, t) + \lambda\mu^{-1}g(y, u, t),$$

其中 λ 是 Lagrange 乘子. 从最优解的必要条件可得

$$\begin{cases} \mu y' = g(y, u, t), \\ \lambda' = -f_y(y, u, t) - \lambda\mu^{-1}g_y(y, u, t), \\ \mu f_u(y, u, t) + \lambda(t)g_u(y, u, t) = 0, \\ y(0, \mu) = y^0, \ y(T, \mu) = y^T, \end{cases} \tag{4-34}$$

由式 (4-34) 可以得到如下奇异摄动边值问题

$$
\begin{cases}
\mu y' = g(y, u, t), \\
\mu u' = g_1(y, u, t) + \mu g_2(y, u, t), \\
y(0, \mu) = y^0, \ y(T, \mu) = y^T,
\end{cases}
\tag{4-35}
$$

其中

$$
g_1 = \left(g_u f_{u^2} - f_u g_{u^2}\right)^{-1} \left[f_y g_u^2 - f_u g_y g_u + g(f_u g_{uy} - g_u f_{uy})\right],
$$

$$
g_2 = \left(g_u f_{u^2} - f_u g_{u^2}\right)^{-1} \left(f_u g_{ut} - g_u f_{ut}\right).
$$

显然方程组 (4-35) 是典型的奇异摄动方程组, 下面在所给的条件下证明方程组 (4-35) 存在阶梯状空间对照结构解.

4.2.2 解的存在性

下面利用文献[89]中的主要结果来证明奇异摄动边值问题 (4-35) 阶梯状空间对照结构解的存在性. 由式 (4-35) 可得辅助系统

$$
\begin{cases}
\dfrac{\mathrm{d}u}{\mathrm{d}\tau} = \left(g_u f_{u^2} - f_u g_{u^2}\right)^{-1} \left[f_y g_u^2 - f_u g_y g_u + g(f_u g_{uy} - g_u f_{uy})\right], \\
\dfrac{\mathrm{d}y}{\mathrm{d}\tau} = g(y, u, \bar{t}),
\end{cases}
\tag{4-36}
$$

其中 $\tau = (t - \bar{t})\mu^{-1}$, $\bar{t} \in [0, T]$ 是一参数.

现在, 将陈述和证明一些引理用来证明主要结果, 首先给出如下引理:

引理 4.8   如果满足假设 H4.7~H4.11, 那么辅助方程组 (4-36) 存在两个鞍点 $M_i\big(\varphi_i(\bar{t}), \alpha_i(\bar{t})\big)$, $i = 1, 2$.

证明   记

$$
\begin{cases}
H(y, u, \bar{t}) = \left(g_u f_{u^2} - f_u g_{u^2}\right)^{-1} \left[f_y g_u^2 - f_u g_y g_u + g(f_u g_{uy} - g_u f_{uy})\right], \\
G(y, u, \bar{t}) = g(y, u, \bar{t}).
\end{cases}
$$

显然, $M_i\big(\varphi_i(\bar{t}), \alpha_i(\bar{t})\big)$, $i = 1, 2$ 是退化方程组 $H(y, u, \bar{t}) = 0$, $G(y, u, \bar{t}) = 0$ 的两个孤立解.

进一步确定该平衡点的类型, 写出相应的特征方程

$$\lambda^2 - \bar{g}_y^2 - \bar{g}_u^2 \frac{\left(\bar{f}_{y^2}\bar{g}_u + 2\bar{f}_y\bar{g}_{uy} - 2\bar{f}_{uy}\bar{g}_y - \bar{f}_u\bar{g}_{y^2}\right)}{\bar{g}_u\bar{f}_{u^2} - \bar{f}_u\bar{g}_{u^2}} = 0,$$

这里, $\bar{f}_{y^2}$、$\bar{f}_y$、$\bar{f}_{uy}$、$\bar{f}_{u^2}$、$\bar{g}_y$、$\bar{g}_u$、$\bar{g}_{uy}$、$\bar{g}_{y^2}$、$\bar{g}_{u^2}$ 都在 $\left(\varphi_i(\bar{t}), \alpha_i(\bar{t}), \bar{t}\right)$, $i = 1,2$ 取值. 由 (4-33) 可知

$$\lambda^2 = \bar{g}_y^2 + \bar{g}_u^2 \frac{\left(\bar{f}_{y^2}\bar{g}_u + 2\bar{f}_y\bar{g}_{uy} - 2\bar{f}_{uy}\bar{g}_y - \bar{f}_u\bar{g}_{y^2}\right)}{\bar{g}_u\bar{f}_{u^2} - \bar{f}_u\bar{g}_{u^2}} > 0,$$

所以在相平面 (y, u) 上平衡点 $M_i\left(\varphi_i(\bar{t}), \alpha_i(\bar{t})\right)$, $i = 1,2$ 都是鞍点.

引理 4.9 对于固定的 $\bar{t} \in [0, T]$, 辅助系统 (4-36) 存在首次积分

$$g(y, u, \bar{t})\frac{f_u(y, u, \bar{t})}{g_u(y, u, \bar{t})} - f(y, u, \bar{t}) = C, \tag{4-37}$$

其中 C 为一常数.

证明 记 $y' = \frac{\mathrm{d}y}{\mathrm{d}\tau}$, $u' = \frac{\mathrm{d}u}{\mathrm{d}\tau}$. 方程组 (4-36) 的第一个方程可写成

$$(g_u f_{u^2} - f_u g_{u^2})u' = f_y g_u^2 - f_u g_y g_u + g(f_u g_{uy} - g_u f_{uy}),$$

由方程组 (4-36) 的第二个方程可得

$$(g_u f_{u^2} - f_u g_{u^2})u' - f_y g_u^2 + f_u g_y g_u - y'(f_u g_{uy} - g_u f_{uy}) = 0. \tag{4-38}$$

考虑到 $y'' = g_y y' + g_u u'$ 可知

$$\frac{\mathrm{d}}{\mathrm{d}\tau}\left(y'\frac{f_u(y, u, \bar{t})}{g_u(y, u, \bar{t})} - f(y, u, \bar{t})\right) = 0,$$

因此, 辅助系统 (4-36) 的首次积分为

$$g(y, u, \bar{t})\frac{f_u(y, u, \bar{t})}{g_u(y, u, \bar{t})} - f(y, u, \bar{t}) = C.$$

由假设 H4.8~H4.9 可知, 在 u 的某一邻域内 $G(y, u, \bar{t}) = 0$ 可唯一确定隐函数

$$u = h(y, \bar{t}, C), \quad (y, \bar{t}) \in D_1. \tag{4-39}$$

继续验证定理 2.3 的条件, 显然存在两条分别通过 M_1 与 M_2 的轨道

S_{M_1} 和 S_{M_2}

$$S_{M_1}: \ g(y,u,\bar{t})\frac{f_u(y,u,\bar{t})}{g_u(y,u,\bar{t})} - f(y,u,\bar{t}) = -f(\varphi_1(\bar{t}),\alpha_1(\bar{t}),\bar{t}), \tag{4-40}$$

$$S_{M_2}: \ g(y,u,\bar{t})\frac{f_u(y,u,\bar{t})}{g_u(y,u,\bar{t})} - f(y,u,\bar{t}) = -f(\varphi_2(\bar{t}),\alpha_2(\bar{t}),\bar{t}). \tag{4-41}$$

由式 (4-39) 可知

$$u^{(-)}(\tau,\bar{t}) = h^{(-)}(y^{(-)},\varphi_1(\bar{t}),\bar{t}), \tag{4-42}$$

$$u^{(+)}(\tau,\bar{t}) = h^{(+)}(y^{(+)},\varphi_2(\bar{t}),\bar{t}). \tag{4-43}$$

令

$$H(\bar{t}) = u^{(-)}(0,\bar{t}) - u^{(+)}(0,\bar{t}) = h^{(-)}(y^{(-)}(0),\varphi_1(\bar{t}),\bar{t}) - h^{(+)}(y^{(+)}(0),\varphi_2(\bar{t}),\bar{t}),$$

其中 $y^{(-)}(0) = y^{(+)}(0) = \beta(\bar{t})$, $\varphi_1(\bar{t}) < \beta(\bar{t}) < \varphi_2(\bar{t})$.

引理 4.10 如果满足假设 H4.7~H4.11, 那么

$$g_y\big(\varphi_i(\bar{t}),\alpha_i(\bar{t}),\bar{t}\big) + g_u\big(\varphi_i(\bar{t}),\alpha_i(\bar{t}),\bar{t}\big)h_y(\varphi_i(\bar{t}),\bar{t})$$

$$= \pm\sqrt{\frac{f_{y^2}g_u^3 + 2f_y g_u^2 g_{uy} - g_{y^2}f_u g_u^2 - 2g_y g_u^2 f_{uy} + g_y^2 f_{u^2}g_u - g_y^2 f_u g_{u^2}}{f_{u^2}g_u - f_u g_{u^2}}},$$

其中上述所有函数 $g_{(\cdot)}$、$f_{(\cdot)}$ 都是在 $(\varphi_i(\bar{t}),\alpha_i(\bar{t}),\bar{t})$, $i=1,2$ 取值.

证明 对 (4-42) 和 (4-43) 通过隐函数求导可得

$$h_y(y,\bar{t}) = \frac{\mathrm{d}u}{\mathrm{d}y} = \frac{gf_u g_{uy} + f_y g_u^2 - g_y f_u g_u - gg_u f_{uy}}{gg_u f_{u^2} - gf_u g_{u^2}}.$$

根据洛毕达法则, 在鞍点 $M_i\big(\varphi_i(\bar{t}),\alpha_i(\bar{t})\big)$, $i=1,2$ 的邻域内

$$g_y\big(\varphi_i(\bar{t}),\alpha_i(\bar{t}),\bar{t}\big) + g_u\big(\varphi_i(\bar{t}),\alpha_i(\bar{t}),\bar{t}\big)h_y(\varphi_i(\bar{t}),\bar{t})$$

$$= \pm\sqrt{\frac{f_{y^2}g_u^3 + 2f_y g_u^2 g_{uy} - g_{y^2}f_u g_u^2 - 2g_y g_u^2 f_{uy} + g_y^2 f_{u^2}g_u - g_y^2 f_u g_{u^2}}{f_{u^2}g_u - f_u g_{u^2}}}.$$

引理 4.11 如果满足假设 H4.7~H4.11, 那么 $H(t_0) = 0$ 当且仅当

$$f(\varphi_1(t_0), \alpha_1(t_0), t_0) = f(\varphi_2(t_0), \alpha_2(t_0), t_0).$$

证明 在 (4-40)、(4-41) 中令 $\tau = 0$, $\bar{t} = t_0$, 可得

$$g\big(\beta(t_0), h^{(-)}(t_0), t_0\big) \frac{f_u(\beta(t_0), h^{(-)}(t_0), t_0)}{g_u(\beta(t_0), h^{(-)}(t_0), t_0)} - f(\beta(t_0), h^{(-)}(t_0), t_0)$$

$$= -f(\varphi_1(t_0), \alpha_1(t_0), t_0), \tag{4-44}$$

$$g\big(\beta(t_0), h^{(+)}(t_0), t_0\big) \frac{f_u(\beta(t_0), h^{(+)}(t_0), t_0)}{g_u(\beta(t_0), h^{(+)}(t_0), t_0)} - f(\beta(t_0), h^{(+)}(t_0), t_0)$$

$$= -f(\varphi_2(t_0)), \alpha_2(t_0), t_0), \tag{4-45}$$

其中

$$h^{(-)}(t_0) = h^{(-)}(\beta(t_0), \varphi_1(t_0), t_0), \quad h^{(+)}(t_0) = h^{(+)}(\beta(t_0), \varphi_2(t_0), t_0).$$

必要性由表达式 (4-44) 与 (4-45) 直接可得, 结合隐函数 (4-39) 的唯一性可知充分性成立.

引理 4.12 如果满足假设 H4.7~H4.11, 那么 $\dfrac{\mathrm{d}}{\mathrm{d}t} H(t_0) \neq 0$ 当且仅当

$$\frac{\mathrm{d}}{\mathrm{d}t} f(\varphi_1(t_0), \alpha_1(t_0), t_0) \neq \frac{\mathrm{d}}{\mathrm{d}t} f(\varphi_2(t_0), \alpha_2(t_0), t_0).$$

证明 在 (4-40)、(4-41) 中令 $\tau = 0$ 可得

$$g^{(-)}(\bar{t}) \frac{f_u(\beta(\bar{t}), h^{(-)}(\bar{t}), \bar{t})}{g_u(\beta(\bar{t}), h^{(-)}(\bar{t}), \bar{t})} - f(\beta(\bar{t}), h^{(-)}(\bar{t}), \bar{t}) = -f(\varphi_1(\bar{t}), \alpha_1(\bar{t}), \bar{t}), \tag{4-46}$$

$$g^{(+)}(\bar{t}) \frac{f_u(\beta(\bar{t}), h^{(+)}(\bar{t}), \bar{t})}{g_u(\beta(\bar{t}), h^{(+)}(\bar{t}), \bar{t})} - f(\beta(\bar{t}), h^{(+)}(\bar{t}), \bar{t}) = -f(\varphi_2(\bar{t}), \alpha_2(\bar{t}), \bar{t}), \tag{4-47}$$

其中

$$g^{(-)}(\bar{t}) = g\big(\beta(\bar{t}), h^{(-)}(\bar{t}), \bar{t}\big), \quad g^{(+)}(\bar{t}) = g\big(\beta(\bar{t}), h^{(+)}(\bar{t}), \bar{t}\big),$$

$$h^{(-)}(\bar{t}) = h^{(-)}(\beta(\bar{t}), \varphi_1(\bar{t}), \bar{t}), \quad h^{(+)}(\bar{t}) = h^{(+)}(\beta(\bar{t}), \varphi_2(\bar{t}), \bar{t}).$$

在式 (4-46)、(4-47) 两边关于 $\bar{t}$ 求导

$$\frac{\mathrm{d}g^{(-)}(\bar{t})}{\mathrm{d}\bar{t}} \frac{f_u(\beta(\bar{t}), h^{(-)}(\bar{t}), \bar{t})}{g_u(\beta(\bar{t}), h^{(-)}(\bar{t}), \bar{t})} + g^{(-)}(\bar{t}) \frac{\mathrm{d}}{\mathrm{d}\bar{t}} \Big(\frac{f_u(\beta(\bar{t}), h^{(-)}(\bar{t}), \bar{t})}{g_u(\beta(\bar{t}), h^{(-)}(\bar{t}), \bar{t})} \Big)$$

$$-\frac{\mathrm{d}}{\mathrm{d}\bar{t}}f(\beta(\bar{t}), h^{(-)}(\bar{t}), \bar{t}) = -\frac{\mathrm{d}}{\mathrm{d}\bar{t}}f(\varphi_1(\bar{t}), \alpha_1(\bar{t}), \bar{t}), \tag{4-48}$$

$$\frac{\mathrm{d}g^{(+)}(\bar{t})}{\mathrm{d}\bar{t}}\frac{f_u(\beta(\bar{t}), h^{(+)}(\bar{t}), \bar{t})}{g_u(\beta(\bar{t}), h^{(+)}(\bar{t}), \bar{t})} + g^{(+)}\frac{\mathrm{d}}{\mathrm{d}\bar{t}}\Big(\frac{f_u(\beta(\bar{t}), h^{(+)}(\bar{t}), \bar{t})}{g_u(\beta(\bar{t}), h^{(+)}(\bar{t}), \bar{t})}\Big)$$

$$-\frac{\mathrm{d}}{\mathrm{d}\bar{t}}f(\beta(\bar{t}), h^{(+)}(\bar{t}), \bar{t}) = -\frac{\mathrm{d}}{\mathrm{d}\bar{t}}f(\varphi_2(\bar{t}), \alpha_2(\bar{t}), \bar{t}). \tag{4-49}$$

在式 (4-48)、(4-49) 中令 $\bar{t} = t_0$ 可得

$$g\big(\beta(t_0), h^{(-)}(t_0), t_0\big)\frac{(g_u f_{u^2} - f_u g_{u^2})}{g_u^2(\beta(t_0), h^{(-)}(t_0), t_0)}\frac{\mathrm{d}}{\mathrm{d}\bar{t}}H(t_0)$$

$$= -\big(\frac{\mathrm{d}}{\mathrm{d}\bar{t}}f(\varphi_1(t_0), \alpha_1(t_0), t_0) - \frac{\mathrm{d}}{\mathrm{d}\bar{t}}f(\varphi_2(t_0), \alpha_2(t_0), t_0)\big),$$

其中 f_u、g_u、f_{u^2}、g_{u^2} 在 $\big(\beta(t_0), h^{(-)}(t_0), t_0\big)$ 取值. 根据假设 H4.7~H4.11 及轨线不与 $\bar{u} = \alpha_i(t_0), i = 1, 2$ 在点 $y = \beta(t_0)$ 处相交, 推出 $\frac{\mathrm{d}}{\mathrm{d}t}H(t_0) \neq 0$ 当且仅当

$$\frac{\mathrm{d}}{\mathrm{d}t}f(\varphi_1(t_0), \alpha_1(t_0), t_0) \neq \frac{\mathrm{d}}{\mathrm{d}t}f(\varphi_2(t_0), \alpha_2(t_0), t_0).$$

结合引理 4.9 和 引理 4.11, 很容易得到如下引理:

引理 4.13   如果满足假设 H4.7~H4.11, 那么存在时刻 $\bar{t} = t_0$ 辅助系统 (4-36) 存在连接 $M_1(\varphi_1(t_0), \alpha_1(t_0))$、$M_2(\varphi_2(t_0), \alpha_2(t_0))$ 的异宿轨道.

总结上面结论知道边值问题 (4-35) 满足定理 2.3 的所有条件, 那么最优控制问题 (4-30) 存在阶梯状空间对照结构的极值轨线.

定理 4.3   如果满足假设 H4.7~H4.11, 那么对足够小的 $\mu > 0$, 最优控制问题 (4-30) 存在阶梯状空间对照结构解 $y(t, \mu)$, 进一步满足如下极限关系

$$\lim_{\mu \to 0} y(t, \mu) = \begin{cases} \varphi_1(t), \ 0 < t < t_0, \\ \varphi_2(t), \ t_0 < t < T. \end{cases}$$

4.2.3 渐近解的构造

根据直接展开法, 假设最优控制问题 (4-30) 的形式渐近解为

$$x^{(-)}(t,\mu) = \sum_{k=0}^{\infty} \mu^k (\bar{x}_k^{(-)}(t) + L_k x(\tau_0) + Q_k^{(-)} x(\tau)), \ 0 \leqslant t \leqslant t^*, \qquad (4\text{-}50)$$

$$x^{(+)}(t,\mu) = \sum_{k=0}^{\infty} \mu^k (\bar{x}_k^{(+)}(t) + Q_k^{(+)} x(\tau) + R_k x(\tau_1)), \ t^* \leqslant t \leqslant T, \qquad (4\text{-}51)$$

其中 $x = (y,u)^{\mathrm{T}}$, $\tau_0 = t\mu^{-1}$, $\tau = (t-t^*)\mu^{-1}$, $\tau_1 = (t-T)\mu^{-1}$, $\bar{x}_k^{(\mp)}(t)$ 是正则项级数系数, $L_k x(\tau_0)$ 和 $R_k x(\tau_1)$ 分别是在 $t=0$ 和 $t=T$ 处的边界层项级数系数, $Q_k^{(\mp)} x(\tau)$ 是在转移点 t^* 处左右内部转移层项级数系数. 转移点 $t^* \in [0,T]$ 的位置是提前未知的. 同样寻找转移点 t^* 的渐近展开形式为

$$t^* = t_0 + \mu t_1 + \cdots + \mu^k t_k + \cdots,$$

上述序列的系数会在渐近解的构造中确定.

结合文献[85]的主要结果, 可知

$$\min_y J[y] = \min_{y_0} J_0(y_0) + \sum_{i=1}^n \mu^i \min_{y_i} \tilde{J}_i(y_i) + \cdots,$$

这里 $\tilde{J}_i(y_i) = J_i(y_i, \tilde{y}_{i-1}, \cdots, \tilde{y}_0)$, $\tilde{y}_k = \arg(\min_y \tilde{J}_k(y))$, $k = 0, \cdots, i-1$.

把形式渐近解 (4-50)、(4-51) 代入 (4-30) 中, 按 t、τ_0、τ 与 τ_1 分离,再比较 μ 的同次幂,可以得到确定 $\bar{y}_k^{(\mp)}(t)$、$\bar{u}_k^{(\mp)}(t)$、$L_k y(\tau_0)$、$L_k u(\tau_0)$、$Q_k^{(\mp)} y(\tau)$、$Q_k^{(\mp)} u(\tau)$ 和 $R_k y(\tau_1)$、$R_k u(\tau_1)$, $k \geqslant 0$ 的一系列最优控制问题.

先写出确定零次正则项 $\bar{y}_0^{(\mp)}(t)$、$\bar{u}_0^{(\mp)}(t)$ 的最优控制问题

$$\begin{cases} J_0[\bar{u}_0^{(\mp)}] = \displaystyle\int_0^T f(\bar{y}_0^{(\mp)}, \bar{u}_0^{(\mp)}, t)\, \mathrm{d}t \to \min_{\bar{u}_0^{(\mp)}}, \\ g(\bar{y}_0^{(\mp)}, \bar{u}_0^{(\mp)}, t) = 0, \end{cases}$$

由假设 H4.10 可知

$$\bar{y}_0^{(\mp)}(t) = \begin{cases} \varphi_1(t), \ 0 \leqslant t < t_0, \\ \varphi_2(t), \ t_0 < t \leqslant T, \end{cases}$$

$$\bar{u}_0^{(\mp)}(t) = \begin{cases} \alpha_1(t) = u\big(\varphi_1(t),t\big), \ 0 \leqslant t < t_0, \\ \alpha_2(t) = u\big(\varphi_2(t),t\big), \ t_0 < t \leqslant T. \end{cases}$$

写出确定 $Q_0^{(\mp)}y(\tau), Q_0^{(\mp)}u(\tau)$ 的最优控制问题

$$\begin{cases} Q_0^{(\mp)}J = \int_{-\infty(0)}^{0(+\infty)} \Delta_0^{(\mp)}f(Q_0^{(\mp)}y, Q_0^{(\mp)}u, t_0)\mathrm{d}\tau \to \min_{Q_0^{(\mp)}u}, \\ \dfrac{\mathrm{d}Q_0^{(\mp)}y}{\mathrm{d}\tau} = g\big(\varphi_{1,2}(t_0) + Q_0^{(\mp)}y, \alpha_{1,2}(t_0) + Q_0^{(\mp)}u, t_0\big), \\ Q_0^{(\mp)}y(0) = \beta(t_0) - \varphi_{1,2}(t_0), \ Q_0^{(\mp)}y(\mp\infty) = 0, \end{cases} \tag{4-52}$$

其中

$$\Delta_0^{(\mp)}f = f(\varphi_{1,2}(t_0) + Q_0^{(\mp)}y, \alpha_{1,2}(t_0) + Q_0^{(\mp)}u, t_0) - f(\varphi_{1,2}(t_0), \alpha_{1,2}(t_0), t_0).$$

作替换

$$\tilde{y}^{(\mp)}(\tau) = \varphi_{1,2}(t_0) + Q_0^{(\mp)}y(\tau), \quad \tilde{u}^{(\mp)}(\tau) = \alpha_{1,2}(t_0) + Q_0^{(\mp)}u(\tau),$$

可得

$$\begin{cases} Q_0^{(\mp)}J = \int_{-\infty(0)}^{0(+\infty)} \Delta_0^{(\mp)}\tilde{f}(\tilde{y}^{(\mp)}(\tau), \tilde{u}^{(\mp)}(\tau), t_0)\,\mathrm{d}\tau \to \min_{\tilde{u}^{(\mp)}(\tilde{y}^{(\mp)})}, \\ \dfrac{\mathrm{d}\tilde{y}^{(\mp)}}{\mathrm{d}\tau} = g\big(\tilde{y}^{(\mp)}, \tilde{u}^{(\mp)}, t_0\big), \\ \tilde{y}^{(\mp)}(0) = \beta(t_0), \quad \tilde{y}^{(\mp)}(\mp\infty) = \varphi_{1,2}(t_0). \end{cases} \tag{4-53}$$

通过变换

$$\frac{\mathrm{d}\tilde{y}^{(\mp)}}{g\big(\tilde{y}^{(\mp)}, \tilde{u}^{(\mp)}, t_0\big)} = \mathrm{d}\tau,$$

得到如下变分问题

$$Q_0^{(\mp)}J = \int_{\varphi_1(t_0)(\beta(t_0))}^{\beta(t_0)(\varphi_2(t_0))} \frac{\Delta_0\tilde{f}(\tilde{y}^{(\mp)}, \tilde{u}^{(\mp)}, t_0)}{g\big(\tilde{y}^{(\mp)}, \tilde{u}^{(\mp)}, t_0\big)} \,\mathrm{d}\tilde{y} \to \min_{\tilde{u}^{(\mp)}(\tilde{y}^{(\mp)})}, \tag{4-54}$$

由极值存在的必要条件可知

$$g\big(\tilde{y}^{(\mp)}, \tilde{u}^{(\mp)}, t_0\big)f_u\big(\tilde{y}^{(\mp)}, \tilde{u}^{(\mp)}, t_0\big) - g_u\big(\tilde{y}^{(\mp)}, \tilde{u}^{(\mp)}, t_0\big)f\big(\tilde{y}^{(\mp)}, \tilde{u}^{(\mp)}, t_0\big)$$

$$= -g_u\big(\tilde{y}^{(\mp)}, \tilde{u}^{(\mp)}, t_0\big)\bar{f},$$

其中 $\bar{f}$ 在 $(\varphi_{1,2}(t_0), \alpha_{1,2}(t_0), t_0)$ 取值.

由 (4-39)可知, $\tilde{u}^{(\mp)} = h^{(\mp)}(\tilde{y}^{(\mp)}, \varphi_{1,2}(t_0), t_0)$ 是极小值, 因为它满足

$$\frac{g\big(\tilde{y}^{(\mp)}, \tilde{u}^{(\mp)}, t_0\big) f_{u^2}\big(\tilde{y}^{(\mp)}, \tilde{u}^{(\mp)}, t_0\big) - g_{u^2}\big(\tilde{y}^{(\mp)}, \tilde{u}^{(\mp)}, t_0\big)\big(\tilde{f} - \bar{f}\big)}{g^2\big(\tilde{y}^{(\mp)}, \tilde{u}^{(\mp)}, t_0\big)} > 0,$$

这里 $\tilde{f} = f(\tilde{y}^{(\mp)}, \tilde{u}^{(\mp)}, t_0)$.

H 4.12　　假设初值问题

$$\begin{cases} \dfrac{\mathrm{d}Q_0^{(\mp)}y}{\mathrm{d}\tau} = g\big(\varphi_{1,2}(t_0) + Q_0^{(\mp)}y, h^{(\mp)}(\varphi_{1,2}(t_0) + Q_0^{(\mp)}y, t_0), t_0\big), \\ Q_0^{(\mp)}y(0) = \beta(t_0) - \varphi_{1,2}(t_0), \end{cases}$$

有连续可微解 $Q_0^{(\mp)}y(\tau)$, $-\infty < \tau < +\infty$.

把 $Q_0^{(\mp)}y(\tau)$ 代入式 (4-52), 可得 $Q_0^{(\mp)}u(\tau)$, 这样 $Q_0^{(\mp)}y(\tau)$ 和 $Q_0^{(\mp)}u(\tau)$ 得到确定. 由引理 4.10 可知

$$g_y\big(\varphi_1(t_0), \alpha_1(t_0), t_0\big) + g_u\big(\varphi_1(t_0), \alpha_1(t_0), t_0\big) h_y^{(-)}\big(\varphi_1(t_0), t_0\big) > 0,$$

$$g_y\big(\varphi_2(t_0), \alpha_2(t_0), t_0\big) + g_u\big(\varphi_2(t_0), \alpha_2(t_0), t_0\big) h_y^{(+)}\big(\varphi_2(t_0), t_0\big) < 0,$$

从而

$$|Q_0^{(-)}y(\tau)| \leqslant C_0^{(-)}\mathrm{e}^{\kappa_0\tau}, \ \kappa_0 > 0, \ \tau \leqslant 0,$$

$$|Q_0^{(+)}y(\tau)| \leqslant C_0^{(+)}\mathrm{e}^{-\kappa_1\tau}, \ \kappa_1 > 0, \ \tau \geqslant 0,$$

$$|Q_0^{(-)}u(\tau)| \leqslant C_1^{(-)}\mathrm{e}^{\kappa_0\tau}, \ \kappa_0 > 0, \ \tau \leqslant 0,$$

$$|Q_0^{(+)}u(\tau)| \leqslant C_1^{(+)}\mathrm{e}^{-\kappa_1\tau}, \ \kappa_1 > 0, \ \tau \geqslant 0.$$

同样地, 给出确定 $L_0y(\tau_0)$、$L_0u(\tau_0)$ 和 $R_0y(\tau_1)$、$R_0u(\tau_1)$ 的方程和条件

$$\begin{cases} L_0J = \displaystyle\int_0^\infty \Delta_0 f(\varphi_1(0) + L_0y, \alpha_1(0) + L_0u, 0)\,\mathrm{d}\tau_0 \to \min_{L_0u}, \\ \dfrac{\mathrm{d}L_0y}{\mathrm{d}\tau_0} = g\big(\varphi_1(0) + L_0y, \alpha_1(0) + L_0u, 0\big), \\ L_0y(0) = y^0 - \varphi_1(0), \ L_0y(+\infty) = 0, \end{cases}$$

其中

$$\Delta_0 f = f(\varphi_1(0) + L_0y, \alpha_1(0) + L_0u, 0) - f(\varphi_1(0), \alpha_1(0), 0),$$

以及

$$\begin{cases} R_0 J = \displaystyle\int_{-\infty}^{0} \Delta_0 f\big(\varphi_2(T) + R_0 y, \alpha_2(T) + R_0 u, T\big)\, \mathrm{d}\tau_1 \to \min_{R_0 u}, \\[2mm] \dfrac{\mathrm{d} R_0 y}{\mathrm{d}\tau_1} = g\big(\varphi_2(T) + R_0 y, \alpha_2(T) + R_0 u, T\big), \\[2mm] R_0 y(0) = y^T - \varphi_2(T), \ \ R_0 y(-\infty) = 0, \end{cases}$$

这里

$$\Delta_0 f = f\big(\varphi_2(T) + R_0 y, \alpha_2(T) + R_0 u, T\big) - f\big(\varphi_2(T), \alpha_2(T), T\big).$$

H 4.13　假设 $y^0 - \varphi_1(0)$ 和 $y^T - \varphi_2(T)$ 分别属于问题 $L_0 J$ 和 $R_0 J$ 的影响域, 从而保证这些最优控制问题解的存在性.

这样, 就构造了所有主项的渐近解

$$\bar{y}_0^{(\mp)*}(t), \ \ \bar{u}_0^{(\mp)*}(t), \ \ L_0 y^*(\tau_0), \ \ L_0 u^*(\tau_0),$$

$$Q_0^{(\mp)} y^*(\tau), \ \ Q_0^{(\mp)} u^*(\tau), \ \ R_0 y^*(\tau_1), \ \ R_0 u^*(\tau_1).$$

此外, 还可以写出相应最优控制问题的极小值 J_0^*、$L_0 J^*$、$Q_0^{(\mp)} J^*$、$R_0 J^*$:

$$J_0^*[\bar{u}_0^{(\mp)*}] = \int_0^T f(\bar{y}_0^{(\mp)*}, \bar{u}_0^{(\mp)*}, t)\, \mathrm{d}t,$$

$$L_0 J^* = \int_{y^0}^{\varphi_1(0)} \frac{\Delta_0^{(\mp)} f(\breve{y}^*, \breve{u}^*, 0)}{g(\breve{y}^*, \breve{u}^*, 0)}\, \mathrm{d}\breve{y}^*,$$

$$Q_0^{(\mp)} J^* = \pm \int_{\varphi_{1,2}(t_0)}^{\beta(t_0)} \frac{\Delta_0^{(\mp)} f(\tilde{y}^{(\mp)*}, \tilde{u}^{(\mp)*}, t_0)}{g(\tilde{y}^{(\mp)*}, \tilde{u}^{(\mp)*}, t_0)}\, \mathrm{d}\tilde{y}^*,$$

$$R_0 J^* = \int_{\varphi_2(T)}^{y^T} \frac{\Delta_0^{(\mp)} f(\hat{y}^*, \hat{u}^*, T)}{g(\hat{y}^*, \hat{u}^*, T)}\, \mathrm{d}\hat{y}^*,$$

其中

$$\breve{y}^* = \varphi_1(0) + L_0 y^*(\tau_0), \quad \breve{u} = \alpha_1(0) + L_0 u^*(\tau_0),$$

$$\hat{y}^* = \varphi_2(T) + R_0 y^*(\tau_1), \quad \hat{u}^* = \alpha_2(T) + R_0 u^*(\tau_1).$$

定理 4.4 如果满足假设 H4.7~H4.13, 那么对足够小的 $\mu > 0$, 最优控制问题 (4-30) 存在阶梯状空间对照结构解 $y(t, \mu)$, 进一步满足如下渐近展开式

$$y(t, \mu) = \begin{cases} \varphi_1(t) + L_0 y(\tau_0) + Q_0^{(-)} y(\tau) + O(\mu), \ 0 \leqslant t \leqslant t_0, \\ \varphi_2(t) + Q_0^{(+)} y(\tau) + R_0 y(\tau_1) + O(\mu), \ t_0 \leqslant t \leqslant T, \end{cases}$$

$$u(t, \mu) = \begin{cases} \alpha_1(t) + L_0 u(\tau_0) + Q_0^{(-)} u(\tau) + O(\mu), \ 0 \leqslant t \leqslant t_0, \\ \alpha_2(t) + Q_0^{(+)} u(\tau) + R_0 u(\tau_1) + O(\mu), \ t_0 \leqslant t \leqslant T. \end{cases}$$

注释 4.1 一般情形下, 这样得到的控制的渐近解并不是容许控制[115]. 当 $t \in [0, t_0]$ 时, 记 $Y_0^{(-)}(t, \mu) = \varphi_1(t) + L_0 y(\tau_0) + Q_0^{(-)} y(\tau)$,

$$Y_0^{(-)}(0, \mu) - y(0, \mu) = p_0(\mu) \neq 0,$$

其中 $p_0(\mu) = O(\mathrm{e}^{-\frac{k t_0}{\mu}})$, k 为某一正常数. 为了得到容许解 $y_{0\mu}^{(-)}$, 需要加上磨光函数 $\theta_0(t, \mu)$. 借助于磨光函数我们可以得到容许解 $y_{0\mu}^{(-)} = Y_0^{(-)}(t, \mu) + \theta_0(t, \mu)$, 这里 $\theta_0(t, \mu) = -p_0(\mu) \mathrm{e}^{\frac{-t}{\mu}}$, 这时容许控制 $u_{0\mu}^{(-)}$ 满足

$$\mu \frac{\mathrm{d} y_{0\mu}^{(-)}}{\mathrm{d} t} = g\big(y_{0\mu}^{(-)}, u_{0\mu}^{(-)}, t\big), \ t \in [0, t_0].$$

同样地, 记 $Y_0^{(+)}(t, \mu) = \varphi_2(t) + Q_0^{(+)} y(\tau) + R_0 y(\tau_1), \ t \in [t_0, T]$,

$$Y_0^{(+)}(T, \mu) - y(T, \mu) = p_1(\mu) \neq 0,$$

其中 $p_1(\mu) = O(\mathrm{e}^{\frac{k_1(t_0 - T)}{\mu}})$, k_1 为某一正常数.

可得容许解 $y_{0\mu}^{(+)} = Y_0^{(+)}(t, \mu) + \theta_1(t, \mu)$, 其中 $\theta_1(t, \mu) = -p_1(\mu) \mathrm{e}^{\frac{t-T}{\mu}}$, 容许控制 $u_{0\mu}^{(+)}$ 满足

$$\mu \frac{\mathrm{d} y_{0\mu}^{(+)}}{\mathrm{d} t} = g\big(y_{0\mu}^{(+)}, u_{0\mu}^{(+)}, t\big), \ t \in [t_0, T],$$

这样就得到了容许解和容许控制.

4.2.4 例子

考虑如下具体最优控制问题

$$\begin{cases} J[u] = \int_0^{2\pi} \left(\frac{1}{4}y^4 - \frac{1}{3}y^3 \sin t - \frac{1}{2}y^2 + y \sin t - \frac{1}{4}t^2 + u^2 \right) \mathrm{d}t \to \min_u, \\ \mu \dfrac{\mathrm{d}y}{\mathrm{d}t} = t + 2u, \\ y(0, \mu) = 0, \ y(2\pi, \mu) = 2. \end{cases}$$

$$(4\text{-}55)$$

对于问题 (4-55) 容易验证其满足假设 H4.7~H4.13, 接下来利用前面给出的方法来构造其一致有效的渐近解. 通过计算容易得到

$$\bar{y}_0^{(\mp)}(t) = \begin{cases} -1, \ 0 \leqslant t < \pi, \\ 1, \ \pi < t \leqslant 2\pi, \end{cases}$$

这里 $\bar{u}_0^{(\mp)}(t) = -\dfrac{t}{2}$, $t_0 = \pi$.

左右内部层的零次近似满足以下问题

$$\begin{cases} \dfrac{\mathrm{d}Q_0^{(\mp)}y}{\mathrm{d}\tau} = 1 - (\mp 1 + Q_0^{(\mp)}y)^2, \\ \dfrac{\mathrm{d}Q_0^{(\mp)}y}{\mathrm{d}\tau} = 2Q_0^{(\mp)}u, \\ Q_0^{(\mp)}y(0) = \pm 1, \ Q_0^{(\mp)}y(\mp\infty) = 0, \ Q_0^{(\mp)}u(\mp\infty) = 0, \end{cases}$$

计算可得

$$Q_0^{(-)}y = \frac{2\mathrm{e}^{2\tau}}{1 + \mathrm{e}^{2\tau}}, \ Q_0^{(-)}u = \frac{2\mathrm{e}^{2\tau}}{(1 + \mathrm{e}^{2\tau})^2},$$

$$Q_0^{(+)}y = \frac{-2}{1 + \mathrm{e}^{2\tau}}, \ Q_0^{(+)}u = \frac{2\mathrm{e}^{-2\tau}}{(1 + \mathrm{e}^{-2\tau})^2}.$$

同理可得

$$L_0 y = \frac{2\mathrm{e}^{-2\tau_0}}{1 + \mathrm{e}^{-2\tau_0}}, \ L_0 u = \frac{-2\mathrm{e}^{-2\tau_0}}{(1 + \mathrm{e}^{-2\tau_0})^2},$$

$$R_0 y = \frac{2}{3\mathrm{e}^{-2\tau_1} - 1}, \ R_0 u = \frac{6\mathrm{e}^{-2\tau_1}}{(3\mathrm{e}^{-2\tau_1} - 1)^2},$$

从而得到问题 (4-55) 的形式渐近解为

$$y(t, \mu) = \begin{cases} -1 + \dfrac{2\mathrm{e}^{-2\tau_0}}{1 + \mathrm{e}^{-2\tau_0}} + \dfrac{2\mathrm{e}^{2\tau}}{1 + \mathrm{e}^{2\tau}} + O(\mu), \ 0 \leqslant t \leqslant \pi, \\ 1 + \dfrac{-2}{1 + \mathrm{e}^{2\tau}} + \dfrac{2}{3\mathrm{e}^{-2\tau_1} - 1} + O(\mu), \ \ \pi \leqslant t \leqslant 2\pi, \end{cases}$$

$$u(t,\mu) = \begin{cases} -\dfrac{t}{2} + \dfrac{-2\mathrm{e}^{-2\tau_0}}{(1+\mathrm{e}^{-2\tau_0})^2} + \dfrac{2\mathrm{e}^{2\tau}}{(1+\mathrm{e}^{2\tau})^2} + O(\mu), \ 0 \leqslant t \leqslant \pi, \\ -\dfrac{t}{2} + \dfrac{2\mathrm{e}^{-2\tau}}{(1+\mathrm{e}^{-2\tau})^2} + \dfrac{6\mathrm{e}^{-2\tau_1}}{(3\mathrm{e}^{-2\tau_1}-1)^2} + O(\mu), \ \pi \leqslant t \leqslant 2\pi. \end{cases}$$

第 5 章 高维奇异摄动最优控制问题的空间对照结构

文献[85,86]利用直接展开法和边界层函数法分别研究了向量和数量情形奇异摄动变分问题中的空间对照结构解的存在性, 并构造了其一致有效的形式渐近解. 文献[87]证明了线性最优控制问题中阶梯状空间对照结构的存在性. 对于高维的空间对照结构理论讨论得较少, 难点在于异宿轨道的保持和转移点的确定.

应用文献[85,86]中的思想, 借助于 $k + \sigma$ 交换引理和直接展开法考虑高维奇异摄动最优控制问题, 不但证明了奇异摄动最优控制问题空间对照结构解的存在性, 而且构造了最优控制和最优轨线的渐近解. 本书简化了空间对照结构解的存在性定理证明, 进一步推广了文献[85,86]的相应结论.

5.1 一类线性高维奇异摄动最优控制问题的空间对照结构——几何方法

考虑高维奇异摄动最优控制问题

$$\begin{cases} J[u] = \displaystyle\int_0^T f(y, u, t)\mathrm{d}t \to \min_u, \\ \mu\dfrac{\mathrm{d}y}{\mathrm{d}t} = A(t)y + B(t)u, \\ y(0, \mu) = y^0, \ y(T, \mu) = y^T, \end{cases} \tag{5-1}$$

其中 $\mu > 0$ 是小参数, $y \in \mathbf{R}^n$, $u \in \mathbf{R}^n$, $A(t)$ 和 $B(t)$ 是 $n \times n$ 矩阵.

由于讨论的需要, 对式 (5-1) 中的函数给出一些限制条件.

H 5.1 假设函数 $f(y, u, t)$ 在区域 $D = \{(y, u, t)| \parallel y \parallel < H, u \in \mathbf{R}^n, 0 \leqslant t \leqslant T\}$ 上充分光滑, $A(t)$ 和 $B(t)$ 是充分光滑的且 $f_{uu}(y, u, t) > 0$, $B(t)$ 是非奇异矩阵 $t \in [0, T]$, 其中 H 是一正常数.

在式 (5-1) 中令 $\mu = 0$ 得到相应的退化问题

$$\begin{cases} J[\bar{u}] = \int_0^T f(\bar{y}, \bar{u}, t)\mathrm{d}t \to \min_{\bar{u}}, \\ 0 = A(t)\bar{y} + B(t)\bar{u}, \end{cases} \tag{5-2}$$

式 (5-2) 可记为

$$J[\bar{u}] = \int_0^T F(\bar{y}, t)\mathrm{d}t \to \min_{\bar{u}},$$

其中 $F(\bar{y}, t) = f(\bar{y}, -B^{-1}(t)A(t)\bar{y}, t)$.

H 5.2   假设存在互不相交的两函数 $\bar{y} = \varphi_1(t)$, $\bar{y} = \varphi_2(t)$ 使得

$$\min_{\bar{y}} F(\bar{y}, t) = \begin{cases} F(\varphi_1(t), t), \ 0 \leqslant t \leqslant t_0, \\ F(\varphi_2(t), t), \ t_0 \leqslant t \leqslant T, \end{cases} \tag{5-3}$$

其中 $F(\bar{y}, t) = f(\bar{y}, -B^{-1}(t)A(t)\bar{y}, t)$.

由假设 H5.2 可知

$$\bar{u}(t) = \begin{cases} \alpha_1(t) = -B^{-1}(t)A(t)\varphi_1(t), \ 0 \leqslant t < t_0, \\ \alpha_2(t) = -B^{-1}(t)A(t)\varphi_2(t), \ t_0 < t \leqslant T, \end{cases}$$

$$F_y(\varphi_1(\bar{t}), t) = 0, \ F_y(\varphi_2(\bar{t}), t) = 0. \tag{5-4}$$

考虑 Hamilton 函数

$$H(y, u, \lambda, t) = f(y, u, t) + \lambda^{\mathrm{T}}\mu^{-1}\big(A(t)y + B(t)u\big),$$

其中 $\lambda = (\lambda_1, \lambda_2, \cdots, \lambda_n)^{\mathrm{T}}$ 是 Lagrange 乘子.

由最优解的必要条件可以推出

$$\begin{cases} \mu\dfrac{\mathrm{d}y}{\mathrm{d}t} = A(t)y + B(t)u, \\ \lambda' = -f_y(y, u, t) - \mu^{-1}A^{\mathrm{T}}(t)\lambda, \\ f_u(y, u, t) + \mu^{-1}B^{\mathrm{T}}\lambda = 0, \\ y(0, \mu) = y^0, \ y(T, \mu) = y^T. \end{cases} \tag{5-5}$$

由式 (5-5) 可以得到如下奇异摄动边值问题

$$
\begin{cases}
\mu\dfrac{\mathrm{d}y}{\mathrm{d}t} = A(t)y + B(t)u, \\[2mm]
\mu\dfrac{\mathrm{d}u}{\mathrm{d}t} = g(y, u, t, \mu), \\[2mm]
y(0, \mu) = y^0, \ y(T, \mu) = y^T,
\end{cases}
\tag{5-6}
$$

其中

$$
g(y, u, t, \mu) = f_{uu}^{-1}(y, u, t)\big[B^{\mathrm{T}}(t)f_y(y, u, t) - B^{\mathrm{T}}(t)A^{\mathrm{T}}(t)(B^{\mathrm{T}}(t))^{-1}f_u(y, u, t) -
$$
$$
f_{uy}(y, u, t)\big(A(t)y + B(t)u\big) - \mu f_{ut}(y, u, t) + \mu B^{\mathrm{T}'}(t)(B^{\mathrm{T}}(t))^{-1}f_u(y, u, t)\big].
$$

取 $x = (y^{\mathrm{T}}, u^{\mathrm{T}})^{\mathrm{T}}$ 和 $g_1(x, t, \mu) = ((A(t)y + B(t)u)^{\mathrm{T}}, g^{\mathrm{T}}(y, u, t, \mu))^{\mathrm{T}}$. 系统 (5-6) 的退化系统为

$$
\begin{cases}
0 = A(t)y + B(t)u, \\[2mm]
0 = g(y, u, t, 0),
\end{cases}
\tag{5-7}
$$

辅助系统为

$$
\begin{cases}
\dfrac{\mathrm{d}y}{\mathrm{d}\tau} = A(\bar t)y + B(\bar t)u, \\[2mm]
\dfrac{\mathrm{d}u}{\mathrm{d}\tau} = g(y, u, \bar t, 0),
\end{cases}
\tag{5-8}
$$

其中 $\tau = (t - \bar t)\mu^{-1}$, $\bar t \in [0, T]$. 由 (5-4), 知道 $M_i(t) = \big(\varphi_i^{\mathrm{T}}(t), \alpha_i^{\mathrm{T}}(t)\big)^{\mathrm{T}}$, $i = 1, 2$ 是退化系统 (5-7) 的两个孤立解.

H 5.3　假设系统 (5-6) 的特征方程

$$
\mid \lambda E_{2n} - D_x g_1(M_j(t), t, 0) \mid = 0, \ j = 1, 2,
$$

有 $2n$ 个实特征根 $\bar\lambda_i(t), i = 1, 2, \cdots, 2n$, 其中

$$
\bar\lambda_i < 0, \ i = 1, 2, \cdots, n, \quad \bar\lambda_i > 0, \ i = n + 1, \cdots, 2n.
$$

注意到, 假设 $2n$ 个实特征根只是为了讨论方便, 它和假设 $\mathrm{Re}\bar\lambda_i(t) < 0$, $i = 1, 2, \cdots, n$, $\mathrm{Re}\bar\lambda_i(t) > 0, i = k + 1, \cdots, 2n$ 没有任何本质区别.

考虑系统 (5-6) 的 "连接问题"

$$
\begin{cases}
\mu y' = A(t)y + B(t)u, \\[2mm]
\mu u' = g(y, u, t, \mu), \\[2mm]
t' = 1,
\end{cases}
\tag{5-9}
$$

边界条件可以记为

$$B_\mu^L = \left\{ (y, u, t) \mid y(0, \mu) = y^0, \ t = 0 \right\},$$

$$B_\mu^R = \left\{ (y, u, t) \mid y(T, \mu) = y^T, \ t = T \right\}.$$

系统 (5-9) 的奇异解是指系统 (5-9) 初始点在 B_0^L 和端点在 B_0^R 的一系列快慢退化系统的解, 这里 B_0^L 和 B_0^R 为边界流形 B_μ^L 和 B_μ^R 当 $\mu = 0$ 时的流形. 如图 5.1 所示, 记 $\bar{p}_0$ 为奇异解在 B_0^L 上的点, p_3 为在 B_0^R 上的点; p_i 和 $\bar{p}_i$ 是奇异解在 S_i 上的初始点和终点, 其中 S_i 是奇异解所经过的第 i 个慢流形 $(i = 1, 2)$, 即退化系统的两组解 $\phi_1\big(\varphi_1(t), t\big)$ 和 $\phi_2\big(\varphi_2(t), t\big)$ 所在的曲面.

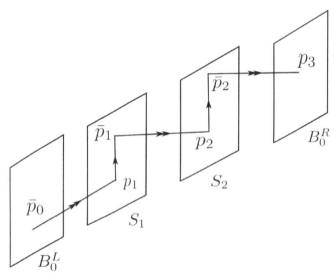

图 5.1 **系统 (5-9) 的奇异解**

给出如下定义

$$N_0 = B_0^L \cap W^s(S_1), \ N_1 = B_0^R \cap W^u(S_2), \ N_0 \to \omega(N_0) = \chi^1$$

$$N_1 \to \alpha(N_1) = \chi^2, \ U^i = \chi^i \cdot (T_i - \delta, T_i + \delta), i = 1, 2,$$

其中 $W^s(S_1)$ 为 S_1 的稳定流形, $W^u(S_2)$ 为 S_2 的不稳定流形, $\omega(N_0)$ 为 N_0 的 ω 极限集, $\alpha(N_1)$ 为 N_1 的 α 极限集, U^i 为 χ^1 从时刻 $T_i - \delta$ 到时刻 $T_i + \delta$ 的映像, 这里 $T_i \pm \delta(i = 1, 2)$ 为沿着每个慢流形上所走的时间.

H 5.4 假设流形 B_0^L 与过点 $M_1(0)$ 的 n 维稳定流形 $W^s(M_1(0))$ 横截相交, $W^u(S^1)$ 和 $W^s(S_2)$ 横截相交, 且 B_0^R 与过点 $M_2(T)$ 的 n 维不稳定流形 $W^u(S^2)$ 横截相交.

结合 M. K. Ni 和 Z. M. Wang[112] 的主要结果, 借助于首次积分可以得到确定 t_0 的方程, 这和文献[112]的做法类似, 只需关于 t_0 的方程满足相容性条件即可, 这里不再赘述.

定理 5.1 如果满足假设 H5.1~H5.4, 那么对于充分小的 $\mu > 0$, 最优控制问题 (5-1) 存在阶梯状空间对照结构解, 并且满足极限关系

$$\lim_{\mu \to 0} y(t, \mu) = \begin{cases} \varphi_1(t), \ 0 < t < t_0, \\ \varphi_2(t), \ t_0 < t < T. \end{cases}$$

证明 由题意可知, $\dim B_\mu^L = n$, $\dim B_\mu^R = n$, $\dim S_1 = \dim S_2 = 1$. 记过 S_1 的稳定流形为 $W^s(S_1)$, 设 $\sigma_1 = \dim(W^s(S_1) \cap B_0^L)$, 则 $\dim W^s(S_1) = n + 1$, 由假设 H5.4 和横截的定义知 $\sigma_1 = n + n + 1 - 2n - 1 = 0$. 同样地, $\dim \chi^1 = 0$, $\dim U^1 = 1$, $\dim W^u(U^1) = n + 1$.

类似地, 记过 S_2 的不稳定流形为 $W^u(S_2)$, 设 $\sigma_2 = \dim(W^u(S_2) \cap B_0^R)$, 那么 $\dim W^u(S_2) = n + 1$. 由横截的定义知 $\sigma_2 = n + n + 1 - 2n - 1 = 0$. 容易得到 $\dim \chi^2 = 0$, $\dim U^2 = 1$, $\dim W^s(U^2) = n + 1$.

记 $\sigma = \dim(W^s(U^2) \cap W^u(U^1))$, 由横截的定义可知 $\sigma = n + 1 + n + 1 - 2n - 1 = 1$, 即存在 S_1 到 S_2 的异宿轨道.

综上分析, 问题 (5-1) 满足 $k + \sigma$ 交换引理的条件, 定理成立.

5.1.1 渐近解的构造

根据直接展开法, 假设问题 (5-1) 的形式渐近解为

$$x^{(-)}(t, \mu) = \sum_{k=0}^{\infty} \mu^k (\bar{x}_k^{(-)}(t) + L_k x(\tau_0) + Q_k^{(-)} x(\tau)), \ 0 \leqslant t \leqslant t^*, \tag{5-10}$$

$$x^{(+)}(t, \mu) = \sum_{k=0}^{\infty} \mu^k (\bar{x}_k^{(+)}(t) + Q_k^{(+)} x(\tau) + R_k x(\tau_1)), \ t^* \leqslant t \leqslant T, \tag{5-11}$$

其中 $\tau_0 = t\mu^{-1}$, $\tau = (t - t^*)\mu^{-1}$, $\tau_1 = (t - T)\mu^{-1}$, $\bar{x}_k^{(\mp)}(t)$ 是正则项级数系数, $L_k x(\tau_0)$ 是左边界层项级数系数, $R_k x(\tau_1)$ 是右边界层项级数系数, $Q_k^{(\mp)} x(\tau)$ 是内部转移层项级数系数.

转移点 $t^*(\mu) \in [0, T]$, 它具有如下渐近展开式

$$t^* = t_0 + \mu t_1 + \cdots + \mu^k t_k + \cdots.$$

结合文献[85]的主要结果, 可知

$$\min_y J[y] = \min_{y_0} J_0(y_0) + \sum_{i=1}^{n} \mu^i \min_{y_i} \tilde{J}_i(y_i) + \cdots,$$

这里 $\tilde{J}_i(y_i) = J_i(y_i, \tilde{y}_{i-1}, \cdots, \tilde{y}_0)$, $\tilde{y}_k = \arg(\min_y \tilde{J}_k(y))$, $k = 0, \cdots, i-1$.

把形式渐近解 (5-10)、(5-11) 代入式 (5-1) 中按 t、τ_0、τ 与 τ_1 分离,再比较 μ 的同次幂,可以得到确定 $\bar{y}_k^{(\mp)}(t)$、$\bar{u}_k^{(\mp)}(t)$、$L_k y(\tau_0)$、$L_k u(\tau_0)$、$Q_k^{(\mp)} y(\tau)$、$Q_k^{(\mp)} u(\tau)$ 和 $R_k y(\tau_1)$、$R_k u(\tau_1)$, $k \geqslant 0$ 的一系列最优控制问题.

先写出确定零次正则项 $\bar{y}_0^{(\mp)}(t)$、$\bar{u}_0^{(\mp)}(t)$ 的最优控制问题

$$\begin{cases} J[\bar{u}_0^{(\mp)}] = \displaystyle\int_0^T f(\bar{y}_0^{(\mp)}, \bar{u}_0^{(\mp)}, t) \mathrm{d}t \to \min_{\bar{u}_0^{(\mp)}}, \\ 0 = A(t)\bar{y}_0^{(\mp)} + B(t)\bar{u}_0^{(\mp)}, \end{cases}$$

由假设 H5.2, 可得

$$\bar{y}_0^{(\mp)}(t) = \begin{cases} \varphi_1(t), \ 0 \leqslant t < t_0, \\ \varphi_2(t), \ t_0 < t \leqslant T, \end{cases} \qquad \bar{u}_0^{(\mp)}(t) = \begin{cases} \alpha_1(t), \ 0 \leqslant t < t_0, \\ \alpha_2(t), \ t_0 < t \leqslant T. \end{cases}$$

确定 $Q_0^{(\mp)} y(\tau)$、$Q_0^{(\mp)} u(\tau)$ 的最优控制问题

$$\begin{cases} Q_0^{(\mp)} J = \displaystyle\int_{-\infty(0)}^{0(+\infty)} \Delta_0^{(\mp)} f(Q_0^{(\mp)} y, Q_0^{(\mp)} u, t_0) \, \mathrm{d}\tau \to \min_{Q_0^{(\mp)} u}, \\ \dfrac{\mathrm{d}Q_0^{(\mp)} y}{\mathrm{d}\tau} = A(t_0) Q_0^{(\mp)} y + B(t_0) Q_0^{(\mp)} u, \\ Q_0^{(\mp)} y(0) = \beta(t_0) - \varphi_{1,2}(t_0), \ Q_0^{(\mp)} y(\mp\infty) = 0, \end{cases} \tag{5-12}$$

其中 $\beta(t) = \dfrac{1}{2}\big(\varphi_1(t) + \varphi_2(t)\big)$,

$\Delta_0^{(\mp)} f = f(\varphi_{1,2}(t_0) + Q_0^{(\mp)} y, \alpha_{1,2}(t_0) + Q_0^{(\mp)} u, t_0) - f(\varphi_{1,2}(t_0), \alpha_{1,2}(t_0), t_0).$

接下来, 给出确定 $L_0 y(\tau_0)$、$L_0 u(\tau_0)$ 和 $R_0 y(\tau_1)$、$R_0 u(\tau_1)$ 的方程和条件为

$$\begin{cases} L_0 J = \displaystyle\int_0^{+\infty} L_0 f(\varphi_1(0) + L_0 y, \alpha_1(0) + L_0 u, 0) \, \mathrm{d}\tau_0 \to \min_{L_0 u}, \\ \dfrac{\mathrm{d}L_0 y}{\mathrm{d}\tau_0} = A(0) L_0 y + B(0) L_0 u, \\ L_0 y(0) = y^0 - \varphi_1(0), \ L_0 y(+\infty) = 0, \end{cases} \qquad (5\text{-}13)$$

这里

$$L_0 f = f(\varphi_1(0) + L_0 y, \alpha_1(0) + L_0 u, 0) - f(\varphi_1(0), \alpha_1(0), 0),$$

$$\begin{cases} R_0 J = \displaystyle\int_{-\infty}^0 R_0 f(\varphi_2(T) + R_0 y, \alpha_2(T) + R_0 u, T) \, \mathrm{d}\tau_1 \to \min_{R_0 u}, \\ \dfrac{\mathrm{d}R_0 y}{\mathrm{d}\tau_1} = A(T) R_0 y + B(T) R_0 u, \\ R_0 y(0) = y^T - \varphi_2(T), \ R_0 y(-\infty) = 0, \end{cases} \qquad (5\text{-}14)$$

其中

$$R_0 f = f(\varphi_2(T) + R_0 y, \alpha_2(T) + R_0 u, 0) - f(\varphi_2(T), \alpha_2(T), T).$$

这样, 就构造了所有主项的渐近解

$$\bar{y}_0^*(t), \quad \bar{u}_0^*(t), \quad L_0 y^*(\tau_0), \quad L_0 u^*(\tau_0),$$

$$Q_0^{(\mp)} y^*(\tau), \quad Q_0^{(\mp)} u^*(\tau), \quad R_0 y^*(\tau_1), \quad R_0 u^*(\tau_1).$$

结合定理 5.1 和 N. Fenichel[6] 的主要结果, 有如下定理:

定理 5.2   如果满足假设 H5.1~H5.4, 那么对足够小的 $\mu > 0$, 最优控制问题 (5-1) 存在阶梯状空间对照结构解 $y(t, \mu)$, 进一步满足如下渐近表达式

$$y(t, \mu) = \begin{cases} \varphi_1(t) + L_0 y(\tau_0) + Q_0^{(-)} y(\tau) + O(\mu), \ 0 \leqslant t \leqslant t_0, \\ \varphi_2(t) + Q_0^{(+)} y(\tau) + R_0 y(\tau_1) + O(\mu), \ t_0 \leqslant t \leqslant T, \end{cases}$$

$$u(t, \mu) = \begin{cases} \alpha_1(t) + L_0 u(\tau_0) + Q_0^{(-)} u(\tau) + O(\mu), \ 0 \leqslant t \leqslant t_0, \\ \alpha_2(t) + Q_0^{(+)} u(\tau) + R_0 u(\tau_1) + O(\mu), \ t_0 \leqslant t \leqslant T. \end{cases}$$

5.1.2 例子

考虑如下具体最优控制问题

$$\begin{cases} J[u] = \int_0^{2\pi} \left(\frac{1}{4}y^4 - \frac{1}{3}y^3 \sin t - y^2 + y \sin t + \frac{1}{2}u^2\right)\mathrm{d}t \to \min_u, \\ \mu\dfrac{\mathrm{d}y}{\mathrm{d}t} = -y + u, \\ y(0,\mu) = 0, \ y(2\pi,\mu) = \dfrac{3}{2}. \end{cases} \tag{5-15}$$

对于问题 (5-15), 容易验证其满足假设 H5.1~H5.4 , 接下来利用前面给出的方法来构造其一致有效渐近解.

通过计算容易得到

$$\bar{y}_0^{(\mp)}(t) = \begin{cases} -1, \ 0 \leqslant t < \pi, \\ 1, \ \pi < t \leqslant 2\pi, \end{cases}$$

$$\min_{\bar{y}} F(\bar{y}_0, t) = \begin{cases} -\dfrac{1}{4} - \dfrac{2}{3}\sin t, \ 0 \leqslant t \leqslant \pi, \\ -\dfrac{1}{4} + \dfrac{2}{3}\sin t, \ \pi \leqslant t \leqslant 2\pi, \end{cases}$$

这里 $t_0 = \pi$, 相应地 $\bar{u}_0^{(\mp)}(t) = \bar{y}_0^{(\mp)}(t)$ 也就确定了.

左右内部层的零次近似满足以下问题

$$\frac{\mathrm{d}Q_0^{(\mp)}y}{\mathrm{d}\tau} = -\frac{\sqrt{2}}{2}\left((Q_0^{(\mp)}y \mp 1)^2 - 1\right), \ Q_0^{(\mp)}y(0) = \pm 1, \ Q_0^{(\mp)}y(\mp\infty) = 0,$$

计算可得

$$Q_0^{(-)}y = \frac{2\mathrm{e}^{\sqrt{2}\tau}}{1 + \mathrm{e}^{\sqrt{2}\tau}}, \quad Q_0^{(-)}u = \frac{2 + (2\sqrt{2} + 2)\mathrm{e}^{-\sqrt{2}\tau}}{(1 + \mathrm{e}^{-\sqrt{2}\tau})^2},$$

$$Q_0^{(+)}y = \frac{-2}{1 + \mathrm{e}^{\sqrt{2}\tau}}, \quad Q_0^{(+)}u = \frac{(2\sqrt{2} - 2)\mathrm{e}^{-\sqrt{2}\tau} - 2\mathrm{e}^{-2\sqrt{2}\tau}}{(1 + \mathrm{e}^{-\sqrt{2}\tau})^2}.$$

同理可得

$$L_0 y = \frac{2\mathrm{e}^{-\sqrt{2}\tau_0}}{1 + \mathrm{e}^{-\sqrt{2}\tau_0}}, \quad L_0 u = \frac{(2 - 2\sqrt{2})\mathrm{e}^{-\sqrt{2}\tau_0} + 2\mathrm{e}^{-2\sqrt{2}\tau_0}}{(1 + \mathrm{e}^{-\sqrt{2}\tau_0})^2},$$

$$R_0 y = \frac{2}{5\mathrm{e}^{-\sqrt{2}\tau_1} - 1}, \quad R_0 u = \frac{\dfrac{1}{5}(2\sqrt{2} + 2)\mathrm{e}^{-\sqrt{2}\tau_1} - \dfrac{2}{25}}{(\mathrm{e}^{-\sqrt{2}\tau_1} - \dfrac{1}{5})^2}.$$

从而得到问题 (5-15) 的形式渐近解为

$$
y(t,\mu) =
\begin{cases}
-1 + \dfrac{2\mathrm{e}^{-\sqrt{2}\tau_0}}{1+\mathrm{e}^{-\sqrt{2}\tau_0}} + \dfrac{2\mathrm{e}^{\sqrt{2}\tau}}{1+\mathrm{e}^{\sqrt{2}\tau}} + O(\mu),\ 0 \leqslant t \leqslant \pi, \\[3mm]
1 + \dfrac{-2}{1+\mathrm{e}^{\sqrt{2}\tau}} + \dfrac{2}{5\mathrm{e}^{-\sqrt{2}\tau_1}-1} + O(\mu),\ \pi \leqslant t \leqslant 2\pi,
\end{cases}
$$

$$
u(t,\mu) =
\begin{cases}
-1 + \dfrac{(2-2\sqrt{2})\mathrm{e}^{-\sqrt{2}\tau_0} + 2\mathrm{e}^{-2\sqrt{2}\tau_0}}{(1+\mathrm{e}^{-\sqrt{2}\tau_0})^2} + \\[3mm]
\quad \dfrac{2+(2\sqrt{2}+2)\mathrm{e}^{-\sqrt{2}\tau}}{(1+\mathrm{e}^{-\sqrt{2}\tau})^2} + O(\mu),\ 0 \leqslant t \leqslant \pi, \\[3mm]
1 + \dfrac{(2\sqrt{2}-2)\mathrm{e}^{-\sqrt{2}\tau} - 2\mathrm{e}^{-2\sqrt{2}\tau}}{(1+\mathrm{e}^{-\sqrt{2}\tau})^2} + \\[3mm]
\quad \dfrac{\dfrac{1}{5}(2\sqrt{2}+2)\mathrm{e}^{-\sqrt{2}\tau_1} - \dfrac{2}{25}}{(\mathrm{e}^{-\sqrt{2}\tau_1} - \dfrac{1}{5})^2} + O(\mu),\ \pi \leqslant t \leqslant 2\pi.
\end{cases}
$$

5.2 一类非线性高维奇异摄动最优控制问题的空间对照结构——直接展开法

5.2.1 问题陈述

考虑奇异摄动最优控制问题

$$
\begin{cases}
J[u] = \displaystyle\int_0^T f(x,u,t)\,\mathrm{d}t \to \min_u, \\[3mm]
\mu\dfrac{\mathrm{d}x}{\mathrm{d}t} = A(x,t) + B(t)u, \\[3mm]
x(0,\mu) = x^0,\ x(T,\mu) = x^T,
\end{cases}
\tag{5-16}
$$

其中 $\mu > 0$ 是小参数, $x(t):[0,T] \to \mathbf{R}^n$ 是状态变量, $u(t):[0,T] \to \mathbf{R}^n$ 是控制变量, $T > 0$ 是固定的有限值.

为了讨论方便起见, 总是假设:

H 5.5   假设函数 $f(x,u,t)$, $A(x,t) \in \mathbf{R}^{n\times n}, B(t) \in \mathbf{R}^{n\times n}$ 在区域 $D = \{\,|\,x\,| < A, u \in \mathbf{R}, 0 \leqslant t \leqslant T\}$ 上充分光滑, 且 $B(t)$ 可逆, 其中 A 为某个给定的常数.

本节讨论当控制作用 $u(t)$ 不受任何约束时, 寻求在一定的时间间隔 T

内, 将系统 (5-16) 从固定初始时刻 $t = 0$ 和状态 x^0 转移到固定终点时刻 $t = T$ 和状态 x^T, 并使性能指标泛函 (5-16) 取极小的控制作用 $u^*(t)$ 和状态 $x^*(t)$ 的问题.

研究表明, 系统 (5-16) 存在阶梯状空间对照结构依赖于退化最优控制问题和辅助最优控制问题的动力学行为. 为此先给出它们的定义和若干假设.

在式 (5-16) 中令 $\mu = 0$ 所得到的问题

$$\begin{cases} J[\bar{u}] = \displaystyle\int_0^T f(\bar{x}, \bar{u}, t)\mathrm{d}t \to \min_{\bar{u}}, \\ 0 = A(\bar{x}, t) + B(t)\bar{u} \end{cases} \tag{5-17}$$

称为式 (5-16) 的退化最优控制问题, 简称退化问题.

显然, 退化问题与原问题 (5-16) 有着本质区别, 其中式 (5-17) 的状态方程已是代数方程. 所以对式 (5-17) 讨论的方法与对原问题 (5-16) 通常采用的方法是截然不同的. 可以把式 (5-17) 中的控制变量用状态变量表示出来, 即写成闭环形式

$$\bar{u} = -B^{-1}(t)A(\bar{x}, t). \tag{5-18}$$

再把式 (5-18) 代入到式 (5-17) 得到一个纯函数极值问题

$$J[\bar{u}] = \int_0^T \bar{f}(\bar{x}, t)\mathrm{d}t \to \min_{\bar{x}}, \tag{5-19}$$

其中 $\bar{f}(\bar{x}, t) = f(\bar{x}, -B^{-1}(t)A(\bar{x}, t), t)$.

H 5.6   假设存在互不相交的两函数 $\bar{x} = \varphi_1(t)$、$\bar{x} = \varphi_2(t)$ 使得

$$\min_{\bar{x}} \bar{f}(\bar{x}, t) = \begin{cases} \bar{f}(\varphi_1(t), t), \ 0 \leqslant t \leqslant t_0, \\ \bar{f}(\varphi_2(t), t), \ t_0 \leqslant t \leqslant T, \end{cases} \tag{5-20}$$

并且要求 $\lim\limits_{t \to t_0^-} \varphi_1(t) \neq \lim\limits_{t \to t_0^+} \varphi_2(t)$.

从条件 H5.6 可得

$$\bar{u}(t) = \begin{cases} \psi_1(t) = -B^{-1}(t)A(\varphi_1(t), t), \ 0 \leqslant t < t_0, \\ \psi_2(t) = -B^{-1}(t)A(\varphi_2(t), t), \ t_0 < t \leqslant T. \end{cases}$$

引进 Hamilton 函数

$$H(x, u, \lambda, t) = f(x, u, t) + \lambda^{\mathrm{T}} \mu^{-1} \big(A(x, t) + B(t)u \big),$$

其中 λ 是 Lagrange 乘子.

在式 (5-16) 中作变量替换 $\tau = \mu^{-1}(t - \bar{t})$, $0 \leqslant \bar{t} \leqslant T$, $\bar{t}$ 是某个固定实数, 得到问题

$$\begin{cases} J[\tilde{u}] = -\displaystyle\int_\alpha^\beta \big(H(\tau) - H(\bar{t}) \big) \, \mathrm{d}t \to \min_{\tilde{u}}, \\ \dfrac{\mathrm{d}\tilde{x}}{\mathrm{d}\tau} = A(\tilde{x}, \bar{t}) + B(\bar{t})\tilde{u}, \\ \tilde{x}(\alpha) = \bar{x}, \ \tilde{x}(\beta) = \bar{\bar{x}}, \end{cases} \tag{5-21}$$

其中 α、β 可取值为 $\pm\infty$, $\bar{t}$、$\bar{x}$、$\bar{\bar{x}}$ 是给定的实数, 称为辅助最优控制问题, 简称辅助问题.

利用式 (5-21) 分别写出在 $t = 0, t = t_0, t = T$ 处的辅助问题.

$L_0 P$ 问题

$$\begin{cases} J[L_0 u] = -\displaystyle\int_0^{+\infty} \big[H(\tau_0) - H(0) \big] \mathrm{d}\tau_0 \to \min_{L_0 u}, \\ \dfrac{\mathrm{d}\tilde{x}}{\mathrm{d}\tau_0} = A(\tilde{x}, 0) + B(0)\tilde{u}, \ \tau_0 = \mu^{-1}t \ , \\ \tilde{x}(0) = x^0, \ \tilde{x}(+\infty) = \varphi_1(0). \end{cases}$$

$Q_0^{(\mp)} P$ 问题

$$\begin{cases} J[Q_0^{(\mp)} u] = -\displaystyle\int_{-\infty(0)}^{0(+\infty)} \big[H(\tau) - H(t_0) \big] \mathrm{d}\tau \to \min_{Q_0^{(\mp)} u}, \\ \dfrac{\mathrm{d}\tilde{x}}{\mathrm{d}\tau} = A(\tilde{x}, t_0) + B(t_0)\tilde{u}, \ \tau = \mu^{-1}(t - t^*), t^* \in [0, T], \\ \tilde{x}(\mp\infty) = \varphi_{1,2}(t_0). \end{cases}$$

$R_0 P$ 问题

$$\begin{cases} J[R_0 u] = \displaystyle\int_{-\infty}^0 \big[H(\tau_1) - H(T) \big] \mathrm{d}\tau_1 \to \min_{R_0 u}, \\ \dfrac{\mathrm{d}\tilde{x}}{\mathrm{d}\tau_1} = A(\tilde{x}, T) + B(T)\tilde{u}, \ \tau = \mu^{-1}(t - T), \\ \tilde{x}(0) = x^T, \ \tilde{x}(-\infty) = \varphi_2(T). \end{cases}$$

H 5.7　　假设
$$\left[\begin{array}{cc} \bar{H}_{xx} & \bar{H}_{xu} \\ \bar{H}_{ux} & \bar{H}_{uu} \end{array}\right] > 0,$$
其中 $\bar{H}_{xx}$、$\bar{H}_{xu}$、$\bar{H}_{ux}$、$\bar{H}_{uu}$ 在 $(\bar{x}, \bar{u})$ 取值.

针对 L_0P 问题, 在条件 H5.7 之下, 存在 $(\varphi_1(0), \psi_1(0))$ 的某个邻域 U^L, 当 $x^0 \in U^L$ 时, L_0P 的最优解 x_L^*、u_L^* 存在, 且 L_0x、L_0u 满足估计式
$$\| L_0x \| \leqslant C_0 \mathrm{e}^{-\kappa_0\tau_0}, \ \| L_0u \| \leqslant C_0 \mathrm{e}^{-\kappa_0\tau_0}, \tau_0 \geqslant 0,$$
其中 $\kappa_0 > 0$ 为某一整常数. 同理关于问题 R_0P, 存在 $(\varphi_2(T), \psi_1(T))$ 的某个邻域 U^R, 当 $x^T \in U^R$ 时, R_0P 的最优解 x_R^*、u_R^* 存在, 且 R_0x、R_0u 满足估计式
$$\| R_0x \| \leqslant C_0 \mathrm{e}^{\kappa_0\tau_1}, \ \| R_0u \| \leqslant C_0 \mathrm{e}^{\kappa_0\tau_1}, \tau_1 \leqslant 0,$$
其中 $\kappa_0 > 0$ 为某一整常数,
$$x_L^* = \varphi_1(0) + L_0x(\tau_0), u_L^* = \psi_1(0) + L_0u(\tau_0),$$
$$x_R^* = \varphi_2(T) + R_0x(\tau_1), u_R^* = \psi_2(T) + R_0u(\tau_1).$$

H 5.8　　假设存在 $(\varphi_1(t_0), \psi_1(t_0))$ 的某个邻域 U^Q, $Q_0^{(\mp)}P$ 的最优解 x_Q^*、u_Q^* 存在, 且 $Q_0^{(\mp)}x$、$Q_0^{(\mp)}u$ 满足估计式
$$\| Q_0^{(\mp)}x \| \leqslant C_0 \mathrm{e}^{-\kappa_0|\tau|}, \ \| Q_0^{(\mp)}u \| \leqslant C_0 \mathrm{e}^{-\kappa_0|\tau|}, \tau \in \mathbf{R},$$
其中
$$x_Q^* = \varphi_{1,2}(t_0) + Q_0^{(\mp)}x(\tau), u_L^* = \psi_{1,2}(t_0) + Q_0^{(\mp)}u(\tau).$$

5.2.2　最优解的动力学行为和渐近解的结构

由退化问题 (5-17) 所得到的状态-控制 $\bar{x}$、$\bar{u}$ 一般来说不能很好地刻画原问题 (5-16) 的最优解 x^*、u^*, 它只能反映 (5-16) 当 $\mu \to 0$ 时的极限状态. 由于 $\bar{x}(t)$ 在初始时刻和终端时刻一般都不满足给定的初始状态和终端状态, 所以原问题 (5-16) 会在 $t = 0$ 和 $t = T$ 处产生边界层. 又因为条件 H5.6 的限定, 所以原问题的解会在 $t = t_0$ 处产生内部转移层. 通过对退

化解的分析, 可以帮助更好地了解最优解的动力学性态. 这就需要把整个区间 $[0, T]$ 分成若干个部分, 即

$$[0, T] = T_0 \cup T_1 \cup T_2 \cup T_3 \cup T_4,$$

其中

$$T_0 = [0, \delta_1), T_1 = [\delta_1, t_0 - \delta_2), T_2 = [t_0 - \delta_2, t_0 + \delta_2),$$

$$T_3 = [t_0 + \delta_2, T - \delta_3), T_4 = [T - \delta_3, T),$$

这里 $\delta_i, i = 1, 2, 3$ 都是 $O(\mu)$ 量阶的实数. 在每个 $T_j, j = 0, \cdots, 4$ 需要用不同时间尺度 $\gamma_j, j = 0, \cdots, 4$ 来刻画. 这里选取 $\gamma_0 = \mu^{-1} t, \gamma_2 = \mu^{-1}(t - t^*), \gamma_4 = \mu^{-1}(t - T)$, 它们称为快时间尺度, 而 γ_1 和 γ_3 仍为 t, 称为慢时间尺度. 从几何上来说, 最优解的轨线 $x^*(t)$ 是从初始平面 $\pi_0 : x = x^0$ 出发在 $[0, \delta_1)$ 上用时间尺度 γ_0 快速跳至平面 $\pi_1 : x = \varphi_1(0)$, 随后以慢时间尺度 t 沿退化解 $\varphi_1(t)$ 到达平面 $\pi_2 : x = \varphi_1(t_0)$, 再从平面 π_2 以快时间尺度 γ_2 跳至平面 $\pi_3 : x = \varphi_2(t_0)$, 从平面 π_3 至平面 $\pi_4 : x = \varphi_2(T)$ 轨线将沿着退化解 $\varphi_2(t)$ 按慢时间尺度 t 走完 $[t_0 + \delta_2, T - \delta_3)$, 最后轨线将从 π_4 快速跳至终点平面 $\pi_5 : x = x^T$.

利用几何分析, 退化问题 (5-17) 只能反映原问题 (5-16) 在时间段 T_1 和 T_3 中轨线的动态规律. 而轨线在时间段 T_0、T_2 和 T_4 内的动力学行为需要辅助问题 (5-21) 来刻画. 这里需要指出的是, 在条件 H5.6~H5.7 之下轨线在不同平面的跳跃是指数式跳跃. 通过上面的分析可知, 原问题解的表达式可写成

$$W(t, \epsilon) = \begin{cases} \bar{W}^{(-)}(t, \mu) + LW(\tau_0, \mu) + Q^{(-)}W(\tau, \mu), \ 0 \leqslant t \leqslant t^*, \\ \bar{W}^{(+)}(t, \mu) + Q^{(+)}W(\tau, \mu) + RW(\tau_1, \mu), \ t^* \leqslant t \leqslant T, \end{cases} \tag{5-22}$$

其中 $W = (x, u)^{\mathrm{T}}, \tau_0 = \mu^{-1} t, \tau = \mu^{-1}(t - t^*), \tau_1 = \mu^{-1}(t - T)$, 它们都是快尺度.

$$\bar{W}^{(\mp)}(t, \mu) = \bar{W}_0^{(\mp)}(t) + \mu \bar{W}_1^{(\mp)}(t) + \cdots + \mu^k \bar{W}_k^{(\mp)}(t) + \cdots \tag{5-23}$$

称为正则级数;

$$LW(\tau_0, \mu) = L_0 W(\tau_0) + \mu L_1 W(\tau_0) + \cdots + \mu^k L_k W(\tau_0) + \cdots \tag{5-24}$$

称为左边界层级数;

$$Q^{(\mp)}W(\tau, \mu) = Q_0^{(\mp)}W(\tau) + \mu Q_1^{(\mp)}W(\tau) + \cdots + \mu^k Q_k^{(\mp)}W(\tau) + \cdots \quad (5\text{-}25)$$

称为内部层级数;

$$RW(\tau_1, \mu) = R_0 W(\tau_1) + \mu R_1 W(\tau_1) + \cdots + \mu^k R_k W(\tau_1) + \cdots \quad (5\text{-}26)$$

称为右边界层级数, 内部转移层点 t^* 的表达式为

$$t^* = t_0 + \mu t_1 + \cdots + \mu^k t_k + \cdots.$$

本节的目的不仅在于讨论原问题 (5-16) 最优解 $W^*(t, \mu)$ 的存在性, 更在于构造出 $W^*(t, \mu)$ 的一致有效渐近解, 即需要确定 $\bar{W}_k^{(\mp)}(t)$、$L_k W(\tau_0)$、$Q_k^{(\mp)}W(\tau)$ 和 $R_k W(\tau_1)$, $k = 0, 1, \cdots$ 和给出 $[0, T]$ 上的误差估计. 给出一个定义:

定义 5.1   如果存在充分光滑的函数 $W_n(t, \mu)$ 满足下面不等式

$$\| W^*(t, \mu) - W_n(t, \mu) \| \leqslant C\mu^{n+1}, \ 0 \leqslant t \leqslant T,$$

则称 $W_n(t, \mu)$ 为 $W^*(t, \mu)$ 在 $[0, T]$ 上的 n 阶渐近解, 其中 C 为一正常数.

5.2.3   最优控制问题的渐近解

在本节的开始先引入几个文献[7]中的引理, 它们是往下将要做渐近解展开的理论基础.

引理 5.1   如果 $f : (W, t, \mu) \to f(W, t, \mu) \in C^1$, 则

$$f(W(t, \mu), t, \mu) = f(\bar{W}^{(\mp)}, t, \mu) + Lf(\tau_0, \mu) + Qf(\tau, \mu) + Rf(\tau_1, \mu) + O(\mu^N),$$

其中 N 是任意的自然数, 而

$$Lf(\tau_0, \mu) = f(\bar{W}^{(\mp)}(\mu\tau_0, \mu) + LW(\tau_0, \mu), \mu\tau_0, \mu) - f(\bar{W}^{(\mp)}(\mu\tau_0, \mu), \mu\tau_0, \mu);$$

$$Qf(\tau, \mu) = f(\bar{W}^{(\mp)}(t^* + \mu\tau, \mu) + QW(\tau, \mu), t^* + \mu\tau, \mu) -$$
$$f(\bar{W}^{(\mp)}(t^* + \mu\tau, \mu), t^* + \mu\tau, \mu);$$

$$Rf(\tau_1, \mu) = f(\bar{W}^{(\mp)}(T + \mu\tau_1, \mu) + RW(\tau_1, \mu), T + \mu\tau_1, \mu) -$$
$$f(\bar{W}^{(\mp)}(T + \mu\tau_1, \mu), T + \mu\tau_1, \mu).$$

引理 5.2　如果 $f : (\bar{W}^{(\mp)}, t, \mu) \to f(\bar{W}^{(\mp)}, t, \mu) \in C^{(N+1)}$，并且
$\bar{W}^{(\mp)}(t, \mu) = \sum\limits_{i=0}^{\infty} \mu^i \bar{W}(t)$，则对充分小的 $\mu > 0$ 有下面的渐近展开式

$$f(\bar{W}^{(\mp)}, t, \mu) = f(\bar{W}_0^{(\mp)}(t), t) + \sum_{i=1}^{N} \mu^i \big(\frac{\partial f}{\partial W}(\bar{W}_0^{(\mp)}, t) \bar{W}_i^{(\mp)}(t)$$

$$+ \bar{f}_i(\bar{W}_{i-1}^{(\mp)}, \cdots, \bar{W}_0^{(\mp)}, t) \big) + O(\mu^{(N+1)}),$$

其中 $\bar{f}_i$ 是仅依赖于 $\bar{W}_{i-1}^{(\mp)}, \cdots, \bar{W}_0^{(\mp)}$ 的已知函数.

引理 5.3　如果 $f : (W, t, \mu) \to f(W, t, \mu) \in C^{(N+1)}$，并且

$$\bar{W}^{(\mp)}(t, \mu) = \sum_{i=0}^{\infty} \mu^i \bar{W}_i^{(\mp)}(t), \quad LW(\tau_0, \mu) = \sum_{i=0}^{\infty} \mu^i L_i W(\tau_0),$$

$$Q^{(\mp)}W(\tau, \mu) = \sum_{i=0}^{\infty} \mu^i Q_i^{(\mp)} W(\tau), \quad RW(\tau_1, \mu) = \sum_{i=0}^{\infty} \mu^i R_i W(\tau_1),$$

则对充分小的 $\epsilon > 0$, 有下面的渐近展开式

$$Lf(\tau_0, \mu) = f(\bar{W}_0^{(\mp)}(0) + L_0 W(\tau_0), 0, 0) - f(\bar{W}_0^{(\mp)}(0), 0, 0) +$$

$$\sum_{i=1}^{N} \mu^i \big(\frac{\partial f}{\partial W}(\bar{W}_0^{(\mp)}(0) + L_0 W(\tau_0), 0, 0) L_i W(\tau_0) +$$

$$L_i f(L_{i-1} W, \cdots, L_0 W, \tau_0) \big) + O(\mu^{(N+1)}),$$

$$Qf(\tau, \mu) = f(\bar{W}_0^{(\mp)}(t_0) + Q_0^{(\mp)} W(\tau), t_0, 0) - f(\bar{W}_0^{(\mp)}(t_0), t_0, 0) +$$

$$\sum_{i=1}^{N} \mu^i \big(\frac{\partial f}{\partial W}(\bar{W}_0^{(\mp)}(t_0) + Q_0^{(\mp)} W(\tau), t_0, 0) Q_i^{(\mp)} W(\tau_0) +$$

$$Q_i f(Q_{i-1}^{(\mp)} W, \cdots, Q_0^{(\mp)} W, \tau_0) \big) + O(\mu^{(N+1)}),$$

$$Rf(\tau, \mu) = f(\bar{W}_0^{(\mp)}(T) + R_0 W(\tau_1), T, 0) - f(\bar{W}_0^{(\mp)}(T), T, 0) +$$

$$\sum_{i=1}^{N} \mu^i \big(\frac{\partial f}{\partial W}(\bar{W}_0^{(\mp)}(T) + R_0 W(\tau_1), T, 0) R_i W(\tau_0) +$$

$$R_i f(R_{i-1} W, \cdots, R_0 W, \tau_0) \big) + O(\mu^{(N+1)}),$$

其中 $L_i f$、$Q_i f$ 和 $R_i f$ $i = 1, 2, \cdots, N$ 都是已知函数.

引理 5.4   如果 $f : (W_0, \cdots, W_N, \mu) \to f(W_0, \cdots, W_N, \mu) \in C^N$, 并且

$$f(W_0, \cdots, W_N, \mu) = f_0(W_0) + \sum_{i=1}^{N} \mu^i f_i(W_i, \cdots, W_0) + O(\mu^{(N+1)}),$$

则对充分小的 $\mu > 0$, 有下面的表达式

$$\inf_{(W_0, \cdots, W_N, \mu)} f(W_0, \cdots, W_N, \mu) = \inf_{W_0} f_0(W_0) + \sum_{i=1}^{N} \mu^i \inf_{W_i} \tilde{f}_i(W_i) + O(\mu^{(N+1)}),$$

这里 $\tilde{f}_i(W_i) = f_i(W_i, \tilde{W}_{i-1}, \cdots, \tilde{W}_0)$, $\tilde{W}_k = \arg\inf_{W} \tilde{f}_k(W)$, $k = 0, \cdots, i-1$.

针对奇摄动最优控制问题 (5-16), 采用直接展开法来确定式 (5-22) 中的各项系数. 它的基本思想在于把式 (5-22) 代入式 (5-16), 先按不同尺度对原问题进行分解, 得到在不同时间段 T_j, $j = 0, \cdots, 4$ 上的问题. 不妨记为 $\bar{P}$、LP、QP 和 RP, 考虑问题 $\bar{P}, t \in T_1 \cup T_3$

$$\begin{cases} J[\bar{u}^{(\mp)}] = \int_0^T f(\bar{x}^{(\mp)}, \bar{u}^{(\mp)}, t, \mu)\, \mathrm{d}t \to \min_{\bar{u}^{(\mp)}}, \\ \mu\dfrac{\mathrm{d}\bar{x}^{(\mp)}}{\mathrm{d}t} = A(\bar{x}^{(\mp)}, t) + B(t)\bar{u}^{(\mp)}. \end{cases} \tag{5-27}$$

问题 $LP : \tau_0 \in [0, +\infty)$

$$\begin{cases} J[Lu] = \int_0^{+\infty} \Delta_0 f(\bar{W}^{(\mp)}(\mu\tau_0, \mu) + LW(\tau_0, \mu), \mu\tau_0, \mu)\mathrm{d}\tau_0 \to \min_{Lu}, \\ \dfrac{\mathrm{d}x}{\mathrm{d}\tau_0} = A(x, \mu\tau_0) + B(\mu\tau_0)u, \\ x(0) = x^0 - \varphi_1(0), \ x(+\infty) = 0, \end{cases}$$

其中

$$\Delta_0 f = f(\bar{W}^{(-)}(\mu\tau_0, \mu) + LW(\tau_0, \mu), \mu\tau_0, \mu) - f(\bar{W}^{(-)}(\mu\tau_0, \mu), \mu\tau_0, \mu).$$

问题 $QP : \tau \in (-\infty, +\infty)$

$$\begin{cases} J[Q^{(\mp)}u] = \int_{-\infty}^{+\infty} \Delta_0 f(\bar{W}^{(\mp)} + Q^{(\mp)}W(\tau, \mu), t^* + \mu\tau, \mu)\mathrm{d}\tau \to \min_{Q^{(\mp)}u}, \\ \dfrac{\mathrm{d}x}{\mathrm{d}\tau} = A(x, t^* + \mu\tau_0) + B(t^* + \mu\tau)u, \\ x(-\infty) = x(+\infty) = 0, \end{cases}$$

其中 $\Delta_0 f = f(\bar{W}^{(\mp)}(t^* + \mu\tau,\mu) + Q^{(\mp)}W(\tau,\mu),t^* + \mu\tau,\mu) - f(\bar{W}^{(\mp)}(t^* + \mu\tau,\mu),t^* + \mu\tau,\mu)$.

问题 $RP: \tau_1 \in (-\infty,0]$

$$\begin{cases} J[Ru] = \int_{-\infty}^{0} \Delta_0 f(\bar{W}^{(+)}(T + \mu\tau_1,\mu) + RW(\tau_1,\mu), T + \mu\tau_1,\mu)\mathrm{d}\tau_1 \to \min_{Ru}, \\ \dfrac{\mathrm{d}x}{\mathrm{d}\tau_1} = A(x, T + \mu\tau_1) + B(T + \mu\tau_1)u, \\ x(0) = x^T - \varphi_2(T),\ x(-\infty) = 0, \end{cases}$$

其中 $\Delta_0 f = f(\bar{W}^{(+)}(T + \mu\tau_1,\mu) + RW(\tau_1,\mu), T + \mu\tau_1,\mu) - f(\bar{w}^{(+)}(T + \mu\tau_1,\mu), T + \mu\tau_1,\mu)$.

往下把形式幂级数 (5-23)~(5-26) 分别代入到问题 $\bar{P}$、LP、QP 和 RP, 根据引理对相应函数按照 μ 展开, 再比较 μ 同次幂系数, 可以得到确定 $\bar{W}_i^{(\mp)}(t)$、$L_iW(\tau_0)$、$Q_i^{(\mp)}W(\tau)$、$R_iW(\tau_1)$ $i = 0,1,2,\cdots,N$ 的各最优控制问题. 首先写出确定各项中的零次项最优控制问题 $\bar{P}_0$

$$\begin{cases} J[\bar{u}_0^{(\mp)}] = \int_0^T f(\bar{x}_0^{(\mp)}, \bar{u}_0^{(\mp)}, t)\,\mathrm{d}t \to \min_{\bar{u}_0^{(\mp)}}, \\ 0 = A(\bar{x}_0^{(\mp)}, t) + B(t)\bar{u}_0^{(\mp)}. \end{cases} \tag{5-28}$$

L_0P 问题

$$\begin{cases} J[L_0u] = \int_0^{+\infty} \Delta_0 f(\bar{x}_0^{(-)}(0) + L_0x, \bar{u}_0^{(-)}(0) + L_0u, 0)\mathrm{d}\tau_0 \to \min_{L_0u}, \\ \dfrac{\mathrm{d}}{\mathrm{d}\tau_0}L_0x = A(L_0x, 0) + B(0)L_0u, \\ L_0x(0) = x^0 - \varphi_1(0), \quad L_0x(+\infty) = 0, \end{cases}$$

其中 $\Delta_0 f = f(\bar{x}_0^{(-)}(0) + L_0x, \bar{u}_0^{(-)}(0) + L_0u, 0) - f(\bar{x}_0^{(-)}(0), \bar{u}_0^{(-)}(0), 0)$.

Q_0P 问题

$$\begin{cases} J[Q_0u] = \int_{-\infty}^{+\infty} \Delta_0 f(\bar{x}_0^{(\mp)}(t_0) + Q_0^{(\mp)}x, \bar{u}_0^{(\mp)}(t_0) + Q_0^{(\mp)}u, t_0)\mathrm{d}\tau \to \min_{Q_0u}, \\ \dfrac{\mathrm{d}}{\mathrm{d}\tau}Q_0^{(\mp)}x = A(Q_0^{(\mp)}x, t_0) + B(t_0)Q_0^{(\mp)}u, \\ Q_0^{(\mp)}x(\mp\infty) = Q_0^{(\mp)}u(\mp\infty) = 0, \end{cases}$$

其中 $\Delta_0 f = f(\bar{x}_0^{(\mp)}(t_0) + Q_0^{(\mp)}x, \bar{u}_0^{(\mp)}(t_0) + Q_0^{(\mp)}u, t_0) - f(\bar{x}_0^{(\mp)}(t_0), \bar{u}_0^{(\mp)}(t_0), t_0)$.

R_0P 问题

$$\begin{cases} J[R_0u] = \displaystyle\int_{-\infty}^{0} \Delta_0 f(\bar{x}_0^{(+)}(T) + R_0x, \bar{u}_0^{(+)}(T) + R_0u, T)\mathrm{d}\tau_1 \to \min_{R_0u}, \\ \dfrac{\mathrm{d}}{\mathrm{d}\tau_1} R_0x = A(R_0x, T) + B(T)R_0u, \\ R_0x(0) = x^T - \varphi_2(T), \ R_0x(-\infty) = 0, \end{cases}$$

其中 $\Delta_0 f = f(\bar{x}_0^{(+)}(T) + R_0x, \bar{u}_0^{(+)}(T) + R_0u, T) - f(\bar{x}_0^{(+)}(T), \bar{u}_0^{(+)}(T), T)$.

在条件 H5.5~H5.7 之下, 问题 $\bar{P}_0$、L_0P、$Q_0^{(\mp)}P$、R_0P 的解都是存在的, 并且有

$$\bar{x}_0^{(\mp)} = \begin{cases} \varphi_1(t) \,, 0 \leqslant t < t_0, \\ \varphi_2(t) \,, t_0 < t \leqslant T, \end{cases}$$

$$\bar{u}_0^{(\mp)} = \begin{cases} \psi_1(t) = -B^{-1}(t)A(\varphi_1(t), t) \,, 0 \leqslant t < t_0, \\ \psi_2(t) = -B^{-1}(t)A(\varphi_2(t), t) \,, t_0 < t \leqslant T, \end{cases}$$

$$\parallel L_0W(\tau_0) \parallel \leqslant C_0 \mathrm{e}^{-\kappa_0\tau_0}, \ \kappa_0 > 0, \ \tau_0 \geqslant 0,$$

$$\parallel Q_0^{(\mp)}W(\tau) \parallel \leqslant C_0 \mathrm{e}^{\pm\kappa_0\tau}, \ \kappa_1 > 0, \ \tau \in \mathbf{R},$$

$$\parallel R_0W(\tau_1) \parallel \leqslant C_0 \mathrm{e}^{\kappa_0\tau_1}, \ \kappa_0 > 0, \ \tau_1 \leqslant 0.$$

其中 $\kappa_0 > 0$ 为正常数.

5.2.4 最优解的余项估计

通过上述计算, 这样就得到了渐近解的主项

$$\tilde{W}_0(t, \epsilon) = \begin{cases} \bar{W}_0^{(\mp)}(t) + L_0W(\tau_0) + Q_0^{(-)}W(\tau), \ 0 \leqslant t < t_0, \\ \bar{W}_0^{(\mp)}(t) + Q_0^{(+)}W(\tau) + R_0W(\tau_1), \ t_0 < t \leqslant T. \end{cases} \tag{5-29}$$

注意到 $\tilde{W}_0(t, \mu)$ 不满足边值条件 $x(0, \mu) = x^0$ 和 $x(T, \mu) = x^T$, 同时计算可得

$$\tilde{x}_0(0, \mu) - x^0 = p_1(\mu), \ x_0(T, \mu) = p_2(\mu), \quad p_i(\mu) = O(\mu), \ i = 1, 2.$$

引入磨光函数 $\theta_0(t, \mu)$, 利用其构造满足边值条件的容许函数 $X_0(t, \mu) = \tilde{x}_0(t, \mu) + \theta_0(t, \mu)$, 其中 $\theta_0(t, \mu) = O(\mu)$, 这样就得到了容许

函数对 $(X_0(t,\mu), U_0(t,\mu))$. 不失一般性, 假设边值条件 $x^0 = x^T = 0$, 同时令

$$X_\delta = \{x(t,\mu) : x(t,\mu) \in C[0,T], \| x(t,\mu) - X_0(t,\mu) \| \leqslant \delta,\ x(0) = x(T) = 0\},$$

$$U_\delta = \{u(t,\mu) : u(t,\mu) \in L_2[0,T],\ \| u(t,\mu) - U_0(t,\mu) \| \leqslant \delta,$$

其中 δ 是一常数.

给出文献 [124-125] 中的两个重要引理和主要结论.

引理 5.5   集合 U_δ 是一闭凸集.

引理 5.6   函数 $J[u] \in C^1(U_\delta)$, 同时在集合 U_δ 是一凸函数.

利用文献 [125] 中主要结果可得, 在 U_δ 内存在唯一的最优控制 u^*, 进而存在最优解 $x^* \in X_\delta$. 这样利用已有结果证明了 (5-16) 最优解的存在性. 接下来, 给出渐近解的一些相关结果.

考虑奇异摄动最优控制问题 (5-16) 的最优性条件

$$\begin{cases} \mu \dfrac{\mathrm{d}x}{\mathrm{d}t} = A(x,t) + B(t)u, \\[2mm] \mu \dfrac{\mathrm{d}\lambda}{\mathrm{d}t} = \mu f(x,u,t) + A_x(x,t)\lambda, \\[2mm] -\mu f_u(x,u,t) + B(t)\lambda^T = 0. \end{cases} \tag{5-30}$$

关于 Lagrange 乘子, 渐近表达式可表示为

$$\lambda(t,\mu) = \begin{cases} \bar{\lambda}^{(-)}(t) + L\lambda(\tau_0,\mu) + Q^{(-)}\lambda(\tau,\mu),\ 0 \leqslant t < t^*, \\[2mm] \bar{\lambda}^{(+)}(t) + Q^{(+)}\lambda(\tau,\mu) + R\lambda(\tau_1,\mu),\ t^* < t \leqslant T, \end{cases} \tag{5-31}$$

其 中 $\bar{\lambda}^{(\mp)}(t)$、$L\lambda(\tau_0)$、$Q^{(\mp)}\lambda(\tau)$、$R\lambda(\tau_1)$ 具 有 和 $\bar{W}^{(\mp)}(t)$、$LW(\tau_0)$、$Q^{(\mp)}W(\tau)$、$RW(\tau_1)$ 类似的表达式.

令 $W^* = (x^*, u^*)$ 为最优解, $\tilde{W}_0 = (\tilde{x}_0, \tilde{u}_0)$ 为渐近解的主项且不妨假设为容许函数(如果不满足边值条件, 可以通过磨光函数构造为容许函数). 利用已知, 可得

$$J[u^*] - J[\tilde{u}_0] + \langle J'[\tilde{u}_0], \tilde{u}_0 - u^* \rangle \geqslant C \| \tilde{u}_0 - u^* \|_{L^2}, \tag{5-32}$$

其中 C 是一常数. 利用 $J[u^*] - J[\tilde{u}_0] \leqslant 0$, 同时

$$\| \langle J'[\tilde{u}_0], \tilde{u}_0 - u^* \rangle \leqslant \| J'[\tilde{u}_0] \| \| \tilde{u}_0 - u^* \|_{L^2}, \tag{5-33}$$

可得

$$\| \tilde{u}_0 - u^* \|_{L^2} \leqslant C^{-1} \| J'[\tilde{u}_0], \tag{5-34}$$

且

$$J'[\tilde{u}_0] = -H_u(\tilde{x}_0, \tilde{u}_0, \tilde{\lambda}_0, t),$$

$$-H_u(\tilde{x}_0, \tilde{u}_0, \tilde{\lambda}_0, t) + O(\mu) = \mu f_u(\tilde{x}_0, \tilde{u}_0, t) - B^T(t)\tilde{\lambda}_0 + O(\mu) = 0, \tag{5-35}$$

从而

$$\| J'[\tilde{u}_0] \| = O(\epsilon). \tag{5-36}$$

把式 (5-36) 代入式 (5-34), 可得

$$\| u_0 - u^* \|_{L^2} \leqslant C^{-1}\mu. \tag{5-37}$$

因为

$$\| J[u^*] - J[\tilde{u}_0] \leqslant \| J'[\tilde{u}_0] \| \| \tilde{u}_0 - u^* \|_{L_2},$$

进一步

$$\| J[u^*] - J[\tilde{u}_0] \| \leqslant C^{-1}\mu^2.$$

综合可得:

定理 5.3　如果满足条件 H5.5～H5.8, 则存在 $\mu_0 > 0$, 当 $0 < \mu < \mu_0$ 时, 式 (5-16) 的解 $\tilde{x}^*$、$\tilde{u}^*$ 存在, 并且有下面的估计式

$$\| x^* - \tilde{x}_0 \| \leqslant C^{-1}\mu, \ \| u^* - \tilde{u}_0 \|_{L^2} \leqslant C^{-1}\mu, \ \| J[u^*] - J[\tilde{u}_0] \| \leqslant C^{-1}\mu^2,$$

其中 C 为某一整常数.

注释 5.1　因为 $\tilde{x}_n(0, \mu) - x^0 = O(\mu^{n+1}), \tilde{x}_n(T, \mu) - x^T = O(\mu^{n+1})$, 所以 $(\tilde{x}_n\tilde{u}_n)$ 不是容许解和容许控制, 这可以通过引进磨光函数来克服, 可以参看文献[115]的主要结果, 这里不再赘述.

第 6 章　奇异摄动最优控制切换系统的渐近解

混合动态系统是由连续变量动态系统和离散事件动态系统按一定规律相互混合、相互作用而构成的一类复杂动态系统. 正是因为混合动态系统构成的复杂性, 因此人们在系统研究过程中会根据各自的研究领域和研究方向的不同而引入相应的模型, 大都是用一组常微分方程来描述系统连续部分的特性, 用离散事件模型来表示系统离散部分的特性. 近年来, 对混合动态系统最优控制的研究成为一个热点问题[98−105], 针对相应的混合动态系统人们提出了很多有效的设计方法, 然而对于奇异摄动混合动态系统的研究仍不多见. 我们知道在系统理论与控制工程中, 其合理的数学模型通常是高阶的微分方程, 如果在这些系统中存在一些小的时间常数、惯量、电导或电容, 则会使得这些微分方程有相当高的阶数, 这时, 这些问题都可以归结为相应的奇异摄动系统. 因此对奇异摄动混合动态系统的研究是必要的, 也是十分有意义的. 本章基于 M. S. Branicky, V. S. Borkar 和 S. K. Mirtter[106] 的模型框架, 进一步提出了奇异摄动混合动态系统的最优控制模型. 我们在较强光滑性的条件下, 利用变分法研究了一类线性混合动态系统的最优控制问题, 同时, 借助于缝接法和边界层函数法, 证明了解的存在性, 并构造了一致有效的渐近解.

考虑混合动态奇异摄动最优控制问题

$$
\begin{cases}
J[u] = J_1[u_1] + J_2[u_2] \to \min, \\
J_i[u_i] = \displaystyle\int_{t_{i-1}}^{t_i} f_i(y_i, u_i, t)\mathrm{d}t, \\
\mu \dfrac{\mathrm{d}y_i}{\mathrm{d}t} = A_i(t)y_i + B_i(t)u_i, \\
y_1(t_0, \mu) = y_1^0, \ y_2(t_1) = y_1(t_1),
\end{cases}
\tag{6-1}
$$

其中 $\mu > 0$ 是小参数, $t \in [t_0, t_2]$, $0 = t_0 < t_1 < t_2$, $y_i \in \mathbf{R}^n$, $u_i \in \mathbf{R}^n$, $A_i(t)$ 和 $B_i(t)$ 是 $n \times n$ 矩阵, $i = 1, 2$.

由于讨论的需要, 给出如下假设:

H 6.1　假设函数 $f_i(y_i, u_i, t)$ 在区域 $D_i = \{(y_i, u_i, t)| \parallel y_i \parallel < A, u_i \in \mathbf{R}^n, 0 \leqslant t \leqslant T\}$ 上充分光滑, $A_i(t)$ 和 $B_i(t)$ 是充分光滑的且 $B_i(t)$ 是非奇异矩阵 $t \in [0, T]$, 其中 A 是一正常数, $i = 1, 2$.

H 6.2　假设存在唯一的函数 $\bar{y}_i = \varphi_i(t)$ 使得

$$\min_{\bar{y}_i} F_i(\bar{y}_i, t) = F(\varphi_i(t), t), \ t_{i-1} \leqslant t \leqslant t_i, \tag{6-2}$$

其中 $F_i(\bar{y}_i, t) = f_i(\bar{y}_i, -B_i^{-1}(t)A_i(t)\bar{y}_i, t), \ i = 1, 2$.

由假设 H6.2 可知

$$F_{1y_1}(\varphi_1(t), t) = 0, \ F_{2y_2}(\varphi_2(t), t) = 0. \tag{6-3}$$

定义泛函 $I(u, \lambda)$

$$I(u, \lambda) = I_1(u_1, \lambda_1) + I_2(u_2, \lambda_2),$$

$$I_i(u_i, \lambda_i) = \int_{t_{i-1}}^{t_i} \left[f_i(y_i, u_i, t) + \lambda_i^{\mathrm{T}}(t)\left(A_i(t)y_i + B_i(t)u_i - \mu y_i'\right)\right] \mathrm{d}t.$$

取一次变分可得

$$\delta I(u, \lambda) = \delta I_1(u_1, \lambda_1) + \delta I_2(u_2, \lambda_2),$$

$$\delta I_i(u_i, \lambda_i) = -\mu \lambda_i^{\mathrm{T}}(t_i)\delta y_i(t_i) + \mu \lambda_i^{\mathrm{T}}(t_{i-1})\delta y_i(t_{i-1}) + \int_{t_{i-1}}^{t_i} \left[\left(f_{iy_i}^{\mathrm{T}}(y_i, u_i, t) + \right.\right.$$

$$\left.\left. \lambda_i^{\mathrm{T}}(t)A_i(t) + \mu \lambda_i^{'\mathrm{T}}(t)\right)\delta y_i + \left(f_{iu_i}^{\mathrm{T}}(y_i, u_i, t) + \lambda_i^{\mathrm{T}} B_i(t)\right)\delta u_i\right] \mathrm{d}t,$$

从而可得

$$\begin{cases} \mu \dfrac{\mathrm{d}y_i}{\mathrm{d}t} = A_i(t)y_i + B_i(t)u_i, \\ \mu \dfrac{\mathrm{d}\lambda_i}{\mathrm{d}t} = -f_{iy_i}(y_i, u_i, t) - A_i^{\mathrm{T}}(t)\lambda_i, \\ f_{iu_i}(y_i, u_i, t) + B_i^{\mathrm{T}}(t)\lambda_i = 0, \\ y_1(t_0, \mu) = y_1^0, \ y_2(t_1) = y_1(t_1), \ \lambda_2(t_1) = \lambda_1(t_1), \ \lambda_2(t_2) = 0. \end{cases} \tag{6-4}$$

H 6.3　假设 $f_{iu_i}(y_i, u_i, t) + B_i^{\mathrm{T}}(t)\lambda_i = 0$ 关于 u_i 唯一可解, 即 $u_i = h_i(y_i, \lambda_i, t)$.

由假设 H6.3 和式 (6-4), 可以得到如下奇异摄动边值问题

$$\begin{cases} \mu\dfrac{\mathrm{d}y_i}{\mathrm{d}t} = A_i(t)y_i + B_i(t)h_i(y_i,\lambda_i,t), \\ \mu\dfrac{\mathrm{d}\lambda_i}{\mathrm{d}t} = -f_{iy_i}(y_i,h_i(y_i,\lambda_i,t),t) - A_i^{\mathrm{T}}(t)\lambda_i, \\ y_1(t_0,\mu)=y_1^0,\ y_2(t_1)=y_1(t_1),\ \lambda_2(t_1)=\lambda_1(t_1),\ \lambda_2(t_2)=0. \end{cases} \tag{6-5}$$

不妨把边值问题 (6-5) 的解看成是以下两个纯边界层问题解的缝接.

问题 $P^{(-)}$ $(t_0 \leqslant t \leqslant t_1)$

$$\begin{cases} \mu\dfrac{\mathrm{d}y_1}{\mathrm{d}t} = A_1(t)y_1 + B_1(t)h_1(y_1,\lambda_1,t), \\ \mu\dfrac{\mathrm{d}\lambda_1}{\mathrm{d}t} = -f_{1y_1}(y_1,h_1(y_1,\lambda_1,t),t) - A_1^{\mathrm{T}}(t)\lambda_1, \\ y_1(t_0,\mu)=y_1^0,\ \lambda_1(t_1)=\lambda^* = \sum\limits_{k=0}^{\infty}\mu^k\lambda_k, \end{cases} \tag{6-6}$$

问题 $P^{(+)}$ $(t_1 \leqslant t \leqslant t_2)$

$$\begin{cases} \mu\dfrac{\mathrm{d}y_2}{\mathrm{d}t} = A_2(t)y_2 + B_2(t)h_2(y_2,\lambda_2,t), \\ \mu\dfrac{\mathrm{d}\lambda_2}{\mathrm{d}t} = -f_{2y_2}(y_2,h_2(y_2,\lambda_2,t),t) - A_2^{\mathrm{T}}(t)\lambda_2, \\ y_2(t_1)=p^* = \sum\limits_{k=0}^{\infty}\mu^k p_k,\ \lambda_2(t_2)=0, \end{cases} \tag{6-7}$$

同时满足条件 $y_2(t_1)=y_1(t_1)$, $\lambda_2(t_1)=\lambda_1(t_1)$.

由假设 H6.2 可知, 退化问题

$$\begin{cases} A_i(t)y_i + B_i(t)h_i(y_i,\lambda_i,t) = 0, \\ -f_{iy_i}(y_i,h_i(y_i,\lambda_i,t),t) - A_i^{\mathrm{T}}(t)\lambda_i(t) = 0 \end{cases} \tag{6-8}$$

在 $t_{i-1} \leqslant t \leqslant t_i$, $i=1,2$ 上有唯一解

$$\bar{y}_i = \varphi_i(t),\ \bar{\lambda}_i = \alpha_i(t) = -\big(B_i^{\mathrm{T}}(t)\big)^{-1}f_{iu_i}\big(\varphi_i(t),-B_i^{-1}(t)A_i(t)\varphi_i(t),t\big).$$

取

$$x_i = \begin{bmatrix} y_i \\ \lambda_i \end{bmatrix},\quad g_i(x_i,t) = \begin{bmatrix} A_i(t)y_i + B_i(t)h_i(y_i,\lambda_i,t) \\ -f_{iy_i}(y_i,h_i(y_i,\lambda_i,t),t) - A_i^{\mathrm{T}}(t)\lambda_i \end{bmatrix},\ i=1,2.$$

H 6.4   假设对于 $t_{i-1} \leqslant t \leqslant t_{i-1}$, 矩阵 $g_{ix_i}(\bar{x}_i(t),t)$ 有特征根 $\bar{\lambda}_j^i(t)$, $j=1,2,\cdots,2n$, 且满足

$$\mathrm{Re}\bar{\lambda}_j^i(t) < 0,\ j=1,2,\cdots,n,$$

$$\operatorname{Re}\bar\lambda_j^i(t) > 0, \ j = n+1, n+2, \cdots, 2n,$$

其中 $\bar{x}_i(t) = (\varphi_i^{\mathrm{T}}(t), \alpha_i^{\mathrm{T}}(t))^{\mathrm{T}}$, $i = 1, 2$.

6.1 渐近解的构造

根据边界层函数法[17], 假设 $P^{(\mp)}$ 的形式渐近解具有下面形式

$$\begin{cases} x_1(t,\mu) = \sum\limits_{k=0}^{\infty} \mu^k(\bar{x}_{k1}(t) + L_k x_1(\tau_0) + Q_k x_1(\tau)), \ t_0 \leqslant t \leqslant t_1, \\ x_2(t,\mu) = \sum\limits_{k=0}^{\infty} \mu^k(\bar{x}_{k2}(t) + Q_k x_2(\tau) + R_k x_2(\tau_1)), \ t_1 \leqslant t \leqslant t_2, \end{cases} \tag{6-9}$$

其中 $\tau_0 = t\mu^{-1}$, $\tau = (t-t_1)\mu^{-1}$, $\tau_1 = (t-t_2)\mu^{-1}$.

把形式渐近解 (6-9) 代入到式 (6-6) 和 (6-7) 中, 按快慢变量 t、τ_0、τ 与 τ_1 分离, 再比较 μ 的同次幂, 可以得到确定式 (6-9) 中各项 $\bar{y}_{ki}(t)$、$\bar\lambda_{ki}(t)$、$L_k y_1(\tau_0)$、$L_k \lambda_1(\tau_0)$、$Q_k y_i(\tau)$、$Q_k \lambda_i(\tau)$ 和 $R_k y_2(\tau_1)$、$R_k u_2(\tau_1)$, $k \geqslant 0$, $i = 1, 2$ 的一系列方程和条件.

先写出确定零次正则项 $\bar{y}_{0i}(t)$、$\bar\lambda_{0i}(t)$, $i = 1, 2$ 的方程和条件

$$\begin{cases} A_i(t)\bar{y}_{0i} + B_i(t)h_i(\bar{y}_{0i}, \bar\lambda_{0i}, t) = 0, \\ -f_{iy_i}(\bar{y}_{0i}, h_i(\bar{y}_{0i}, \bar\lambda_{0i}, t), t) - A_i^{\mathrm{T}}(t)\bar\lambda_{0i}(t) = 0, \end{cases}$$

由假设 H6.2可得

$$\begin{cases} \bar{y}_{01}(t) = \varphi_1(t), \ t_0 \leqslant t \leqslant t_1, \\ \bar{y}_{02}(t) = \varphi_2(t), \ t_1 \leqslant t \leqslant t_2, \end{cases} \quad \begin{cases} \bar\lambda_{01}(t) = \alpha_1(t), \ t_0 \leqslant t \leqslant t_1, \\ \bar\lambda_{02}(t) = \alpha_2(t), \ t_1 \leqslant t \leqslant t_2. \end{cases}$$

写出确定 $L_0 y_1(\tau_0)$、$L_0 \lambda_1(\tau_0)$ 和 $Q_0 y_1(\tau)$、$Q_0 \lambda_1(\tau)$ 的方程和条件

$$\begin{cases} \dfrac{\mathrm{d}L_0 y_1}{\mathrm{d}\tau_0} = A_1(t_0)(\varphi_1(t_0) + L_0 y_1) + B_1(t_0)h_1(L_0 y_1, L_0 \lambda_1, t_0), \\ \dfrac{\mathrm{d}L_0 \lambda_1}{\mathrm{d}\tau_0} = -f_{1y_1}\big(\varphi_1(t_0) + L_0 y_1, h_1(L_0 y_1, L_0 \lambda_1, t_0), t_0\big) - \\ A_1^{\mathrm{T}}(t_0)(\alpha_1(t_0) + L_0 \lambda_1), \\ L_0 y_1(0) = y_1^0 - \varphi_1(t_0), \ L_0 y_1(+\infty) = 0, \ L_0 \lambda_1(+\infty) = 0, \end{cases} \tag{6-10}$$

其中

$$h_1(L_0 y_1, L_0 \lambda_1, 0) = h_1(\varphi_1(t_0) + L_0 y_1, \alpha_1(t_0) + L_0 \lambda_1, t_0).$$

$$\begin{cases} \dfrac{\mathrm{d}Q_0 y_1}{\mathrm{d}\tau} = A_1(t_1)(\varphi_1(t_1) + Q_0 y_1) + B_1(t_1)h_1(Q_0 y_1, Q_0 \lambda_1, t_1), \\[2mm] \dfrac{\mathrm{d}Q_0 \lambda_1}{\mathrm{d}\tau} = -f_{1y_1}\big(\varphi_1(t_1) + Q_0 y_1, h_1(Q_0 y_1, Q_0 \lambda_1, t_1), t_1\big) - \\[2mm] A_1^{\mathrm{T}}(t_1)(\alpha_1(t_1) + Q_0 \lambda_1), \\[2mm] Q_0 \lambda_1(0) = \lambda_0 - \alpha_1(t_1), \quad Q_0 y_1(-\infty) = 0, \quad Q_0 \lambda_1(-\infty) = 0, \end{cases} \tag{6-11}$$

其中

$$h_1(Q_0 y_1, Q_0 \lambda_1, t_1) = h_1(\varphi_1(t_1) + Q_0 y_1, \alpha_1(t_1) + Q_0 \lambda_1, t_1).$$

问题 (6-11) 的一次近似系统为

$$\frac{\mathrm{d}Q_0 x_1}{\mathrm{d}\tau} = g_{1x_1}(\bar{x}_{01}(t_1), t_1)Q_0 x_1(\tau_1)$$

这里 $\bar{x}_{01}(t_1) = \big(\varphi_1^{\mathrm{T}}(t_1), \alpha_1^{\mathrm{T}}(t_1)\big)^{\mathrm{T}}$. 根据假设 H6.4, 在点 $\big(\varphi_1(t_1), \alpha_1(t_1), t_1\big)$ 附近存在一个 n 维的不稳定微分流形 U, 假设在 $Q_0 \lambda_1(\tau)$ 的某个区域 G_1 上, 可写成

$$Q_0 y_1 = \phi_1(Q_0 \lambda_1).$$

为了保证 (6-10) 和 (6-11) 解的存在性, 给出下面的条件:

H 6.5 假设 y_1^0 与过点 $\big(\varphi_1(t_0), \alpha_1(t_0), t_0\big)$ 的 n 维稳定流形横截相交, 且 $Q_0 \lambda_1(0) = \lambda_0 - \alpha_1(t_1) \in G_1$.

写出确定 $Q_0 y_2(\tau)$、$Q_0 \lambda_2(\tau)$ 和 $R_0 y_2(\tau_2)$、$R_0 \lambda_2(\tau_2)$ 的方程和条件

$$\begin{cases} \dfrac{\mathrm{d}Q_0 y_2}{\mathrm{d}\tau} = A_2(t_1)(\varphi_2(t_1) + Q_0 y_2) + B_2(t_1)h_2(Q_0 y_2, Q_0 \lambda_2, t_1), \\[2mm] \dfrac{\mathrm{d}Q_0 \lambda_2}{\mathrm{d}\tau} = -f_{2y_2}\big(\varphi_2(t_1) + Q_0 y_2, h_2(Q_0 y_2, Q_0 \lambda_2, t_1), t_1\big) - \\[2mm] A_2^{\mathrm{T}}(t_1)(\alpha_2(t_1) + Q_0 \lambda_2), \\[2mm] Q_0 y_2(0) = p_0 - \varphi_2(t_1), \quad Q_0 y_2(+\infty) = 0, \quad Q_0 \lambda_2(+\infty) = 0, \end{cases} \tag{6-12}$$

其中

$$h_2(Q_0 y_2, Q_0 \lambda_2, t_1) = h_2(\varphi_2(t_1) + Q_0 y_2, \alpha_2(t_1) + Q_0 \lambda_2, t_1).$$

$$\begin{cases} \dfrac{\mathrm{d}R_0 y_2}{\mathrm{d}\tau_1} = A_2(t_2)(\varphi_2(t_2) + R_0 y_2) + B_2(t_2)h_2(R_0 y_2, R_0 \lambda_2, t_2), \\[2mm] \dfrac{\mathrm{d}R_0 \lambda_2}{\mathrm{d}\tau_1} = -f_{2y_2}\big(\varphi_2(t_2) + R_0 y_2, h_2(R_0 y_2, R_0 \lambda_2, t_2), t_2\big) \\[2mm] \qquad\qquad - A_2^{\mathrm{T}}(t_2)(\alpha_2(t_2) + R_0 \lambda_2), \\[2mm] R_0\lambda_2(0) = -\alpha_2(t_2), \quad R_0 y_2(-\infty) = 0, \quad R_0 \lambda_2(-\infty) = 0, \end{cases} \tag{6-13}$$

其中

$$h_2(R_0 y_2, R_0 \lambda_2, t_2) = h_2(\varphi_2(t_2) + R_0 y_2, \alpha_2(t_2) + R_0 \lambda_2, t_2).$$

类似于 $P^{(-)}$ 的讨论, 知道在点 $(\varphi_2(t_1), \alpha_2(t_1), t_1)$ 附近存在一个 n 维的稳定微分流形 S, 假设在 $Q_0 y_2(\tau_1)$ 的某个区域 G_2 上, 可写成

$$Q_0\lambda_2 = \phi_2(Q_0 y_2).$$

H 6.6   假设 0 与过点 $(\varphi_2(t_2), \alpha_2(t_2), t_2)$ 的 n 维不稳定流形横截相交, 且 $Q_0 y_2(0) = p_0 - \varphi_2(t_1) \in G_2$.

现在考虑 $P^{(-)}$ 的高阶近似渐近解所满足的方程和定解条件

$$\frac{\mathrm{d}\bar{x}_{(k-1)1}}{\mathrm{d}t} = g_{1x_1}(\bar{x}_{01}(t), t)\bar{x}_{k1} + F_k(t), \tag{6-14}$$

$$\begin{cases} \dfrac{\mathrm{d}L_k x_1}{\mathrm{d}\tau_0} = g_{1x_1}(\bar{x}_{01}(t_0) + L_0 x_1(\tau_0), t_0)L_k x_1(\tau_0) + LF_k(\tau_0), \\[2mm] \bar{y}_{k1}(t_0) + L_k y_1(0) = 0, \quad L_k y_1(+\infty) = 0, \quad L_k \lambda_1(+\infty) = 0, \end{cases} \tag{6-15}$$

$$\begin{cases} \dfrac{\mathrm{d}Q_k x_1}{\mathrm{d}\tau} = g_{1x_1}(\bar{x}_{01}(t_1) + Q_0 x_1(\tau), t_1)Q_k x_1(\tau) + QF_k(\tau), \\[2mm] Q_k\lambda_1(0) + \bar{\lambda}_{k1}(t_1) = \lambda_k, \quad Q_k y_1(-\infty) = 0, \quad Q_k \lambda_1(-\infty) = 0, \end{cases} \tag{6-16}$$

其中 $\bar{x}_{01}(t) = \big(\varphi_1^{\mathrm{T}}(t), \alpha_1^{\mathrm{T}}(t)\big)^{\mathrm{T}}$、$F_k(t)$、$LF_k(\tau_0)$、$QF_k(\tau)$ 是按确定的方法表示的已知函数的复合. 考虑方程 (6-16), 这是一阶线性非齐次的微分方程组, 非齐次项 $QF_k(\tau)$ 是一个已知向量函数, 所对应的齐次方程组是 (6-11) 的变分方程. 因此, 根据 A. B. Vasil'eva 和 V. F. Butuzov[8] 的主要结果, 可知满足边界条件

$$Q_k\lambda_1(0) + \bar{\lambda}_{k1}(t_1) = \lambda_k, \quad Q_k y_1(-\infty) = 0, \quad Q_k \lambda_1(-\infty) = 0$$

的解 $Q_k x_1$ 存在且指数式衰减.

$$Q_k y_1(0) = \frac{\partial \phi_1}{\partial Q_0 \lambda_1}\bigg|_{\tau=0} Q_k \lambda_1(0) + \delta_k,$$

其中 δ_k 是与 $\phi_1, Q F_k(\tau)$ 有关的一个确定的常数向量.

左边界层 $L_k x_1(\tau_0)$ 可类似得出, 这样就构造了 $P^{(-)}$ 的渐近解.

关于 $Q_k x_2(\tau)$ 的高次近似方程组, 存在唯一解的初始条件为

$$Q_k \lambda_2(0) = \frac{\partial \phi_2}{\partial Q_0 y_2}\bigg|_{\tau=0} Q_k y_2(0) + \sigma_k,$$

其中 σ_k 为一个已知的常数向量.

对于右边界层 $R_k x_2(\tau_1)$ 可完全类似讨论, 在此不再赘述. 至此已完整构造了 $P^{(-)}$、$P^{(+)}$ 的形式渐近解. 利用表达式 $u_i = h_i(y_i, \lambda_i, t)$ 及 y_i、λ_i 的渐近表达式, 可以构造出 $u_i, i = 1, 2$ 的渐近表达式. 注意, 这些形式渐近解中含有未知参数 λ^* 和 p^*.

接下来, 利用解的连续性确定向量参数 λ^* 和 p^*, 即满足条件

$$x_1(t_1) = x_2(t_1). \tag{6-17}$$

记

$$A = \frac{\partial \phi_1}{\partial Q_0 \lambda_1}\bigg|_{\tau=0}, \quad B = \frac{\partial \phi_2}{\partial Q_0 y_2}\bigg|_{\tau=0},$$

则 (6-17) 式可表示为

$$\begin{bmatrix} \varphi_1(t_1) + \phi_1(\lambda_0 - \alpha_1(t_1)) + \sum_{k=1}^{+\infty} \mu^k \left[\bar{y}_{k1}(t_1) + A(\lambda_k - \bar{\lambda}_{k1}(t_1)) + \delta_k \right] \\ \lambda_0 + \sum_{k=1}^{+\infty} \mu^k \lambda_k \end{bmatrix}$$

$$= \begin{bmatrix} p_0 + \sum_{k=1}^{+\infty} \mu^k p_k \\ \alpha_2(t_1) + \phi_2(p_0 - \varphi_2(t_1)) + \sum_{k=1}^{+\infty} \mu^k \left[\bar{\lambda}_{k2}(t_1) + B(p_k - \bar{y}_{k2}(t_1)) + \sigma_k \right] \end{bmatrix}.$$

比较上式两端 μ 的零次幂, 得到方程组

$$\begin{cases} \varphi_1(t_1) + \phi_1(\lambda_0 - \alpha_1(t_1)) = p_0, \\ \lambda_0 = \alpha_2(t_1) + \phi_2(p_0 - \varphi_2(t_1)). \end{cases} \tag{6-18}$$

比较 μ 的 k 次幂, 可以得到方程组

$$\begin{cases} \bar{y}_{k1}(t_1) + A(\lambda_k - \bar{\lambda}_{k1}(t_1)) + \delta_k = p_k, \\ \lambda_k = \bar{\lambda}_{k2}(t_1) + B(p_k - \bar{y}_{k2}(t_1)) + \sigma_k. \end{cases} \tag{6-19}$$

为了保证方程组 (6-18) 和 (6-19) 有唯一解, 给出如下条件:

H 6.7   假设向量方程组

$$\begin{cases} \varphi_1(t_1) + \phi_1(\lambda_0 - \alpha_1(t_1)) = p_0, \\ \lambda_0 = \alpha_2(t_1) + \phi_2(p_0 - \varphi_2(t_1)) \end{cases}$$

有唯一解 λ_0、 p_0.

H 6.8   假设矩阵 $E - AB$, $E - BA$ 均可逆.

根据假设 H6.8 可知 p_k、λ_k 可从 (6-19) 中解出

$$p_k = (E - AB)^{-1}(AD_k + C_k), \quad \lambda_k = (E - BA)^{-1}(BC_k + D_k),$$

其中

$$C_k = -A\bar{\lambda}_{k1}(t_1) + \bar{y}_{k1}(t_1) + \delta_k, \quad D_k = -B\bar{y}_{k2}(t_1) + \bar{\lambda}_{k2}(t_1) + \sigma_k, \quad k \geqslant 1.$$

至此, 所有参数 p_k、λ_k 已确定.

6.2   解的存在性和渐近表达式

这里将采用缝接法来证明 (6-5) 解的存在性, 同时给出渐近表达式. 令

$$x^* = x_0 + \mu x_1 + \cdots + \mu^N x_N,$$

这里不再对 x_N 作展开, 目的是证明 x_N 的存在性, 从而证明 x^* 的存在性.

考虑差值函数

$$
\begin{aligned}
\Delta x|_{t=t_1} &= x_1(x^*, t_1) - x_2(x^*, t_1) \\
&= \big[x_{01}(x^*, t_1) - x_{02}(x^*, t_1) \big] + \cdots + \\
&\quad \mu^{N-1} \big[x_{(N-1)1}(x^*, t_1) - x_{(N-1)2}(x^*, t_1) \big] + \\
&\quad \mu^N \begin{bmatrix} \bar{y}_{N1}(t_1) + A\big(\lambda_N - \bar{\lambda}_{N1}(t_1)\big) + \delta_N - p_N \\ \lambda_N - \bar{\lambda}_{N2}(t_1) - B\big(p_N - \bar{y}_{N2}(t_1)\big) - \sigma_N \end{bmatrix} + O(\mu^{N+1}) \\
&= \mu^N \begin{bmatrix} -p_N + A\lambda_N + C_N + O(\mu) \\ \lambda_N - Bp_N - D_N + O(\mu) \end{bmatrix}
\end{aligned}
$$

令上式右端为零, 求解该方程组, 可得 $p_N = (E - AB)^{-1}\big(AD_N + C_N + O(\mu)\big)$, $\lambda_N = (E - BA)^{-1}\big(BC_N + D_N + O(\mu)\big)$, 此时, $\Delta x|_{t=t_1} = 0$, 即问题 $P^{(-)}$、$P^{(+)}$ 的渐近解在 t_1 的值相等.

在文献[8]中, 作者证明了满足稳定性条件的两点边值问题解的存在唯一性及渐近解的一致有效性. 在本书中, 把问题 (6-5) 分成了两个满足稳定性条件的两点边值问题的连续连接. 因此, 有如下定理:

定理 6.1　如果满足假设 H6.1~H6.8, 那么对足够小的 $\mu > 0$, 最优控制问题 (6-1) 存在唯一解 $x(t, \mu)$, 进一步满足下面的渐近表达式

$$
x(t, \mu) = \begin{cases} \displaystyle\sum_{k=0}^{N} \mu^k \big(\bar{x}_{k1}(t) + L_k x_1(\tau_0) + Q_k x_1(\tau) \big) + O(\mu^{N+1}), & t_0 \leqslant t \leqslant t_1, \\ \displaystyle\sum_{k=0}^{N} \mu^k \big(\bar{x}_{k2}(t) + Q_k x_2(\tau) + R_k x_2(\tau_1) \big) + O(\mu^{N+1}), & t_1 \leqslant t \leqslant t_2. \end{cases}
$$

6.3　例子

考虑最优控制问题

$$
\begin{cases} J[u] = \displaystyle\int_0^1 \Big(y_1^2 + 3y_1 + \frac{1}{2}u_1^2 \Big)\mathrm{d}t + \int_1^2 \Big(2y_2^2 + 5y_2 + \frac{1}{2}u_2^2 \Big)\mathrm{d}t \to \min_u, \\ \mu\dfrac{\mathrm{d}y_1}{\mathrm{d}t} = -y_1 + u_1, \\ \mu\dfrac{\mathrm{d}y_2}{\mathrm{d}t} = -y_2 + u_2, \\ y_1(0, \mu) = 2, \ y_2(1, \mu) = y_1(1, \mu), \end{cases}
$$

$$\tag{6-20}$$

这里 $\mu > 0$ 是一小参数.

结合最优控制问题 (6-20) 最优解条件可得

$$\begin{cases} \bar{y}_{01}(t) = -1, \ 0 \leqslant t \leqslant 1, \\ \bar{y}_{02}(t) = -1, \ 1 \leqslant t \leqslant 2, \end{cases} \quad \begin{cases} \bar{\lambda}_{01}(t) = 1, \ 0 \leqslant t \leqslant 1, \\ \bar{\lambda}_{02}(t) = 1, \ 1 \leqslant t \leqslant 2. \end{cases}$$

确定 $Q_0 y_1$ 和 $Q_0 \lambda_1$ 的方程和条件为

$$\begin{cases} \dfrac{\mathrm{d}Q_0 y_1}{\mathrm{d}\tau} = \sqrt{3} Q_0 y_1, \ Q_0 \lambda_1 = -(\sqrt{3} + 1) Q_0 y_1, \\ Q_0 \lambda_1(0) = \lambda_0 - 1, \ Q_0 y_1(-\infty) = 0, \ Q_0 \lambda_1(-\infty) = 0. \end{cases}$$

确定 $Q_0 y_2$ 和 $Q_0 \lambda_2$ 的方程和条件为

$$\begin{cases} \dfrac{\mathrm{d}Q_0 y_2}{\mathrm{d}\tau} = -\sqrt{5} Q_0 y_2, \ Q_0 \lambda_2 = (\sqrt{5} - 1) Q_0 y_2, \\ Q_0 y_2(0) = p_0 + 1, \ Q_0 y_2(+\infty) = 0, \ Q_0 \lambda_2(+\infty) = 0, \end{cases}$$

利用 $y_2(1) = y_1(1)$, $\lambda_2(1) = \lambda_1(1)$ 可得

$$p_0 = -1, \ \lambda_0 = 1, \ Q_0 y_1 = 0, \ Q_0 \lambda_1 = 0, \ Q_0 y_2 = 0, \ Q_0 \lambda_2 = 0.$$

同样地, 有

$$L_0 y_1 = 3\mathrm{e}^{-\sqrt{3}\tau_0}, \ L_0 \lambda_1 = (3\sqrt{3} - 3)\mathrm{e}^{-\sqrt{3}\tau_0},$$

$$R_0 y_2 = \frac{(\sqrt{5} - 1)\mathrm{e}^{\sqrt{5}\tau_1}}{4}, \ R_0 \lambda_2 = -\mathrm{e}^{\sqrt{5}\tau_1}.$$

由最优解条件知道 $u_1 + \lambda_1 = 0$, $u_2 + \lambda_2 = 0$, 从而, 得到式 (6-20) 的形式渐近解

$$\begin{cases} y_1(t, \mu) = -1 + 3\mathrm{e}^{-\sqrt{3}\tau_0} + O(\mu), & 0 \leqslant t \leqslant 1, \\ u_1(t, \mu) = -1 + (3 - 3\sqrt{3})\mathrm{e}^{-\sqrt{3}\tau_0} + O(\mu), & 0 \leqslant t \leqslant 1, \end{cases}$$

$$\begin{cases} y_2(t, \mu) = -1 + \dfrac{(\sqrt{5} - 1)\mathrm{e}^{\sqrt{5}\tau_1}}{4} + O(\mu), & 1 \leqslant t \leqslant 2, \\ u_2(t, \mu) = -1 + \mathrm{e}^{\sqrt{5}\tau_1} + O(\mu), & 1 \leqslant t \leqslant 2. \end{cases}$$

第 7 章　奇异摄动空间对照结构理论的新发展

本章包含三部分, 前两部分介绍关于奇异摄动最优控制问题中空间对照结构的最新进展, 利用新方法给出了空间对照结构问题的求解; 第三部分是关于带有积分边界条件的奇异摄动快慢系统中空间对照结构的研究. 需要指出, 这一章利用边界层函数法给出了高阶渐近解, 让读者对于高阶渐近解的构造有了深入和系统的了解, 是作者的最新研究成果.

7.1　一类线性奇异摄动最优控制问题的渐近解

研究发现, 关于奇异摄动最优控制问题中空间对照结构解的研究并不多见, 对于初始点固定终端不固定的情形至今没有见到报道, 本章引入新的方法进行研究.

将利用边界层函数法和动力系统理论, 研究一类初始点固定终端自由情形的奇异摄动最优控制问题, 证明空间对照结构解的存在性, 同时构造其一致有效的形式渐近解.

考虑线性奇异摄动最优控制问题

$$\begin{cases} J[u] = \mu\psi(y(T)) + \int_0^T f(y,u,t)\mathrm{d}t \to \min_u, \\ \mu\dfrac{\mathrm{d}y}{\mathrm{d}t} = a(t)y + b(t)u, \\ y(0,\mu) = y^0, \end{cases} \tag{7-1}$$

其中 $\mu > 0$ 是一小参数, $y \in \mathbf{R}$ 是状态变量, $u \in \mathbf{R}$ 是控制输入.

假设如下条件成立:

H 7.1　假设函数 $a(t)$、$b(t)$、$\psi(y(T))$ 和 $f(y,u,t)$ 在区域 $D = \{(y,u,t) \mid |y| < A, u \in \mathbf{R}, 0 \leqslant t \leqslant T\}$ 上充分光滑, 其中 A 是一正常数.

令式 (7-1) 中 $\mu = 0$, 可得相应的退化问题

$$J[\bar{u}] = \int_0^T f(\bar{y}, \bar{u}, t)\mathrm{d}t \to \min_{\bar{u}}, \ \bar{u} = -b^{-1}(t)a(t)\bar{y}. \tag{7-2}$$

问题 (7-2) 可改写为

$$J[\bar{u}] = \int_0^T F(\bar{y}, t)\mathrm{d}t \to \min_{\bar{y}},$$

其中 $F(\bar{y}, t) = f(\bar{y}, -b^{-1}(t)a(t)\bar{y}, t)$.

H 7.2　假设存在两个孤立根 $\bar{y} = \varphi_1(t)$ 和 $\bar{y} = \varphi_2(t)$ 满足

$$\min_{\bar{y}} F(\bar{y}, t) = \begin{cases} F(\varphi_1(t), t), \ 0 \leqslant t \leqslant t_1, \\ F(\varphi_2(t), t), \ t_1 \leqslant t \leqslant T, \end{cases} \tag{7-3}$$

同时

$$\begin{cases} F_y(\varphi_1(t), t) = 0, \ F_{yy}(\varphi_1(t), t) > 0, \ 0 \leqslant t \leqslant t_1, \\ F_y(\varphi_2(t), t) = 0, \ F_{yy}(\varphi_2(t), t) > 0, \ t_1 \leqslant t \leqslant T. \end{cases} \tag{7-4}$$

由假设 H7.2, 可知

$$\bar{u}(t) = \begin{cases} \alpha_1(t) = -b^{-1}(t)a(t)\varphi_1(t), \ 0 \leqslant t < t_1, \\ \alpha_2(t) = -b^{-1}(t)a(t)\varphi_2(t), \ t_1 < t \leqslant T. \end{cases}$$

H 7.3　假设在区域 D 上函数 $f_{u^2}(y, u, t) > 0$, 同时存在唯一的点 $t_1 \in [0, T]$ 满足 $f(\varphi_1(t_1), \alpha_1(t_1), t_1) = f(\varphi_2(t_1), \alpha_2(t_1), t_1)$.

令 $0 = t_0 < t_1 < t_2 = T$, $\tau_i = (t - t_i)/\mu$, $i = 0, 2$, $\tau_1 = (t - t^*)/\mu$, 其中 $t^* \in [t_0, t_2]$ 具有形式

$$t^* = t_1 + \mu t_{11} + \cdots + \mu^k t_{1k} + \cdots.$$

Hamilton 函数

$$H(y, u, \lambda, t) = f(y, u, t) + \tilde{\lambda}\mu^{-1}\big(a(t)y + b(t)u\big),$$

其中 $\tilde{\lambda}$ 是 Lagrange 乘子.

利用变分法可得一阶最优性条件

$$
\begin{cases}
\mu y' = a(t)y + b(t)u, \\
\tilde{\lambda}' = -f_y(y,u,t) - \tilde{\lambda}\mu^{-1}a(t), \\
f_u(y,u,t) + \tilde{\lambda}\mu^{-1}b(t) = 0, \\
y(0,\mu) = y^0, \tilde{\lambda}(T) = \mu \dfrac{\partial \psi(y(T))}{\partial y(T)}.
\end{cases}
\tag{7-5}
$$

作变换 $H_1(y(T)) = \dfrac{\partial \psi(y(T))}{\partial y(T)}$, $\tilde{\lambda} = \mu\lambda$. 因为 $f_{u^2}(y,u,t) > 0$, 可知

$$
f_u(y,u,t) + \lambda b(t) = 0
$$

关于变量 u 是可解的, 借助于隐函数定理, 有 $u = g(y,\lambda,t)$.

利用方程 (7-5), 可得奇异摄动边值问题

$$
\begin{cases}
\mu \dfrac{dy}{dt} = a(t)y + b(t)g(y,\lambda,t), \\
\mu \dfrac{d\lambda}{dt} = -f_y(y,g(y,\lambda,t),t) - a(t)\lambda, \\
y(0,\mu) = y^0, \lambda(T) = H_1(y(T)),
\end{cases}
\tag{7-6}
$$

方程 (7-6) 的极限快系统关于时间尺度 $\tau_i = (t-t_i)/\mu$, $i = 0,1,2$ 可表述为

$$
\begin{cases}
\dfrac{dy}{d\tau_i} = a(t_i)y + b(t_i)g(y,\lambda,t_i), \\
\dfrac{d\lambda}{d\tau_i} = -f_y(y,g(y,\lambda,t_i),t_i) - a(t_i)\lambda.
\end{cases}
\tag{7-7}
$$

为了得到渐近解的表达式, 接下来的条件是关键和必要的.

H 7.4　　假设 $q_i(\tau_i) = (q_{i1}(\tau_i), q_{i2}(\tau_i))^{\mathrm{T}}$ 是方程 (7-7) 的解, 其中 $q_{i1}(\tau_i) \to \varphi_i(t_i)$, $\tau_i \to -\infty$, $i = 1,2$, $q_{i1}(\tau_i) \to \varphi_{i+1}(t_i)$, $\tau_i \to +\infty$, $i = 0,1$. 同时, $q_{01}(0) = y^0$, $q_{22}(0) = H_1(q_{21}(0))$.

线性齐次方程

$$
\phi_i'(\tau_i) - A\phi_i(\tau_i) = 0
\tag{7-8}
$$

和共轭方程

$$
\psi_i'(\tau_i) + A^*\psi_i(\tau_i) = 0
\tag{7-9}
$$

是构造边界层解和内部层解的关键方程, 其中

$$\phi_i(\tau_i) = (\phi_{i1}(\tau_i), \phi_{i2}(\tau_i))^{\mathrm{T}}, \quad \psi_i(\tau_i) = (\psi_{i1}(\tau_i), \psi_{i2}(\tau_i))^{\mathrm{T}},$$

$$A = \begin{bmatrix} a(t_i) + b(t_i)g_y & b(t_i)g_\lambda \\ -f_{yy} - f_{yu}g_y & -f_{yu}g_\lambda - a(t_i) \end{bmatrix}, i = 0, 1, 2,$$

$$f_{yy} = f_{yy}(q_{i1}(\tau_i), g(q_{i1}(\tau_i), q_{i2}(\tau_i), t_i), t_i),$$

$$f_{yu} = f_{yu}(q_{i1}(\tau_i), g(q_{i1}(\tau_i), q_{i2}(\tau_i), t_i), t_i),$$

$$g_y = g_y(q_{i1}(\tau_i), q_{i2}(\tau_i), t_i),$$

$$g_\lambda = g_\lambda(q_{i1}(\tau_i), q_{i2}(\tau_i), t_i).$$

H 7.5 假设 $\phi_i(\tau_i)$ 是方程 $(7\text{-}8)_{i=0,2}$ 的非平凡有界解, 同样地, $\phi_0(0) \neq 0$, $\phi_2(0) \neq 0$.

利用假设 H7.4, 可知 $q_1'(\tau_1)$ 是方程 $(7\text{-}8)_{i=1}$ 的非平凡解.

H 7.6 假设 $q_1'(\tau_1)$ 是方程 $(7\text{-}8)_{i=1}$ 的唯一有界解, 同时, $\int_{-\infty}^{\infty} \psi_1^* B \mathrm{d}\tau_1 \neq 0$, 其中

$$B = \begin{bmatrix} a'(t_1)q_{11}(\tau_1) + b'(t_1)g + b(t_1)g_t \\ -f_{yu}g_t - f_{yt} - a'(t_i)q_{12}(\tau_1) \end{bmatrix},$$

$$g = g(q_{11}(\tau_1), q_{12}(\tau_1), t_1),$$

$$g_t = g_t(q_{11}(\tau_1), q_{12}(\tau_1), t_1),$$

$$f_{yu} = f_{yu}(q_{11}(\tau_1), g(q_{11}(\tau_1), q_{12}(\tau_1), t_1), t_1),$$

$$f_{yt} = f_{yt}(q_{11}(\tau_1), g(q_{11}(\tau_1), q_{12}(\tau_1), t_1), t_1).$$

为了证明边值问题 (7-6) 空间对照结构解的存在性, 给出如下定理[11]:

定理 7.1 考虑奇异摄动边值问题

$$\begin{cases} \varepsilon \dfrac{\mathrm{d}x}{\mathrm{d}t} = f(x, t, \varepsilon), \\ B_1(x(a), \varepsilon) = 0, \ B_2(x(b), \varepsilon) = 0, \end{cases} \tag{7-10}$$

其中 $t_0 = a < t_1 < t_2 < \cdots < t_{r-1} < t_r = b$.

假设如下条件成立:

[A₁] 假设 $p_i(t)$ 是退化系统的解, 满足

$$f(p_i(t), t, 0) = 0, \ t_{i-1} \leqslant t \leqslant t_i, \ i = 1, \cdots r.$$

[A₂] 假设函数 $q_i(\tau)$ 关于 $\tau \in \mathbf{R}$, $1 \leqslant i \leqslant r-1$ 和 $\tau \in \mathbf{R}^+, i = 0, \tau \in \mathbf{R}^-, i = r$ 分别满足

$$q_i'(\tau) = f(q_i(\tau), t_i, 0)$$

当 $\tau \to -\infty, 1 \leqslant i \leqslant r$ 时, $q_i(\tau) \to p_i(t_i)$; 当 $\tau \to +\infty, 0 \leqslant i \leqslant r-1$ 时, $q_i(\tau) \to p_{i+1}(t_i)$, 同时 $B_1(q_0(0), 0) = 0$, $B_2(q_r(0), 0) = 0$, 其中 $\tau = (t-t_i)/\varepsilon$.

[A₃] 假设 $\sigma\{f_x(p_i(t), t, 0)\} \cap \{|\operatorname{Re}\lambda| \leqslant \alpha_0\}$ 为空集, 且 $f_x(p_i(t), t, 0)$ 稳定流形的维数是 d^-, $f_x(p_i(t), t, 0)$ 不稳定流形的维数是 d^+, 其中 $\operatorname{Rank}B_{1x}(q_0(0), 0) = d^-$, $\operatorname{Rank}B_{2x}(q_r(0), 0) = d^+$, $d^- + d^+ = n$.

线性齐次方程

$$\varphi'(\tau) - f_x(q_i(\tau), t_i, 0)\varphi(\tau) = 0, \tag{7-11}$$

和共轭方程

$$\psi'(\tau) + f_x^*(q_i(\tau), t_i, 0)\psi(\tau) = 0. \tag{7-12}$$

[A₄] 假设 $\varphi_1(\tau)$, $\tau \in \mathbf{R}^+$ 是方程(7-11)$_{i=0}$ 的非平凡有界解, $\varphi_2(\tau)$, $\tau \in \mathbf{R}^-$ 是方程 (7-11)$_{i=r}$ 的非平凡有界解. 同样地, $B_{1x}(q_0(0), 0) \cdot \varphi_1(0) \neq 0$, $B_{2x}(q_r(0), 0) \cdot \varphi_2(0) \neq 0$.

[A₅] 假设 $q_i'(\tau)$, $1 \leqslant i \leqslant r-1$ 是方程 (7-11) 的唯一有界解, 同时 $\int_{-\infty}^{\infty} \psi_i^* f_t(q_i(\tau), t_i, 0)\mathrm{d}\tau \neq 0$, $1 \leqslant i \leqslant r-1$.

则边值问题 (7-10) 存在如下形式的序列

$$\sum_{j=0}^{\infty} \varepsilon^j X_j^i(t), \ X_0^i(t) = p_i(t), \ 1 \leqslant i \leqslant r,$$

$$\sum_{j=0}^{\infty} \varepsilon^j y_j^i(\tau), \ y_0^i(\tau) = q_i(\tau), \ \tau \in \mathbf{R}, 1 \leqslant i \leqslant r-1, \tau \in \mathbf{R}^+, i = 0, \tau \in \mathbf{R}^-, i = r,$$

$$\sum_{j=0}^{\infty} \varepsilon^j \tau_j^i, \ 0 \leqslant i \leqslant r, \ \tau_j^0 = \tau_j^r = 0, \ j \geqslant 0,$$

其中 X_j^i 和常数 τ_j^i 由递归线性代数方程计算确定, y_j^i 由递归线性非齐次微分方程确定. 可得结论, 对于任意的 $m \geqslant 0$, $0 < \beta < 1$, 表达式

$$x(t, \varepsilon) = \begin{cases} \sum\limits_{j=0}^{m} \varepsilon^j X_j^i(t), \quad t \in [t_{i-1} + \varepsilon^\beta, t_i - \varepsilon^\beta], \ 1 \leqslant i \leqslant r, \\ \sum\limits_{j=0}^{m} \varepsilon^j y_j^i\big(\tau - \sum\limits_{j=0}^{m-1} \varepsilon^j \tau_j^i\big), \ t \in [t_i - \varepsilon^\beta, t_i + \varepsilon^\beta] \cap [a, b], \\ \tau = (t - t_i)/\varepsilon, \ 0 \leqslant i \leqslant r \end{cases}$$

是边值问题 (7-10) 的渐近解, 误差精度为 $O(\varepsilon^{\beta(m+1)})$, $t \in [a, b]$, $0 \leqslant i \leqslant r$.

7.1.1 空间对照结构解的存在性

本节将利用文献[11]的主要结果, 证明边值问题 (7-6) 空间对照结构解的存在性. 首先, 考虑 $(7\text{-}7)_{i=1}$ 的极限快系统

$$\begin{cases} \dfrac{\mathrm{d}y}{\mathrm{d}\tau_1} = a(t_1)y + b(t_1)g(y, \lambda, t_1), \\ \dfrac{\mathrm{d}\lambda}{\mathrm{d}\tau_1} = -f_y(y, g(y, \lambda, t_1), t) - a(t_1)\lambda. \end{cases} \tag{7-13}$$

引理 7.1　假设条件 H7.1～H7.3 成立, 则极限快系统 (7-13) 有两个鞍点 $M_i\big(\varphi_i(t_1), \gamma_i(t_1)\big)$, 其中

$$\gamma_i(t_1) = -b^{-1}(t_1)f_u(\varphi_i(t_1), \alpha_i(t_1), t_1), \ i = 1, 2.$$

证明　令

$$\begin{cases} H(y, u, t_1) = a(t_1)y + b(t_1)g(y, \lambda, t_1), \\ G(y, u, t_1) = -f_y(y, g(y, \lambda, t_1), t_1) - a(t_1)\lambda. \end{cases}$$

由方程 (7-3) 和 (7-4) 可得, $M_i\big(\varphi_i(t_1), \gamma_i(t_1)\big)$, $i = 1, 2$ 是系统

$$H(y, u, t_1) = 0, \quad G(y, u, t_1) = 0$$

的两个孤立根. 进一步, 考虑系统 (7-13) 的特征方程

$$\lambda^2 - a^2(t_1) + 2a(t_1)b(t_1)\bar{f}_{u^2}^{-1}\bar{f}_{uy} - b^2(t_1)\bar{f}_{u^2}^{-1}\bar{f}_{y^2} = 0,$$

其中 $\bar{f}_{u^2}^{-1}$、$\bar{f}_{y^2}$、$\bar{f}_{uy}$ 在 $\big(\varphi_i(t_1),\alpha_i(t_1),t_1\big)$, $i=1,2$ 取值. 利用假设 H7.2,

$$\lambda^2 = a^2(t_1) - 2a(t_1)b(t_1)\bar{f}_{u^2}^{-1}\bar{f}_{uy} + b^2(t_1)\bar{f}_{u^2}^{-1}\bar{f}_{y^2} > 0,$$

则在相空间 (y,λ), $M_i\big(\varphi_i(\bar{t}),\gamma_i(\bar{t})\big)$, $i=1,2$ 是鞍点.

引理 7.2　固定 $t_1 \in T$ 为一参数, 极限快系统 (7-13) 具有首次积分

$$\big(a(t_1)y + b(t_1)g(y,\lambda,t_1)\big)\lambda + f(y,g(y,\lambda,t_1),t_1) = C, \tag{7-14}$$

其中 C 是一常数.

证明　令 $y' = \dfrac{\mathrm{d}y}{\mathrm{d}\tau_1}$, $\lambda' = \dfrac{\mathrm{d}\lambda}{\mathrm{d}\tau_1}$. 极限快系统 (7-13) 的第二个方程可改写为

$$\lambda' + f_y(y,g(y,\lambda,t_1),t_1) + a(t_1)\lambda = 0. \tag{7-15}$$

利用二阶导数 $y'' = a(t_1)y' + b(t_1)g_y(y,\lambda,t_1)y' + b(t_1)g_\lambda(y,\lambda,t_1)\lambda'$, 计算可得

$$\frac{\mathrm{d}}{\mathrm{d}\tau_1}\big(\lambda y' + f(y,g(y,\lambda,t_1),t_1)\big) = 0,$$

因此

$$\big(a(t_1)y + b(t_1)g(y,\lambda,t_1)\big)\lambda + f(y,g(y,\lambda,t_1),t_1) = C.$$

引理 7.3　假设条件 H7.1～H7.3 和 $a(t_1)y + b(t_1)g(y,\lambda,t_1) \neq 0$ 成立, 则首次积分 (7-14) 关于变量 λ 是可解的.

证明　令

$$\tilde{g}(y,\lambda,t_1) = \big(a(t_1)y + b(t_1)g(y,\lambda,t_1)\big)\lambda + f(y,g(y,\lambda,t_1),t_1) - C.$$

显然

$$\tilde{g}_\lambda(y,\lambda,t_1) = a(t_1)y + b(t_1)g(y,\lambda,t_1) + b(t_1)\lambda g_\lambda(y,\lambda,t_1) +$$
$$f_u(y,g(y,\lambda,t_1),t_1)g_\lambda(y,\lambda,t_1)$$
$$= a(t_1)y + b(t_1)g(y,\lambda,t_1) \neq 0,$$

利用隐函数定理, 可知 $\tilde{g}(y,\lambda,t_1) = 0$ 关于变量 λ 是可解的,

$$\lambda = h(y,t_1,C). \tag{7-16}$$

通过计算可得, 分别通过鞍点 M_1 和 M_2 的轨道 S_{M_1} 和 S_{M_2} 存在, 且满足

$$S_{M_1}: \quad \big(a(t_1)y+b(t_1)g(y,\lambda,t_1)\big)\lambda+f(y,g(y,\lambda,t_1),t_1) = f(\varphi_1(t_1),\alpha_1(t_1),t_1), \tag{7-17}$$

$$S_{M_2}: \quad \big(a(t_1)y+b(t_1)g(y,\lambda,t_1)\big)\lambda+f(y,g(y,\lambda,t_1),t_1) = f(\varphi_2(t_1),\alpha_2(t_1),t_1). \tag{7-18}$$

借助于引理 7.3、式 (7-17) 和 (7-18), 计算可得

$$\lambda^{(-)}(\tau,t_1) = h^{(-)}(y^{(-)},\varphi_1(t_1),t_1), \tag{7-19}$$

$$\lambda^{(+)}(\tau,t_1) = h^{(+)}(y^{(+)},\varphi_2(t_1),t_1). \tag{7-20}$$

接下来, 将利用缝接法, 证明连接平衡点 $(\varphi_1(t_1),\gamma_1(t_1))$ 和 $(\varphi_2(t_1),\gamma_2(t_1))$ 异宿轨道的存在性. 令

$$\begin{aligned} H(t_1) &= \lambda^{(-)}(0,t_1) - \lambda^{(+)}(0,t_1) \\ &= h^{(-)}(y^{(-)}(0),\varphi_1(t_1),t_1) - h^{(+)}(y^{(+)}(0),\varphi_2(t_1),t_1). \end{aligned}$$

不妨假设 $y^{(-)}(0) = y^{(+)}(0) = \beta(t_1)$, 其中 $\varphi_1(t_1) < \beta(t_1) < \varphi_2(t_1)$.

引理 7.4　假设 H7.1~H7.3 成立, 则 $H(t_1) = 0$ 等价于

$$f(\varphi_1(t_1),\alpha_1(t_1),t_1) = f(\varphi_2(t_1),\alpha_2(t_1),t_1).$$

证明　令方程 (7-17) 和 (7-18) 中的 $\tau_1 = 0$

$$[a(t_1)\beta(t_1) + b(t_1)g^{(-)}(t_1)]h^{(-)}(t_1) + f(\beta(t_1),g^{(-)}(t_1),t_1) = \bar{f}^{(-)}(t_1), \tag{7-21}$$

$$[a(t_1)\beta(t_1) + b(t_1)g^{(+)}(t_1)]h^{(+)}(t_1) + f(\beta(t_1),g^{(+)}(t_1),t_1) = \bar{f}^{(+)}(t_1), \tag{7-22}$$

其中

$$\bar{f}^{(-)}(t_1) = f(\varphi_1(t_1),\alpha_1(t_1),t_1), \quad \bar{f}^{(+)}(t_1) = f(\varphi_2(t_1),\alpha_2(t_1),t_1),$$

$$g^{(-)}(t_1) = g(\beta(t_1),h^{(-)}(t_1),t_1), \quad g^{(+)}(t_1) = g(\beta(t_1),h^{(+)}(t_1),t_1),$$

$$h^{(-)}(t_1) = h^{(-)}(\beta(t_1),\varphi_1(t_1),t_1), \quad h^{(+)}(t_1) = h^{(+)}(\beta(t_1),\varphi_2(t_1),t_1).$$

利用表达式 (7-21) 和 (7-22), 容易验证若 $H(t_1) = 0$, 即 $h^{(-)}(t_1) = h^{(+)}(t_1)$ 等价于

$$f(\varphi_1(t_1), \alpha_1(t_1), t_1) = f(\varphi_2(t_1), \alpha_2(t_1), t_1).$$

通过上述分析, 存在某一时刻 $t_1 \in [0, T]$, 极限快系统 (7-13) 存在连接鞍点 $(\varphi_1(t_1), \gamma_1(t_1))$ 和 $(\varphi_2(t_1), \gamma_2(t_1))$ 的异宿轨道. 本章不但证明了异宿轨道的存在性, 而且给出了确定内部转移层点主项 t_1 的方程. 需要指出的是, 边值问题 (7-6) 满足文献[11]定理1 中所有条件, 因此, 最优控制问题 (7-1) 存在具有阶梯状空间对照结构的极值轨线 $y(t, \mu)$.

定理 7.2 假设条件 H7.1~H7.6 成立, 则对于充分小的 $\mu > 0$, 奇异摄动最优控制问题 (7-1) 具有阶梯状空间对照结构的极值轨线 $y(t, \mu)$, 同时

$$\lim_{\mu \to 0} y(t, \mu) = \begin{cases} \varphi_1(t), & 0 < t < t_1, \\ \varphi_2(t), & t_1 < t < T. \end{cases}$$

7.1.2 形式渐近解的构造

利用文献[17]的主要结果, 奇异摄动最优控制问题 (7-1) 的渐近解为

$$x^{(-)}(t, \mu) = \sum_{k=0}^{\infty} \mu^k (\bar{x}_k^{(-)}(t) + L_k x(\tau_0) + Q_k^{(-)} x(\tau_1)), \ 0 \leqslant t \leqslant t^*, \quad (7\text{-}23)$$

$$x^{(+)}(t, \mu) = \sum_{k=0}^{\infty} \mu^k (\bar{x}_k^{(+)}(t) + Q_k^{(+)} x(\tau_1) + R_k x(\tau_2)), \ t^* \leqslant t \leqslant T, \quad (7\text{-}24)$$

其中 $x = (y, \lambda)^{\mathrm{T}}$, $\tau_0 = t\mu^{-1}$, $\tau_1 = (t - t^*)\mu^{-1}$, $\tau_2 = (t - T)\mu^{-1}$. $\bar{x}_k^{(\mp)}(t)$ 是正则项的系数, $L_k x(\tau_0)$ 是在 $t = 0$ 点的左边界层项系数, $R_k x(\tau_2)$ 是在 $t = T$ 点的右边界层项系数, $Q_k^{(\mp)} x(\tau_1)$ 是在 t^* 点的内部转移层项系数. 内部转移层点 t^* 是未知的, 需要在渐近解的构造过程中确定. 因为小参数的存在, 假设转移点的渐近表达式为

$$t^* = t_1 + \mu t_{11} + \cdots + \mu^k t_{1k} + \cdots.$$

接下来, 将利用边界层函数法确定上述未知系数.

将渐近序列 (7-23) 和 (7-24) 代入边值问题 (7-6), 按快慢变量 t、τ_0、τ_1

和 τ_2 分离, 再比较 μ 的同次幂, 可以得到确定 $\bar{y}_k^{(\mp)}(t)$、$\bar{\lambda}_k^{(\mp)}(t)$、$L_k y(\tau_0)$、$L_k \lambda(\tau_0)$、$Q_k^{(\mp)} y(\tau_1)$、$Q_k^{(\mp)} \lambda(\tau_1)$ 与 $R_k y(\tau_2)$、$R_k \lambda(\tau_2)$, $k \geqslant 0$ 的一系列方程和条件.

确定零次正则项 $\bar{y}_0^{(\mp)}(t)$、$\bar{\lambda}_0^{(\mp)}(t)$ 的方程和条件为

$$\begin{cases} 0 = a(t)\bar{y}_0^{(\mp)}(t) + b(t)g(\bar{y}_0^{(\mp)}(t), \bar{\lambda}_0^{(\mp)}(t), t), \\ 0 = -f_y(\bar{y}_0^{(\mp)}(t), g(\bar{y}_0^{(\mp)}(t), \bar{\lambda}_0^{(\mp)}(t), t), t) - a(t)\bar{\lambda}_0^{(\mp)}(t). \end{cases}$$

利用表达式 (7-4), $f_u(y, u, t) + \lambda b(t) = 0$ 和 $u = g(y, \lambda, t)$, 推导可得

$$\bar{y}_0^{(\mp)}(t) = \begin{cases} \varphi_1(t), \ 0 \leqslant t < t_1, \\ \varphi_2(t), \ t_1 < t \leqslant T, \end{cases}$$

$$\bar{\lambda}_0^{(\mp)}(t) = \begin{cases} \gamma_1(t) = -b^{-1}(t)f_u(\varphi_1(t), \alpha_1(t), t), \ 0 \leqslant t < t_1, \\ \gamma_2(t) = -b^{-1}(t)f_u(\varphi_2(t), \alpha_2(t), t), \ t_1 < t \leqslant T. \end{cases}$$

接下来, 给出确定零次内部转移层项 $Q_0^{(\mp)} y(\tau_1)$、$Q_0^{(\mp)} \lambda(\tau_1)$ 的方程和条件

$$\begin{cases} \dfrac{dQ_0^{(\mp)} y}{d\tau_1} = a(t_1)(\varphi_{1,2}(t_1) + Q_0^{(\mp)} y) + b(t_1)\Delta_0^{(\mp)} g, \\ \dfrac{dQ_0^{(\mp)} \lambda}{d\tau_1} = -\Delta_0^{(\mp)} f - a(t_1)(\gamma_{1,2}(t_1) + Q_0^{(\mp)} \lambda), \\ Q_0^{(\mp)} y(0) = \beta(t_1) - \varphi_{1,2}(t_1), \ Q_0^{(\mp)} y(\mp\infty) = 0, \ Q_0^{(\mp)} \lambda(\mp\infty) = 0, \end{cases}$$
$$(7\text{-}25)$$

其中

$$\Delta_0^{(\mp)} g = g(\varphi_{1,2}(t_1) + Q_0^{(\mp)} y, \gamma_{1,2}(t_1) + Q_0^{(\mp)} \lambda, t_1),$$

$$\Delta_0^{(\mp)} f = f_y(\varphi_{1,2}(t_1) + Q_0^{(\mp)} y, g(\varphi_{1,2}(t_1) + Q_0^{(\mp)} y, \gamma_{1,2}(t_1) + Q_0^{(\mp)} \lambda, t_1), t_1).$$

令

$$\tilde{y}^{(\mp)}(\tau_1) = \varphi_{1,2}(t_1) + Q_0^{(\mp)} y(\tau_1), \ \tilde{\lambda}^{(\mp)}(\tau_1) = \gamma_{1,2}(t_1) + Q_0^{(\mp)} \lambda(\tau_1),$$

则问题 (7-25) 可改写为

$$\begin{cases} \dfrac{\mathrm{d}\tilde{y}^{(\mp)}}{\mathrm{d}\tau_1} = a(t_1)\tilde{y}^{(\mp)} + b(t_1)g(\tilde{y}^{(\mp)}, \tilde{\lambda}^{(\mp)}, t_1), \\ \dfrac{\mathrm{d}\tilde{\lambda}^{(\mp)}}{\mathrm{d}\tau_1} = -f_y(\tilde{y}^{(\mp)}, g(\tilde{y}^{(\mp)}, \tilde{\lambda}^{(\mp)}, t_1), t_1) - a(t_1)\tilde{\lambda}^{(\mp)}, \\ \tilde{y}^{(\mp)}(0) = \beta(t_1), \ \tilde{y}^{(\mp)}(\mp\infty) = \varphi_{1,2}(t_1), \ \tilde{\lambda}(\mp\infty) = \gamma_{1,2}(t_1). \end{cases} \quad (7\text{-}26)$$

由假设 H7.4, 显然

$$Q_0^{(\mp)}y = q_{11}(\tau_1) - \varphi_{1,2}(t_1), \ Q_0^{(\mp)}\lambda = q_{12}(\tau_1) - \gamma_{1,2}(t_1).$$

利用引理 7.1 的结果, 可知存在 $k_0 > 0$, $k_1 > 0$ 有

$$|Q_0^{(-)}y(\tau_1)| \leqslant C_0^{(-)}\mathrm{e}^{\kappa_0\tau_1}, \ \kappa_0 > 0, \ \tau_1 \leqslant 0,$$

$$|Q_0^{(+)}y(\tau_1)| \leqslant C_0^{(+)}\mathrm{e}^{-\kappa_1\tau_1}, \ \kappa_1 > 0, \ \tau_1 \geqslant 0,$$

$$|Q_0^{(-)}\lambda(\tau_1)| \leqslant C_1^{(-)}\mathrm{e}^{\kappa_0\tau_1}, \ \kappa_0 > 0, \ \tau_1 \leqslant 0,$$

$$|Q_0^{(+)}\lambda(\tau_1)| \leqslant C_1^{(+)}\mathrm{e}^{-\kappa_1\tau_1}, \ \kappa_1 > 0, \ \tau_1 \geqslant 0.$$

类似地, 给出确定零次左边界层项 $L_0y(\tau_0)$、$L_0\lambda(\tau_0)$ 和零次右边界层项 $R_0y(\tau_2)$、$R_0\lambda(\tau_2)$ 的方程和条件

$$\begin{cases} \dfrac{\mathrm{d}L_0y}{\mathrm{d}\tau_0} = a(0)\tilde{y} + b(0)g(\tilde{y}, \tilde{\lambda}, 0), \\ \dfrac{\mathrm{d}L_0\lambda}{\mathrm{d}\tau_0} = -f_y(\tilde{y}, g(\tilde{y}, \tilde{\lambda}, 0), 0) - a(0)\tilde{\lambda}, \\ \tilde{y}(0) = y^0, \ \tilde{y}(+\infty) = \varphi_1(0), \ \tilde{\lambda}(+\infty) = \gamma_1(0), \end{cases} \quad (7\text{-}27)$$

其中

$$\tilde{y}(\tau_0) = \varphi_1(0) + L_0y(\tau_0), \ \tilde{\lambda}(\tau_0) = \gamma_1(0) + L_0\lambda(\tau_0).$$

同样地

$$\begin{cases} \dfrac{\mathrm{d}R_0y}{\mathrm{d}\tau_2} = a(T)\tilde{y} + b(T)g(\tilde{y}, \tilde{\lambda}, T), \\ \dfrac{\mathrm{d}R_0\lambda}{\mathrm{d}\tau_2} = -f_y(\tilde{y}, g(\tilde{y}, \tilde{\lambda}, T), T) - a(T)\tilde{\lambda}, \\ \tilde{\lambda}(0) = H_1(\varphi_2(T) + R_0y(0)), \ \tilde{y}(-\infty) = \varphi_2(T), \ \tilde{\lambda}(-\infty) = \gamma_2(T), \end{cases}$$

$$(7\text{-}28)$$

其中

$$\tilde{y}(\tau_2) = \varphi_2(T) + R_0y(\tau_2), \ \tilde{\lambda}(\tau_2) = \gamma_2(T) + R_0\lambda(\tau_2).$$

利用假设, 显然

$$L_0 y = q_{01}(\tau_0) - \varphi_1(t_0), \quad L_0 \lambda = q_{02}(\tau_0) - \gamma_1(t_0).$$

$$R_0 y = q_{21}(\tau_2) - \varphi_2(t_2), \quad R_0 \lambda = q_{22}(\tau_2) - \gamma_2(t_2).$$

至此, 渐近解的零次主项

$$\bar{y}_0^{(\mp)*}(t), \quad \bar{\lambda}_0^{(\mp)*}(t), \quad L_0 y^*(\tau_0), \quad L_0 \lambda^*(\tau_0),$$

$$Q_0^{(\mp)} y^*(\tau_1), \quad Q_0^{(\mp)} \lambda^*(\tau_1), \quad R_0 y^*(\tau_2), \quad R_0 \lambda^*(\tau_2)$$

已确定, 将上述解代入 $u = g(y, \lambda, t)$ 就可以得到确定零次控制项的渐近解.

注释 7.1 一般情形下, 上述得到的零次控制渐近解不是容许控制, 所得到的渐近解与最优解在初始点有 $O(\mu)$ 的距离, 可以通过引入光滑函数得到容许控制.

对于 $t \in [0, t_0]$, 零次渐近解是 $Y_0 = \varphi_1(t) + L_0 y(\tau_0) + Q_0^{(-)} y(\tau_1)$, 利用文献 [115] 的主要结果, 有

$$Y_0(0, \mu) - y(0, \mu) = p_0(\mu) \neq 0,$$

其中 $p_0(\mu) = O(\mathrm{e}^{-\frac{kt_1}{\mu}})$, k 是某一正常数. 为了得到容许解 $y_{0\mu}$, 需要引入光滑函数 $\theta_0(t, \mu)$, 满足

$$y_{0\mu} = Y_0(t, \mu) + \theta_0(t, \mu), \quad u_{0\mu} = b^{-1}(t)\Big(\mu \frac{\mathrm{d}y_{0\mu}}{\mathrm{d}t} - a(t)y_{0\mu}\Big),$$

其中 $\theta_0(t, \mu) = -p_0(\mu)\mathrm{e}^{-t/\mu}$. $y_{0\mu}$ 满足初值条件, 是一容许解, 此时容许控制为

$$u_{0\mu} = b^{-1}(t)\Big(\mu\varphi_1'(t) + \frac{\mathrm{d}L_0 y(\tau_0)}{\mathrm{d}\tau_0} + \frac{\mathrm{d}Q_0^{(-)} y(\tau_1)}{\mathrm{d}\tau_1} + p_0(\mu)\mathrm{e}^{-t/\mu} - a(t)\varphi_1(t) -$$

$$a(t)L_0 y(\tau_0) - a(t)Q_0^{(-)} y(\tau_1) + a(t)p_0(\mu)\mathrm{e}^{-t/\mu}.$$

确定高阶正则项 $\bar{y}_n^{(\mp)}(t)$、$\bar{\lambda}_n^{(\mp)}(t)$, $n \geqslant 1$ 的方程和条件为

$$\begin{cases} \dfrac{\mathrm{d}\bar{y}_{n-1}^{(\mp)}(t)}{\mathrm{d}t} = \big[a(t) + b(t)\bar{g}_y^{(\mp)}(t)\big]\bar{y}_n^{(\mp)}(t) + b(t)\bar{g}_\lambda^{(\mp)}(t)\bar{\lambda}_n^{(\mp)}(t) + f_n^{(\mp)}(t), \\ \dfrac{\mathrm{d}\bar{\lambda}_{n-1}^{(\mp)}(t)}{\mathrm{d}t} = \big[-\bar{f}_{yy}^{(\mp)}(t) - \bar{f}_{yu}^{(\mp)}(t)\bar{g}_y^{(\mp)}(t)\big]\bar{y}_n^{(\mp)}(t) - \\ \qquad \big[\bar{f}_{yu}^{(\mp)}(t)\bar{g}_\lambda^{(\mp)}(t) + a(t)\big]\bar{\lambda}_n^{(\mp)}(t) + g_n^{(\mp)}(t), \end{cases}$$

其中

$$\bar{f}_{yy}^{(-)}(t) = \bar{f}_{yy}^{(-)}(\varphi_1(t), \alpha_1(t), t), \quad \bar{f}_{yy}^{(+)}(t) = \bar{f}_{yy}^{(+)}(\varphi_2(t), \alpha_2(t), t),$$

$$\bar{f}_{yu}^{(\mp)}(t) = \bar{f}_{yu}^{(\mp)}(\varphi_i(t), \alpha_i(t), t), \ i = 1, 2, \ \bar{g}_y^{(-)}(t) = \bar{g}_y^{(-)}(\varphi_1(t), \gamma_1(t), t),$$

$$\bar{g}_y^{(+)}(t) = \bar{g}_y^{(+)}(\varphi_2(t), \gamma_2(t), t), \ \bar{g}_\lambda^{(\mp)}(t) = \bar{g}_\lambda^{(\mp)}(\varphi_1(t), \gamma_1(t), t),$$

$f_n^{(\mp)}(t)$、$g_n^{(\mp)}(t)$ 是复合函数, 依赖于之前确定的正则项函数. 结合之前引理 7.1 的推导过程, 可以判断矩阵 E_1 是非奇异的, 从而

$$\begin{bmatrix} \bar{y}_n^{(\mp)}(t) \\ \bar{\lambda}_n^{(\mp)}(t) \end{bmatrix} = E_1^{-1} \begin{bmatrix} \dfrac{\mathrm{d}\bar{y}_{n-1}^{(\mp)}(t)}{\mathrm{d}t} - f_n^{(\mp)}(t) \\ \dfrac{\mathrm{d}\bar{\lambda}_{n-1}^{(\mp)}(t)}{\mathrm{d}t} - g_n^{(\mp)}(t) \end{bmatrix},$$

其中

$$E_1 = \begin{bmatrix} a(t) + b(t)\bar{g}_y^{(\mp)}(t) & b(t)\bar{g}_\lambda^{(\mp)}(t) \\ -\bar{f}_{yy}^{(\mp)}(t) - \bar{f}_{yu}^{(\mp)}(t)\bar{g}_y^{(\mp)}(t) & -\bar{f}_{yu}^{(\mp)}(t)\bar{g}_\lambda^{(\mp)}(t) - a(t) \end{bmatrix}.$$

接下来, 考虑高阶内部转移层项 $Q_n^{(\mp)} x(\tau_1)$, $n \geqslant 1$. 高阶内部转移层项的联合系统为

$$\begin{cases} \dfrac{\mathrm{d}Q_n y}{\mathrm{d}\tau_1} = \big(a(t_1) + b(t_1)\tilde{g}_y(\tau_1)\big)Q_n y(\tau_1) + b(t_1)\tilde{g}_\lambda(\tau_1)Q_n \lambda(\tau_1) + \\ \qquad\quad \big(a'(t_1)q_{11}(\tau_1) + b'(t_1)\tilde{g} + b(t_1)\tilde{g}_t\big)t_n + F_n(\tau_1), \\ \dfrac{\mathrm{d}Q_n \lambda}{\mathrm{d}\tau_1} = -\big(\tilde{f}_{yy}(\tau_1) + \tilde{f}_{yu}(\tau_1)\tilde{g}_y(\tau_1)\big)Q_n y(\tau_1) - \big(\tilde{f}_{yu}(\tau_1)\tilde{g}_\lambda(\tau_1) + a(t_1)\big)Q_n \lambda - \\ \qquad\quad \big(\tilde{f}_{yu}\tilde{g}_t + \tilde{f}_{yt} + a'(t)q_{12}(\tau_1)\big)t_n + G_n(\tau_1), \\ Q_n y(0) = \rho_n\big(\beta(t_0, t_1, \cdots t_n)\big), \ Q_n y(\mp\infty) = \bar{y}^{(\mp)}(t_1), \ Q_n \lambda(\mp\infty) = \bar{\lambda}_n^{(\mp)}(t_1), \end{cases}$$
$$\tag{7-29}$$

其中 $\tilde{f}_{yy}$、$\tilde{f}_{yu}$ 和 $\tilde{f}_{yt}$ 在 $(q_{11}(\tau_1), g(q_{11}(\tau_1), q_{12}(\tau_1), t_1), t_1)$ 取值, $\tilde{g}$、$\tilde{g}_y$、$\tilde{g}_\lambda$ 和 $\tilde{g}_t$ 在 $(q_{11}(\tau_1), q_{12}(\tau_1), t_1)$ 取值, $\rho_n(\beta(t_0, t_1, \cdots t_n))$、$F_n(\tau_1)$、$G_n(\tau_1)$ 是复合函数, 依赖于之前确定的已知项. 令 $Q_n x = \big(Q_n^{\mathrm{T}} y, \ Q_n^{\mathrm{T}} \lambda\big)^{\mathrm{T}}$, $\tilde{G}_j(\tau_1) = \big(F_n^{\mathrm{T}}(\tau_1), \ G_n^{\mathrm{T}}(\tau_1)\big)^{\mathrm{T}}$

$$I(y, \lambda, t) = \begin{bmatrix} a(t)y + b(t)g(y, \lambda, t) \\ -f_y(y, g(y, \lambda, t), t) - a(t)\lambda \end{bmatrix}.$$

利用文献[11]中的引理3.7的结果, 可知表达式 (7-29) 在 $\mathbf{R}^-$ 和 $\mathbf{R}^+$

上具有指数二分法. 同时, 算子 $F(Q_n x) = \dfrac{\mathrm{d}Q_n x}{\mathrm{d}\tau_1} - I_x(\tau_1)Q_n x$ 是 Fredholm 算子, Fredholm 指标 $\dim \mathrm{Ker} F - \dim \mathrm{Ker} F^* = 0$, 其中 $I_x(\tau_1)$ 在 $(q_{11}(\tau_1), q_{12}(\tau_1), t_1)$ 取值. 利用引理 3.7 和假设 H7.6, 计算可得存在唯一 $\psi(\tau_1) \in \mathrm{Ker} F^*$, 方程 (7-29) 解存在等价于

$$t_{1n} \int_{-\infty}^{+\infty} \psi_1^*(\tau_1) B \mathrm{d}\tau_1 = - \int_{-\infty}^{+\infty} \psi_1^*(\tau_1) \tilde{G}_n(\tau_1) \mathrm{d}\tau_1.$$

至此, 已确定了 t_{1n} , 同时, 内部转移层项 $Q_n^{(\mp)}y(\tau_1)$、$Q_n^{(\mp)}\lambda(\tau_1)$ 也可确定.

确定高阶左边界层项 $L_n y(\tau_0)$、$L_n \lambda(\tau_0)$, $n \geqslant 1$ 的方程和条件为

$$\begin{cases} \dfrac{\mathrm{d}L_n y}{\mathrm{d}\tau_0} = \big(a(0) + b(0)\tilde{g}_y(\tau_0)\big) L_n y(\tau_0) + b(0)\tilde{g}_\lambda(\tau_0) L_n \lambda(\tau_0) + F_n^l(\tau_0), \\ \dfrac{\mathrm{d}L_n \lambda}{\mathrm{d}\tau_0} = -\big(\tilde{f}_{yy}(\tau_0) + \tilde{f}_{yu}(\tau_0)\tilde{g}_y(\tau_0)\big) L_n y(\tau_0) - \\ \qquad\qquad \big(\tilde{f}_{yu}(\tau_0)\tilde{g}_\lambda(\tau_0) + a(0)\big) L_n \lambda(\tau_0) + G_n^l(\tau_0), \\ L_n y(0) = -\bar{y}_j(0), \ L_n y(+\infty) = 0, \ L_n \lambda(+\infty) = 0, \end{cases}$$

其中 $\tilde{f}_{yy}(\tau_0)$ 和 $\tilde{f}_{yu}(\tau_0)$ 在 $(\varphi_1(0) + L_0 y(\tau_0), g(\varphi_1(0) + L_0 y(\tau_0), \gamma_1(0) + L_0 \lambda(\tau_0), 0), 0)$ 取值. $\tilde{g}_y(\tau_0)$ 和 $\tilde{g}_\lambda(\tau_0)$ 在 $(\varphi_1(0) + L_0 y(\tau_0), \gamma_1(0) + L_0 \lambda(\tau_0), 0)$ 取值. 同样地, 关于高阶右边界层项 $R_n y(\tau_2)$、$R_n \lambda(\tau_2)$ 的方程和条件与 $L_n y(\tau_0)$、$L_n \lambda(\tau_0)$ 类似, 这里不再赘述.

定理 7.3 假设 H7.1~H7.6 成立, 则对于充分小的参数 $\mu > 0$, 奇异摄动最优控制问题 (7-1) 存在空间对照结构解 $y(t, \mu)$, 并有下面的渐近表达式

$$y(t, \mu) = \begin{cases} \displaystyle\sum_{k=0}^{n} \mu^k \big(\bar{y}_k^{(-)}(t) + L_k y(\tau_0) + Q_k^{(-)} y(\tau_1)\big) + O(\mu^{n+1}), \ 0 \leqslant t \leqslant T_n, \\ \displaystyle\sum_{k=0}^{n} \mu^k \big(\bar{y}_k^{(+)}(t) + Q_k^{(+)} y(\tau_1) + R_k y(\tau_2)\big) + O(\mu^{n+1}), \ T_n \leqslant t \leqslant T, \end{cases}$$

其中 $T_n = t_1 + \mu t_{11} + \cdots + \mu^n t_{1n} + O(\mu^{n+1})$.

注释 7.2 本章所用的方法与文献 [11] 的方法不同, 需要指出的是, 定理 7.3 的表达式和定理 7.1 的表达式在本质上是一样的.

7.1.3 例子

考虑奇异摄动最优控制问题

$$\begin{cases} J[u] = \int_0^{2\pi} \left(\frac{1}{4}y^4 - \frac{1}{3}y^3 \sin t - y^2 + y \sin t + \frac{1}{2}u^2 \right) \mathrm{d}t \to \min_u, \\ \mu \dfrac{\mathrm{d}y}{\mathrm{d}t} = -y + u, \\ y(0,\mu) = 0. \end{cases} \qquad (7\text{-}30)$$

对于 $t \in [0, 2\pi]$, 有

$$\bar{y}_0^{(\mp)}(t) = \begin{cases} -1, \ 0 \leqslant t < \pi, \\ 1, \ \pi < t \leqslant 2\pi, \end{cases}$$

$$\min_{\bar{y}} F(\bar{y}_0^{(\mp)}, t) = \begin{cases} -\dfrac{1}{4} - \dfrac{2}{3} \sin t, \ 0 \leqslant t \leqslant \pi, \\ -\dfrac{1}{4} + \dfrac{2}{3} \sin t, \ \pi \leqslant t \leqslant 2\pi, \end{cases}$$

内部转移层点 $t_0 = \pi$, $\bar{\lambda}_0^{(\mp)}(t) = -\bar{y}_0^{(\mp)}(t)$.

零次内部转移层项满足的方程和条件为

$$\frac{\mathrm{d}Q_0^{(\mp)}y}{\mathrm{d}\tau_1} = -\frac{\sqrt{2}}{2} \left((Q_0^{(\mp)}y \mp 1)^2 - 1 \right), \ Q_0^{(\mp)}y(0) = \pm 1, \ Q_0^{(\mp)}y(\mp\infty) = 0,$$

可得

$$Q_0^{(-)}y = \frac{2\mathrm{e}^{\sqrt{2}\tau_1}}{1 + \mathrm{e}^{\sqrt{2}\tau_1}}, \ Q_0^{(-)}\lambda = \frac{-2 - (2\sqrt{2} + 2)\mathrm{e}^{-\sqrt{2}\tau_1}}{(1 + \mathrm{e}^{-\sqrt{2}\tau_1})^2},$$

$$Q_0^{(+)}y = \frac{-2}{1 + \mathrm{e}^{\sqrt{2}\tau_1}}, \ Q_0^{(+)}\lambda = \frac{2\mathrm{e}^{-2\sqrt{2}\tau_1} + (2 - 2\sqrt{2})\mathrm{e}^{-\sqrt{2}\tau_1}}{(1 + \mathrm{e}^{-\sqrt{2}\tau_1})^2}.$$

类似地

$$L_0 y = \frac{2\mathrm{e}^{-\sqrt{2}\tau_0}}{1 + \mathrm{e}^{-\sqrt{2}\tau_0}}, \ L_0 \lambda = \frac{-2 + (2\sqrt{2} - 2)\mathrm{e}^{\sqrt{2}\tau_0}}{(1 + \mathrm{e}^{\sqrt{2}\tau_0})^2},$$

$$R_0 y = \frac{2a\mathrm{e}^{\sqrt{2}\tau_2}}{1 - a\mathrm{e}^{\sqrt{2}\tau_2}}, \ R_0 \lambda = \frac{2a^2\mathrm{e}^{2\sqrt{2}\tau_2} - (2\sqrt{2}a + 2a)\mathrm{e}^{\sqrt{2}\tau_2}}{(1 - a\mathrm{e}^{\sqrt{2}\tau_2})^2},$$

其中 $a = \dfrac{\sqrt{6} - \sqrt{2} - 2}{\sqrt{6} - \sqrt{2} + 2}$.

利用 $u = -\lambda$, 最优控制问题 (7-30) 的渐近解为

$$y(t,\mu) = \begin{cases} -1 + \dfrac{2e^{-\sqrt{2}\tau_0}}{1 + e^{-\sqrt{2}\tau_0}} + \dfrac{2e^{\sqrt{2}\tau_1}}{1 + e^{\sqrt{2}\tau_1}} + O(\mu), \ 0 \leqslant t \leqslant \pi, \\ 1 + \dfrac{-2}{1 + e^{\sqrt{2}\tau_1}} + \dfrac{2ae^{\sqrt{2}\tau_2}}{1 - ae^{\sqrt{2}\tau_2}} + O(\mu), \ \pi \leqslant t \leqslant 2\pi, \end{cases}$$

和

$$u(t,\mu) = \begin{cases} -1 + \dfrac{2 - (2\sqrt{2}-2)e^{\sqrt{2}\tau_0}}{(1 + e^{\sqrt{2}\tau_0})^2} + \dfrac{2 + (2\sqrt{2}+2)e^{-\sqrt{2}\tau_1}}{(1 + e^{-\sqrt{2}\tau_1})^2} + O(\mu), t \leqslant \pi, \\ 1 + \dfrac{-2e^{-2\sqrt{2}\tau_1} + (2\sqrt{2}-2)e^{-\sqrt{2}\tau_1}}{(1 + e^{-\sqrt{2}\tau_1})^2} + \\ \dfrac{-2a^2 e^{2\sqrt{2}\tau_2} + (2\sqrt{2}a + 2a)e^{\sqrt{2}\tau_2}}{(1 - ae^{\sqrt{2}\tau_2})^2} + O(\mu), \ \pi \leqslant t \leqslant 2\pi. \end{cases}$$

7.2 带有积分边界条件的奇异摄动最优控制问题空间对照结构的高阶渐近解

7.2.1 引言

边界层函数法应用于奇异摄动最优控制问题的主要思想是: 首先利用变分法得到最优控制问题的最优性条件; 其次利用辅助系统讨论异宿轨道的存在性, 给出空间对照结构解的存在性; 最后构造一致有效的形式渐近解. 空间对照结构是一种非常复杂的解, 比纯边界层问题要难得多, 有时一些实际问题, 需要了解各项之间相互联系, 此时边界层函数法是非常好的选择.

本节将首先利用变分法得到奇异摄动最优控制问题的最优性条件; 其次利用几何奇异摄动理论证明空间对照结构解的存在性; 进一步根据解的结构, 利用边界层函数法构造一致有效的形式渐近解.

7.2.2 问题描述

考虑奇异摄动最优控制问题

$$\begin{cases} J[u] = \displaystyle\int_0^T f(y,u,t)\mathrm{d}t \to \min_u, \\ \mu\dfrac{\mathrm{d}y}{\mathrm{d}t} = a(t)y + b(t)u, \\ y(0,\mu) = y^0, \ y(T,\mu) = \displaystyle\int_0^T g(s)y(s)\mathrm{d}s, \end{cases} \tag{7-31}$$

其中 $\mu > 0$ 是一小参数, $y \in \mathbf{R}$ 是状态变量, $u \in \mathbf{R}$ 是控制输入.

因为积分边界条件的影响, 问题 (7-31) 将会变得复杂, 标准的最优控制方法已不再适用, 需要引入新的方法来解决问题. 原问题 (7-31) 可改写为

$$\begin{cases} J[u] = \displaystyle\int_0^T f(y,u,t)\mathrm{d}t \to \min_u, \\ \mu\dfrac{\mathrm{d}y}{\mathrm{d}t} = a(t)y + b(t)u, \\ \dfrac{\mathrm{d}z}{\mathrm{d}t} = g(t)y, \\ y(0,\mu) = y^0, \ z(0,\mu) = 0, \ y(T,\mu) = z(T,\mu). \end{cases} \tag{7-32}$$

利用最优控制理论, 问题 (7-32) 可改写为无条件极值问题

$$J_\lambda[u] = r\big(y(T) - z(T)\big) + \int_0^T \big[f(y,u,t) + \lambda(t)\big(a(t)y + b(t)u - \mu y'\big) +$$
$$\lambda_1(t)\big(g(t)y - z'\big)\big]\mathrm{d}t = r\big(y(T) - z(T)\big) + \int_0^T \big[f(y,u,t) +$$
$$\lambda(t)\big(a(t)y + b(t)u\big) + \lambda_1(t)g(t)y - \mu\lambda(t)y' - \lambda_1(t)z'\big]\mathrm{d}t.$$

引入 Hamilton 函数

$$H(y,u,\lambda,\lambda_1,t) = f(y,u,t) + \lambda(t)\big(a(t)y + b(t)u\big) + \lambda_1(t)g(t)y,$$

可得

$$J_\lambda[u] = r\big(y(T) - z(T)\big) + \int_0^T \big[H - \mu\lambda(t)y' - \lambda_1(t)z'\big]\mathrm{d}t$$
$$= r\big(y(T) - z(T)\big) - \mu\lambda(T)y(T) + \mu\lambda(0)y(0) - \lambda_1(T)z(T) +$$
$$\lambda_1(0)z(0) + \int_0^T \big[H + \mu\lambda'(t)y + \lambda_1'(t)z\big]\mathrm{d}t.$$

利用变分法, 取一阶变分

$$\delta J_\lambda[u] = (r - \mu\lambda(T))\delta y(T) - (r + \lambda_1(T))\delta z(T) +$$

$$\int_0^T \left[\left(\frac{\partial H}{\partial y} + \mu \lambda'(t) \right) \delta y + \lambda_1'(t) \delta z + \frac{\partial H}{\partial u} \delta u \right] \mathrm{d}t,$$

计算可得

$$
\begin{cases}
\mu \dfrac{\mathrm{d}y}{\mathrm{d}t} = a(t)y + b(t)u, \\[2mm]
\mu \dfrac{\mathrm{d}\lambda}{\mathrm{d}t} = -f_y(y,u,t) - a(t)\lambda(t) - \lambda_1(t)g(t), \\[2mm]
\dfrac{\mathrm{d}z}{\mathrm{d}t} = g(t)y, \quad \dfrac{\mathrm{d}\lambda_1}{\mathrm{d}t} = 0, \\[2mm]
f_u(y,u,t) + b(t)\lambda(t) = 0, \\[2mm]
y(0,\mu) = y^0, \ z(0,\mu) = 0, \ r - \mu\lambda(T) = 0, \\[2mm]
r + \lambda_1(T) = 0, \ y(T,\mu) = z(T,\mu).
\end{cases}
\tag{7-33}
$$

假设方程 $f_u(y,u,t) + \lambda b(t) = 0$ 关于变量 u 唯一可解, 不妨假设为 $u = g_1(y,\lambda,t)$. 参数 r 是一不确定参数, 表达式可假设为 $r = r_0 + \mu r_1 + \cdots + \mu^n r_n + \cdots$. 利用方程 (7-33), 计算可得 $\lambda_1(t) = -r$, $r_0 = 0$.

简单起见, 方程 (7-33) 可改写为

$$
\begin{cases}
\mu \dfrac{\mathrm{d}y}{\mathrm{d}t} = F_1(y,\lambda,t), \\[2mm]
\mu \dfrac{\mathrm{d}\lambda}{\mathrm{d}t} = F_2(y,\lambda,t), \\[2mm]
\dfrac{\mathrm{d}z}{\mathrm{d}t} = g(t)y, \quad \dfrac{\mathrm{d}r}{\mathrm{d}t} = 0, \\[2mm]
y(0,\mu) = y^0, \ z(0,\mu) = 0, \ r - \mu\lambda(T) = 0, \ y(T,\mu) = z(T,\mu),
\end{cases}
\tag{7-34}
$$

其中

$$F_1(y,\lambda,t) = a(t)y + b(t)g_1(y,\lambda,t),$$

$$F_2(y,\lambda,t) = -f_y(y, g_1(y,\lambda,t), t) - a(t)\lambda(t) + rg(t).$$

给出一些关键条件, 这是证明空间对照结构解存在性的基础, 同时也是构造渐近解的保证.

H 7.7 假设函数 $f(y,u,t)$、$a(t)$、$b(t)$ 和 $g(t)$ 在区域 $D = \{(y,u,t) \mid \mid y \mid < A, u \in \mathbf{R}, 0 \leqslant t \leqslant T\}$ 上充分光滑, 同时 $f_{u^2}(y,u,t) > 0, b(t) > 0$, 其中 A 是一常数.

表达式 (7-32) 中令 $\mu = 0$，可得相应退化问题

$$\begin{cases} J[\bar{u}] = \displaystyle\int_0^T f(\bar{y}, \bar{u}, t)\mathrm{d}t \to \min_{\bar{u}}, \\ \bar{u} = -b^{-1}(t)a(t)\bar{y}, \ \dfrac{\mathrm{d}\bar{z}}{\mathrm{d}t} = g(t)\bar{y}, \ \bar{z}(0) = 0. \end{cases} \tag{7-35}$$

进一步，方程 (7-35) 可化简为

$$J[\bar{u}] = \int_0^T \bar{f}(\bar{y}, t)\mathrm{d}t \to \min_{\bar{y}}, \ \dfrac{\mathrm{d}\bar{z}}{\mathrm{d}t} = g(t)\bar{y}, \ \bar{z}(0) = 0,$$

其中 $\bar{f}(y, t) = f(\bar{y}, -b^{-1}(t)a(t)\bar{y}, t)$.

H 7.8　假设存在两个孤立根 $\bar{y} = \varphi_1(t)$ 和 $\bar{y} = \varphi_2(t)$ 满足

$$\min_{\bar{y}} \bar{f}(\bar{y}, t) = \begin{cases} \bar{f}(\varphi_1(t), t), \ 0 \leqslant t \leqslant t_1, \\ \bar{f}(\varphi_2(t), t), \ t_1 \leqslant t \leqslant T, \end{cases} \tag{7-36}$$

同时

$$\bar{f}(\varphi_1(t_1), t_1) = \bar{f}(\varphi_2(t_1), t_1),$$

$$\begin{cases} \bar{f}_y(\varphi_1(t), t) = 0, \ \bar{f}_{yy}(\varphi_1(t), t) > 0, \ 0 \leqslant t \leqslant t_1, \\ \bar{f}_y(\varphi_2(t), t) = 0, \ \bar{f}_{yy}(\varphi_2(t), t) > 0, \ t_1 \leqslant t \leqslant T. \end{cases} \tag{7-37}$$

利用假设 H7.8，可得

$$\bar{u}(t) = \begin{cases} \alpha_1(t) = -b^{-1}(t)a(t)\varphi_1(t), \ 0 \leqslant t < t_1, \\ \alpha_2(t) = -b^{-1}(t)a(t)\varphi_2(t), \ t_1 < t \leqslant T. \end{cases}$$

H 7.9　假设左初值问题

$$\frac{\mathrm{d}\bar{z}^{(-)}}{\mathrm{d}t} = g(t)\varphi_1(t), \ \bar{z}^{(-)}(0) = 0, \ t \in [0, t_1]$$

的解为 $\beta_1(t)$，同样地，右初值问题

$$\frac{\mathrm{d}\bar{z}^{(+)}}{\mathrm{d}t} = g(t)\varphi_2(t), \ \bar{z}^{(+)}(t_1) = \bar{z}^{(-)}(t_1), \ t \in [t_1, T]$$

的解为 $\beta_2(t)$, 其中 $\beta_1(t)$ 和 $\beta_2(t)$ 在点 t_1 横截相交, $t_1 \in (0, T)$.

7.2.3 内部层解的存在性

令 $0 = t_0 < t_1 < t_2 = T$, (7-34) 的极限快系统为

$$\begin{cases} \dfrac{\mathrm{d}y}{\mathrm{d}\tau} = a(\bar{t})y + b(\bar{t})g_1(y, \lambda, \bar{t}), \\ \dfrac{\mathrm{d}\lambda}{\mathrm{d}\tau} = -f_y(y, g_1(y, \lambda, \bar{t}), \bar{t}) - a(\bar{t})\lambda, \end{cases} \tag{7-38}$$

其中 $\tau = (t - \bar{t})/\mu$, $\bar{t} \in [t_0, t_2]$ 是一参数.

引理 7.5 假设 H7.7~H7.8 成立, 则极限快系统 (7-38) 有两个鞍点 $M_i\big(\varphi_i(\bar{t}), \gamma_i(\bar{t})\big)$, 其中 $\gamma_i(\bar{t}) = -b^{-1}(\bar{t})f_u(\varphi_i(\bar{t}), \alpha_i(\bar{t}), \bar{t})$, $i = 1, 2$.

证明 令

$$\begin{cases} G_1(y, \lambda, \bar{t}) = a(\bar{t})y + b(\bar{t})g_1(y, \lambda, \bar{t}), \\ G_2(y, \lambda, \bar{t}) = -f_y(y, g_1(y, \lambda, \bar{t}), \bar{t}) - a(\bar{t})\lambda. \end{cases}$$

显然, $M_i\big(\varphi_i(\bar{t}), \gamma_i(\bar{t})\big)$ 满足方程

$$\begin{cases} G_1(y, \lambda, \bar{t}) = 0, \\ G_2(y, \lambda, \bar{t}) = 0. \end{cases}$$

因此, $M_i\big(\varphi_i(\bar{t}), \gamma_i(\bar{t})\big)$ 是系统的平衡点. 进一步, 确定平衡点的类型, 特征方程为

$$\lambda^2 - a^2(\bar{t}) + 2a(\bar{t})b(\bar{t})\bar{f}_{u^2}^{-1}\bar{f}_{uy} - b^2(\bar{t})\bar{f}_{u^2}^{-1}\bar{f}_{y^2} = 0,$$

其中 $\bar{f}_{u^2}^{-1}$、$\bar{f}_{y^2}$、$\bar{f}_{uy}$ 在 $\big(\varphi_i(\bar{t}), \alpha_i(\bar{t}), \bar{t}\big)$, $i = 1, 2$ 取值. 利用 (7-37), 计算可得

$$\lambda^2 = a^2(\bar{t}) - 2a(\bar{t})b(\bar{t})\bar{f}_{u^2}^{-1}\bar{f}_{uy} + b^2(\bar{t})\bar{f}_{u^2}^{-1}\bar{f}_{y^2} > 0.$$

在相平面 (y, λ), 平衡点 $M_i\big(\varphi_i(\bar{t}), \gamma_i(\bar{t})\big)$, $i = 1, 2$ 是鞍点.

类似于上一节的讨论, 这里给出引理 7.6~7.8 , 证明过程予以省略.

引理 7.6   方程 (7-38) 具有首次积分

$$\big(a(\bar{t})y + b(\bar{t})g_1(y, \lambda, \bar{t})\big)\lambda + f(y, g_1(y, \lambda, \bar{t}), \bar{t}) = C. \tag{7-39}$$

引理 7.7   假设 H7.7~H7.8 和 $a(\bar{t})y + b(\bar{t})g_1(y, \lambda, \bar{t}) \neq 0$ 成立, 则首次积分 (7-39) 关于变量 λ 可解.

通过平衡点 M_1 和 M_2 的轨线 S_{M_1} 和 S_{M_2} 的方程为

$$\big(a(\bar{t})y + b(\bar{t})g_1(y, \lambda, \bar{t})\big)\lambda + f(y, g_1(y, \lambda, \bar{t}), \bar{t}) = f(\varphi_1(\bar{t}), \alpha_1(\bar{t}), \bar{t}), \tag{7-40}$$

$$\big(a(\bar{t})y + b(\bar{t})g_1(y, \lambda, \bar{t})\big)\lambda + f(y, g_1(y, \lambda, \bar{t}), \bar{t}) = f(\varphi_2(\bar{t}), \alpha_2(\bar{t}), \bar{t}). \tag{7-41}$$

利用引理 7.7可得

$$\lambda^{(-)}(\tau, \bar{t}) = h^{(-)}(y^{(-)}, \varphi_1(\bar{t}), \bar{t}), \tag{7-42}$$

$$\lambda^{(+)}(\tau, \bar{t}) = h^{(+)}(y^{(+)}, \varphi_2(\bar{t}), \bar{t}). \tag{7-43}$$

令

$$H(\bar{t}) = \lambda^{(-)}(0, \bar{t}) - \lambda^{(+)}(0, \bar{t}) = h^{(-)}(y^{(-)}(0), \varphi_1(\bar{t}), \bar{t}) - h^{(+)}(y^{(+)}(0), \varphi_2(\bar{t}), \bar{t}),$$

其中 $y^{(-)}(0) = y^{(+)}(0) = \rho(\bar{t})$, $\rho(t) = \dfrac{1}{2}(\varphi_1(t) + \varphi_2(t))$.

引理 7.8   假设 H7.7~H7.8 成立, 则 $H(t_1) = 0$ 的充分必要条件为

$$f(\varphi_1(t_1), \alpha_1(t_1), t_1) = f(\varphi_2(t_1), \alpha_2(t_1), t_1).$$

几何奇异摄动理论是非常重要的理论, 对于理解系统本质提供了有力支撑. 下面给出两个重要引理: Fenichel 引理[6] 和 $k + \sigma$ 交换引理[12].

引理 7.9   Fenichel 引理

考虑系统

$$\begin{cases} \mu x' = f(x, y, \mu), \\ y' = g(x, y, \mu), \end{cases} \tag{7-44}$$

其中 $x \in \mathbf{R}^n, y \in \mathbf{R}^l$ 和 μ 是实参数, f、g 在集合 $V \times I$ 是 C^∞, 其中 $V \in \mathbf{R}^{n+l}$ 和 I 是包含 0 的开集. 当 $\mu = 0$ 时, M_0 为集合 $\{f(x, y, 0) = 0\}$

是慢流形, 且是法向双曲的, 对于任意的 $0 < r < +\infty$, $\mu > 0$, 存在 (7-44) 的解流形 M_μ, 满足

(1) M_μ 是局部不变的;

(2) M_μ 关于变量 x、y、μ 是 C^r 的;

(3) $M_\mu = \{(x, y) : x = h^\mu(y)\}$, 其中 $h^\mu(y)$ 是 C^r 函数, y 属于紧集 K, 则在 $W^s(M_0)$ 的 $O(\mu)$ 距离附近存在与之微分同胚的局部不变稳定流形 $W^s(M_\mu)$, 在 $W^u(M_0)$ 的 $O(\mu)$ 距离附近存在与之微分同胚的局部不稳定流形 $W^u(M_\mu)$.

引理 7.10 $k + \sigma$ 交换引理

考虑奇异摄动方程

$$\mu \frac{\mathrm{d}x}{\mathrm{d}t} = f(x, y, \mu), \ \frac{\mathrm{d}y}{\mathrm{d}t} = g(x, y, \mu), \tag{7-45}$$

其中 $x \in \mathbf{R}^{k+m}$, $y \in \mathbf{R}^l$, $\mu > 0$ 是一小参数. 令 $\mu = 0$, 可得极限慢系统

$$0 = f(x, y, 0), \frac{\mathrm{d}y}{\mathrm{d}t} = g(x, y, 0).$$

方程 (7-45) 可以改写为尺度 $\tau = t/\mu$ 的方程

$$\frac{\mathrm{d}x}{\mathrm{d}\tau} = f(x, y, \mu), \ \frac{\mathrm{d}y}{\mathrm{d}\tau} = \mu g(x, y, \mu).$$

可得极限快系统

$$\frac{\mathrm{d}x}{\mathrm{d}\tau} = f(x, y, 0), \ \frac{\mathrm{d}y}{\mathrm{d}\tau} = 0.$$

将 M_μ 定义为系统 (7-45) 的解流形, $\dim M_\mu = k + \sigma, 0 < \sigma \leqslant l$, $M_0 \triangleq \lim\limits_{\mu \to 0} M_\mu$. 假设 S 是双曲的, $W^s(S)$ 为慢流形 S 的稳定流形, 其中 $S = \{(x, y) | f(x, y, 0) = 0\}$. 定义

$$B = \left\{ (a, b, x) \in \mathbf{R}^{k+m+l} : \|a\| < \triangle, |b| < \triangle, x \in U \right\},$$

其中 $a \in \mathbf{R}^k$, $b \in \mathbf{R}^m$, $\triangle$ 是一正常数, $U \subseteq \mathbf{R}^l$ 是紧的开集.

对于任意的 $\mu \geqslant 0$, 和子集 X, $\omega(X)$ 为 X 的 ω 极限集, 同时 $q_\mu \in \partial B \cap M_\mu$.

1. M_0 与 $W^s(S)$ 横截相交于 q_0.

记 $N_0 = M_0 \cap W^s(S)$, 由 1 可知 $\dim N_0 = \sigma$.

2. $\omega(N_0)$ 是 S 的 $\sigma - 1$ 维子流形, 且满足 $\bar{q}_0 = \omega(q_0) \in \omega(N_0)$.

3. $e = (1, 0, \cdots, 0)^{\mathrm{T}}$ 不在 $\bar{q}_0$ 的切空间上.

设 $q_\mu \in \{|b| = \triangle\} \cap M_\mu$, (7-45) 的轨线在点 $\hat{q}_\mu$ 离开 B. 记 T_μ 是沿 (7-45) 的轨线从点 q_μ 到点 $\hat{q}_\mu$ 的时间.

4. $0 < \lim\limits_{\mu \to 0} \mu T_\mu \equiv T^0 < \infty$.

假设 1~4 成立, 则对于充分小的 $\mu > 0$, $\delta > 0$(δ 是不依赖于参数 μ), M_μ 在 $\hat{q}_\mu$ 和 $W^u(S)|_{\omega(N_0)\cdot(T^0-\delta,T^0+\delta)}$ 是 $C^1 O(\mu)$ 接近的.

接下来, 将利用 $k + \sigma$ 交换引理研究奇异摄动问题 (7-34) 内部层解的存在性. 考虑 (7-34) 的连接问题

$$\begin{cases} \mu y' = a(t)y + b(t)g_1(y, \lambda, t), \\ \mu \lambda' = -f_y(y, g_1(y, \lambda, t), t) - a(t)\lambda(t) + rg(t), \\ z' = g(t)y, \ r' = 0, \ t' = 1, \end{cases} \tag{7-46}$$

边界条件可改写为

$$B_\mu^L = \{(y, \lambda, z, r, t) \mid y(t_0, \mu) = y^0, \ z(t_0, \mu) = 0, \ t = t_0\},$$
$$B_\mu^R = \{(y, \lambda, z, r, t) \mid r(t_2) - \mu\lambda(t_2) = 0, \ y(t_2, \mu) = z(t_2, \mu), \ t = t_2\}.$$

问题 (7-46) 的奇异解是一系列快慢退化系统的解, 其初始点在 B_0^L 上, 终点在 B_0^R 上. 令 $\bar{p}_0$ 为奇异解经过 B_0^L 的点, p_3 为奇异解经过 B_0^R 的点, 点 p_i 和 $\bar{p}_i$ 分别为奇异解初始和离开 S_i 的点, 其中 S_i 是第 i 个慢流形, $i = 1, 2$,

$$S_1 = \{y = \varphi_1(t), \ \lambda_1 = \gamma_1(t)\}, \ S_1 = \{y = \varphi_2(t), \lambda_1 = \gamma_2(t)\}.$$

利用引理 7.5 的结果, 可知慢流形 S_1 和 S_2 是法向双曲的. 同时, 利用引理 7.8, 易知存在连接鞍点 $M_1(\varphi_1(\bar{t}), \gamma_1(\bar{t}))$ 和 $M_2(\varphi_2(\bar{t}), \gamma_2(\bar{t}))$ 的异宿轨道. 为了保证内部层解的存在性, 需要给出如下基本假设条件:

H 7.10   假设稳定流形 $W^s(S_1)$ 和 B_0^L 横截相交, 不稳定流形 $W^u(S^1)$ 和稳定流形 $W^s(S_2)$ 横截相交, 不稳定流形 $W^u(S_2)$ 和 B_0^R 横截相交, 其中 $W^s(S_i)$ 是慢流形 S_i 的稳定流形, $W^u(S_i)$ 是慢流形 S_i 的不稳定流形, $i = 1, 2$.

定理 7.4　假设 H7.7~H7.10 成立, 则对于充分小的 $\mu > 0$, 奇异摄动最优控制问题 (7-31) 存在阶梯状空间对照结构解 $y(t,\mu)$. 进一步, 满足

$$\lim_{\mu \to 0} y(t,\mu) = \begin{cases} \varphi_1(t), \ t_0 \leqslant t < t_1, \\ \rho(t_1), \ t = t_1 \\ \varphi_2(t), \ t_1 < t \leqslant t_2. \end{cases}$$

证明　连接问题 (7-46) 可看作一动力系统, 相空间为 $\mathbf{R}^5$, 可得 $\dim B_\mu^L = 2$, $\dim B_\mu^R = 2$, $\dim S_1 = \dim S_2 = 3$. $N_0 = B_0^L \cap W^s(S_1)$, 映射 $N_0 \to \omega(N_0) = \chi^1, p_1 \in \chi^1, \omega(\bar{p}_0) = p_1, U^1 = \chi^1 \cdot (T_1 - \delta, T_1 + \delta)$. 利用已知假设, 计算可得 $\dim W^s(S_1) = 4$, $\dim N_0 = 1$. 因此, 稳定流形 $W^s(S_1)$ 和 B_0^L 横截相交于一维流形. 显然, $\dim \chi^1 = 1$, $\dim U^1 = 2$, $\dim W^u(U^1) = 3$, 解流由点 p_1 到达 $\bar{p}_1$ 的时间是有限的.

$N_1 = B_0^R \cap W^u(S_2)$, $p_3 \in N_1$, 映射 $N_1 \to \alpha(N_1) = \chi^2, \bar{p}_2 \in \chi^2$, $\alpha(p_3) = \bar{p}_2, U^2 = \chi^2 \cdot (T_2 - \delta, T_2 + \delta)$. 利用假设, 计算可得 $\dim W^u(S_2) = 4$, $\dim N_1 = 1$. 因此, 不稳定流形 $W^u(S_2)$ 和 B_0^R 横截相交于一维流形. 显然, $\dim \chi^2 = 1$, $\dim U^2 = 2$, $\dim W^s(U^2) = 3$, 解流由点 $\bar{p}_2$ 到达 p_2 的时间是有限的.

令 $\sigma = \dim(W^s(U^2) \cap W^u(U^1))$, 不稳定流形 $W^u(U^1)$ 和稳定流形 $W^s(U^2)$ 横截相交于一流形, 维度为

$$\dim(W^s(U^2) + \dim(W^u(U^1)) - 5 = 1.$$

综上所述, 存在连接慢流形 S_1 和慢流形 S_2 的异宿轨道, 交换引理的所有条件均满足, 因此, 奇异摄动最优控制问题 (7-31) 存在阶梯状空间对照结构解 $y(t,\mu)$.

注释 7.3　定理 7.4 证明了最优控制问题 (7-31) 阶梯状空间对照结构解的存在性, 利用引理 7.9, 可知解 $y(t,\mu)$ 关于变量 t 和 μ 是 C^r 的, $0 < r < +\infty$.

根据定理 7.4 和经典的奇异摄动理论[17] 的主要结果, 可以构造奇异摄动边值问题 (7-34) 的渐近解, 包括正则项、左边界层项、内部转移层项和

右边界层项. 关于 $y(t,\mu)$ 中上述各项的确定会通过尺度分离和按照小参数 μ 展开得到.

7.2.4 渐近解的构造

本节将利用边界层函数法研究奇异摄动最优控制问题的渐近解, 假设形式渐近解的形式为

$$x^{(-)}(t,\mu) = \sum_{k=0}^{\infty} \mu^k(\bar{x}_k^{(-)}(t) + L_k x(\tau_0) + Q_k^{(-)}x(\tau_1)),\ 0 \leqslant t \leqslant t^*, \quad (7\text{-}47)$$

$$x^{(+)}(t,\mu) = \sum_{k=0}^{\infty} \mu^k(\bar{x}_k^{(+)}(t) + Q_k^{(+)}x(\tau_1) + R_k x(\tau_2)),\ t^* \leqslant t \leqslant T, \quad (7\text{-}48)$$

其中 $x = \left(y, \lambda, z\right)^{\mathrm{T}}$, $\tau_0 = t\mu^{-1}$, $\tau_1 = (t-t^*)\mu^{-1}$, $\tau_2 = (t-t_2)\mu^{-1}$, $\bar{x}_k^{(\mp)}(t)$ 是正则项系数, $L_k x(\tau_0)$ 是在 $t = t_0$ 处左边界层项系数, $R_k x(\tau_2)$ 是在 $t = t_2$ 处的右边界层项系数, $Q_k^{(\mp)}x(\tau_1)$ 是在 t^* 处的内部转移层项系数. 内部转移层点 t^* 的渐近形式为

$$t^* = t_1 + \mu t_{11} + \cdots + \mu^k t_{1k} + \cdots.$$

将渐近解 (7-47) 和 (7-48) 代入到最优性条件 (7-34), 按 t、τ_0、τ_1 和 τ_2 进行尺度分离, 同时比较 μ 的同次幂可得确定 $\bar{y}_k^{(\mp)}(t)$、$\bar{\lambda}_k^{(\mp)}(t)$、$\bar{z}_k^{(\mp)}(t)$、$L_k y(\tau_0)$、$L_k \lambda(\tau_0)$、$L_k z(\tau_0)$、$Q_k^{(\mp)}y(\tau_1)$、$Q_k^{(\mp)}\lambda(\tau_1)$、$Q_k^{(\mp)}z(\tau_1)$、$R_k y(\tau_2)$、$R_k \lambda(\tau_2)$、$R_k z(\tau_2)$ 和 r_k, $k \geqslant 0$ 的一系列方程和条件.

确定零次正则项 $\{\bar{y}_0^{(\mp)}(t)$、$\bar{\lambda}_0^{(\mp)}(t)$、$\bar{z}_0^{(\mp)}(t)$, $r_0\}$ 的方程和条件为

$$\begin{cases} 0 = F_1(\bar{y}_0^{(\mp)}(t), \bar{\lambda}_0^{(\mp)}(t), t), \\ 0 = F_2(\bar{y}_0^{(\mp)}(t), \bar{\lambda}_0^{(\mp)}(t), t), \\ \dfrac{\mathrm{d}\bar{z}_0^{(\mp)}}{\mathrm{d}t} = g(t)\bar{y}_0^{(\mp)}(t), r_0 = 0,\ \bar{z}_0^{(-)} = 0, \end{cases}$$

利用假设 H7.8 和 H7.9, 可得

$$\bar{y}_0^{(\mp)}(t) = \begin{cases} \varphi_1(t),\ t_0 \leqslant t < t_1, \\ \varphi_2(t),\ t_1 < t \leqslant t_2, \end{cases} \qquad \bar{z}_0^{(\mp)}(t) = \begin{cases} \beta_1(t),\ t_0 \leqslant t \leqslant t_1, \\ \beta_2(t),\ t_1 \leqslant t \leqslant t_2, \end{cases}$$

$$\bar{\lambda}_0^{(\mp)}(t) = \begin{cases} \gamma_1(t) = -b^{-1}(t)f_u(\varphi_1(t), \alpha_1(t), t), \ t_0 \leqslant t < t_1, \\ \gamma_2(t) = -b^{-1}(t)f_u(\varphi_2(t), \alpha_2(t), t), \ t_1 < t \leqslant t_2. \end{cases}$$

确定零次左边界层项 $\{L_0y(\tau_0),\ L_0\lambda(\tau_0)\}$ 和 $\{L_0z(\tau_0)\}$ 的方程和条件为

$$\begin{cases} \dfrac{\mathrm{d}L_0y}{\mathrm{d}\tau_0} = F_1(\varphi_1(t_0) + L_0y, \gamma_1(t_0) + L_0\lambda, t_0), \\ \dfrac{\mathrm{d}L_0\lambda}{\mathrm{d}\tau_0} = F_2(\varphi_1(t_0) + L_0y, \gamma_1(t_0) + L_0\lambda, t_0), \\ \dfrac{\mathrm{d}L_0z}{\mathrm{d}\tau_0} = 0, \\ L_0y(0) = y^0 - \varphi_1(t_0),\ L_0y(+\infty) = 0,\ L_0\lambda(+\infty) = 0,\ L_0z(+\infty) = 0. \end{cases} \tag{7-49}$$

确定零次左右内部层项 $Q_0^{(\mp)}y(\tau)$、$Q_0^{(\mp)}\lambda(\tau)$ 和 $Q_0^{(\mp)}z(\tau)$ 的方程和条件为

$$\begin{cases} \dfrac{\mathrm{d}Q_0^{(\mp)}y}{\mathrm{d}\tau_1} = F_1(\varphi_{1,2}(t_1) + Q_0^{(\mp)}y, \gamma_{1,2}(t_1) + Q_0^{(\mp)}\lambda, t_1), \\ \dfrac{\mathrm{d}Q_0^{(\mp)}\lambda}{\mathrm{d}\tau_1} = F_1(\varphi_{1,2}(t_1) + Q_0^{(\mp)}y, \gamma_{1,2}(t_1) + Q_0^{(\mp)}\lambda, t_1), \\ \dfrac{\mathrm{d}Q_0^{(\mp)}z}{\mathrm{d}\tau_1} = 0,\ Q_0^{(\mp)}y(0) = \rho(t_1) - \varphi_{1,2}(t_1), \\ Q_0^{(\mp)}y(\mp\infty) = 0,\ Q_0^{(\mp)}\lambda(\mp\infty) = 0,\ Q_0^{(\mp)}z(\mp\infty) = 0, \end{cases} \tag{7-50}$$

其中 $\rho(t) = \dfrac{1}{2}(\varphi_1(t) + \varphi_2(t))$。

同样地, 确定零次右边界层项 $R_0y(\tau_1)$、$R_0\lambda(\tau_1)$ 和 $R_0z(\tau_1)$ 的方程和条件为

$$\begin{cases} \dfrac{\mathrm{d}R_0y}{\mathrm{d}\tau_2} = F_1(\varphi_2(t_2) + R_0y, \gamma_2(t_2) + R_0\lambda, t_2), \\ \dfrac{\mathrm{d}R_0\lambda}{\mathrm{d}\tau_2} = F_2(\varphi_2(t_2) + R_0y, \gamma_2(t_2) + R_0\lambda, t_2), \\ \dfrac{\mathrm{d}R_0z}{\mathrm{d}\tau_2} = 0,\ R_0y(-\infty) = 0,\ R_0\lambda(-\infty) = 0, \\ R_0z(-\infty) = 0, \varphi_2(T) + R_0y(0) = \beta_2(T) + R_0z(0). \end{cases} \tag{7-51}$$

利用假设 H7.10 可知, 问题 (7-49)~(7-51) 的解存在. 至此, 已经构造了渐近解的所有主项

$\bar{y}_0^{(\mp)*}(t)$、$\bar{\lambda}_0^{(\mp)*}(t)$、$\bar{z}_0^{(\mp)*}(t)$、 $L_0 y^*(\tau_0)$、$L_0 \lambda^*(\tau_0)$、$L_0 z^*(\tau_0)$、

$Q_0^{(\mp)} y^*(\tau_1)$、$Q_0^{(\mp)} \lambda^*(\tau_1)$、$Q_0^{(\mp)} z^*(\tau_1)$、$R_0 y^*(\tau_2)$、$R_0 \lambda^*(\tau_2)$, $R_0 z^*(\tau_2)$.

利用边界层函数法确定高阶渐近解. 首先考虑高阶正则项 $\bar{y}_n^{(\mp)}(t)$、$\bar{\lambda}_n^{(\mp)}(t)$ 和 $\bar{z}_n^{(\mp)}(t)$, $n \geqslant 1$ 满足的方程和条件

$$
\begin{cases}
\dfrac{\mathrm{d}\bar{y}_{n-1}^{(\mp)}}{\mathrm{d}t} = F_{1y}(\bar{y}_0^{(\mp)}(t), \bar{\lambda}_0^{(\mp)}(t), t)\bar{y}_n^{(\mp)}(t) + F_{1\lambda}(\bar{y}_0^{(\mp)}(t), \bar{\lambda}_0^{(\mp)}(t), t)\bar{\lambda}_n^{(\mp)}(t) + \\
\qquad F_{1n}^{(\mp)}(t), \\
\dfrac{\mathrm{d}\bar{\lambda}_{n-1}^{(\mp)}}{\mathrm{d}t} = F_{2y}(\bar{y}_0^{(\mp)}(t), \bar{\lambda}_0^{(\mp)}(t), t)\bar{y}_n^{(\mp)}(t) + F_{2\lambda}(\bar{y}_0^{(\mp)}(t), \bar{\lambda}_0^{(\mp)}(t), t)\bar{\lambda}_n^{(\mp)}(t) + \\
\qquad F_{2n}^{(\mp)}(t), \\
\dfrac{\mathrm{d}\bar{z}_n^{(\mp)}}{\mathrm{d}t} = g(t)\bar{y}_n^{(\mp)},
\end{cases}
$$

其中 $F_{1n}^{(\mp)}(t)$、$F_{2n}^{(\mp)}(t)$ 和 $r_n = \bar{\lambda}_{n-1}^{(+)}(T) + R_{n-1}\lambda(0)$ 是依赖于之前已确定项的已知函数. 利用假设 H7.8 和表达式 (7-37), 可判定矩阵 E_1 是非奇异的, 从而

$$
\begin{bmatrix} \bar{y}_n^{(\mp)}(t) \\ \bar{\lambda}_n^{(\mp)}(t) \end{bmatrix} = E_1^{-1} \begin{bmatrix} \dfrac{\mathrm{d}\bar{y}_{n-1}^{(\mp)}(t)}{\mathrm{d}t} - F_{1n}^{(\mp)}(t) \\ \dfrac{\mathrm{d}\bar{\lambda}_{n-1}^{(\mp)}(t)}{\mathrm{d}t} - F_{2n}^{(\mp)}(t) \end{bmatrix},
$$

其中

$$
E_1 = \begin{bmatrix} F_{1y}(\varphi_{1,2}(t), \gamma_{1,2}(t), t) & F_{1\lambda}(\varphi_{1,2}(t), \gamma_{1,2}(t), t) \\ F_{2y}(\varphi_{1,2}(t), \gamma_{1,2}(t), t) & F_{2\lambda}(\varphi_{1,2}(t), \gamma_{1,2}(t), t) \end{bmatrix}.
$$

关于 $\bar{z}_n^{(\mp)}(t)$ 将会在高阶边界层项的过程中确定.

确定高阶左边界层项 $L_n y(\tau_0)$、$L_n \lambda(\tau_0)$ 和 $L_n z(\tau_0)$, $n \geqslant 1$ 的方程和条件为

$$
\begin{cases}
\dfrac{\mathrm{d}L_n y}{\mathrm{d}\tau_0} = \tilde{F}_{1y}^{(L)}(\tau_0)L_n y + \tilde{F}_{1\lambda}^{(L)}(\tau_0)L_n \lambda + F_{1n}^{(L)}(\tau_0), \\
\dfrac{\mathrm{d}L_n \lambda}{\mathrm{d}\tau_0} = \tilde{F}_{2y}^{(L)}(\tau_0)L_n y + \tilde{F}_{2\lambda}^{(L)}(\tau_0)L_n \lambda + F_{2n}^{(L)}(\tau_0), \\
\dfrac{\mathrm{d}L_n z}{\mathrm{d}\tau_0} = g(t_0)L_{n-1}y(\tau_0), \\
L_n y(0) = -\bar{y}_n(t_0), \quad L_n z(0) = -\bar{z}_n^{(-)}(t_0), \\
L_n y(+\infty) = 0, \quad L_n \lambda(+\infty) = 0, \quad L_n z(+\infty) = 0,
\end{cases} \tag{7-52}
$$

其中

$$\tilde{F}_{iy}^{(L)}(\tau_0) = \tilde{F}_{iy}^{(L)}(\varphi_1(t_0) + L_0 y, \gamma_1(t_0) + L_0 \lambda, t_0),$$

$$\tilde{F}_{i\lambda}^{(L)}(\tau_0) = \tilde{F}_{i\lambda}^{(L)}(\varphi_1(t_0) + L_0 y, \gamma_1(t_0) + L_0 \lambda, t_0), i = 1, 2,$$

$F_{1n}^{(L)}(\tau_0)$ 和 $F_{2n}^{(L)}(\tau_0)$ 是依赖于之前已确定函数的已知函数. 对表达式 $\dfrac{\mathrm{d}L_n z}{\mathrm{d}\tau_0} = g(t_0)L_{n-1}y(\tau_0)$ 由 $+\infty$ 到 τ_0 积分, 可得

$$L_n z(\tau_0) = \int_{+\infty}^{\tau_0} g(t_0)L_{n-1}y(\tau_0)\mathrm{d}\tau_0.$$

令 $\tau_0 = 0$, 由式 (7-52), 可知

$$\bar{z}_n^{(-)}(t_0) = -\int_{+\infty}^{0} g(t_0)L_{n-1}y(\tau_0)\mathrm{d}\tau_0,$$

其中 $L_{n-1}y(\tau_0)$ 是依赖于之前已确定函数的已知函数. 利用方程 $\dfrac{\mathrm{d}\bar{z}_n^{(-)}}{\mathrm{d}t} = g(t)\bar{y}_n^{(-)}$ 可直接确定 $\bar{z}_n^{(-)}(t)$. 关于 $L_n y(\tau_0)$ 和 $L_n \lambda(\tau_0)$ 的存在性将会在接下来给出判断.

考虑高阶内部转移层项 $Q_n^{(\mp)}y(\tau_1)$、$Q_n^{(\mp)}\lambda(\tau_1)$ 和 $Q_n^{(\mp)}z(\tau_1)$, $n \geqslant 1$

$$\begin{cases} \dfrac{\mathrm{d}Q_n^{(\mp)}y}{\mathrm{d}\tau_1} = \tilde{F}_{1y}^{(Q)(\mp)}(\tau_1)Q_n^{(\mp)}y(\tau_1) + \tilde{F}_{1\lambda}^{(Q)(\mp)}(\tau_1)Q_n^{(\mp)}\lambda(\tau_1) + \\ \qquad \tilde{F}_{1t}^{(Q)(\mp)}(\tau_1)t_{1n} + F_{1n}^{(Q)(\mp)}(\tau_1), \\[2mm] \dfrac{\mathrm{d}Q_n^{(\mp)}\lambda}{\mathrm{d}\tau_1} = \tilde{F}_{2y}^{(Q)(\mp)}(\tau_1)Q_n^{(\mp)}y(\tau_1)\tilde{F}_{2\lambda}^{(Q)(\mp)}(\tau_1)Q_n^{(\mp)}\lambda(\tau_1) + \\ \qquad \tilde{F}_{2t}^{(Q)(\mp)}(\tau_1)t_{1n} + F_{2n}^{(Q)(\mp)}(\tau_1), \\[2mm] \dfrac{\mathrm{d}Q_n^{(\mp)}z}{\mathrm{d}\tau_1} = g(t_1)Q_{n-1}^{(\mp)}y(\tau_1), \\[2mm] Q_n^{(\mp)}y(0) = \sigma_n\big(\rho(t_1, \cdots t_{1n})\big), \quad Q_n^{(\mp)}y(\mp\infty) = 0, \\[2mm] Q_n^{(\mp)}\lambda(\mp\infty) = 0, \quad Q_n^{(\mp)}z(\mp\infty) = 0, \end{cases} \quad (7\text{-}53)$$

其中 $\tilde{F}_{iy}^{(Q)(\mp)}(\tau_1)$、$\tilde{F}_{i\lambda}^{(Q)(\mp)}(\tau_1)$ 和 $\tilde{F}_{it}^{(Q)(\mp)}(\tau_1)$ 在 $(\varphi_{1,2}(t_1) + Q_0^{(\mp)}y(\tau_1), \gamma_{1,2}(t_1) + Q_0^{(\mp)}\lambda(\tau_1), t_1)$ 取值, $\sigma_n(\rho)$、$F_{in}^{Q(\mp)}(\tau_1)$, $i = 1, 2$ 是依赖于之前已确定函数的已知函数. 对方程 $\dfrac{\mathrm{d}Q_n^{(\mp)}z}{\mathrm{d}\tau_1} = g(t_1)Q_{n-1}^{(\mp)}y(\tau_1)$ 由 $\mp\infty$ 到 τ_1 积分, 计算可得

$$Q_n^{(\mp)}z(\tau_1) = \int_{\mp\infty}^{\tau_1} g(t_1)Q_{n-1}^{(\mp)}y(\tau_1)\mathrm{d}\tau_1,$$

其中 $Q_{n-1}y^{(\mp)}(\tau_1)$ 是依赖于之前已确定函数的已知函数. 现在, 给出确定 t_{1n} 满足的方程, 式 (7-53) 的联合系统为

$$\begin{cases} \dfrac{\mathrm{d}Q_ny}{\mathrm{d}\tau_1} = \tilde{F}_{1y}^{(Q)}(\tau_1)Q_ny(\tau_1) + \tilde{F}_{1\lambda}^{(Q)}(\tau_1)Q_n\lambda(\tau_1) + \tilde{F}_{1t}^{(Q)}(\tau_1)t_{1n} + F_{1n}^{(Q)}(\tau_1), \\ \dfrac{\mathrm{d}Q_n\lambda}{\mathrm{d}\tau_1} = \tilde{F}_{2y}^{(Q)}(\tau_1)Q_ny(\tau_1) + \tilde{F}_{2\lambda}^{(Q)}(\tau_1)Q_n\lambda(\tau_1) + \tilde{F}_{2t}^{(Q)}(\tau_1)t_{1n} + F_{2n}^{(Q)}(\tau_1), \end{cases}$$

$$(7\text{-}54)$$

其中 $\tilde{F}_{iy}^{(Q)}(\tau_1)$、$\tilde{F}_{i\lambda}^{(Q)}(\tau_1)$ 和 $\tilde{F}_{it}^{(Q)}(\tau_1)$ 在 $(q_{11}(\tau_1), q_{12}(\tau_1), t_1)$ 取值, 满足

$$q_{11}(\tau_1) \to \varphi_1(t_1), \tau_1 \to -\infty, q_{11}(\tau_1) \to \varphi_2(t_1), \tau_1 \to +\infty,$$

$$q_{12}(\tau_1) \to \gamma_1(t_1), \tau_1 \to -\infty, q_{12}(\tau_1) \to \gamma_2(t_1), \tau_1 \to +\infty.$$

令 $Q_nx = \left(Q_n^{\mathrm{T}}y,\ Q_n^{\mathrm{T}}\lambda\right)^{\mathrm{T}}$, $\tilde{F}_n^Q(\tau_1) = \left(F_{1n}^{Q\mathrm{T}}(\tau_1),\ F_{2n}^{Q\mathrm{T}}(\tau_1)\right)^{\mathrm{T}}$

$$I(y, \lambda, t) = \begin{bmatrix} F_1(y, \lambda, t) \\ F_2(y, \lambda, t) \end{bmatrix}.$$

利用文献[11]的引理 3.7, 可知式 (7-54) 在 $\mathbf{R}^-$ 和 $\mathbf{R}^+$ 具有指数二分法. 同时, 算子 $F(Q_nx) = \dfrac{\mathrm{d}Q_nx}{\mathrm{d}\tau_1} - I_x(\tau_1)Q_nx$ 是 Fredholm 算子, Fredholm 指标 $\dim \mathrm{Ker}F - \dim \mathrm{Ker}F^* = 0$, 其中 $I_x(\tau_1)$ 在 $(q_{11}(\tau_1), q_{12}(\tau_1), t_1)$ 取值. 利用引理 $3.7^{[11]}$ 的主要结果, 可知存在唯一 $\psi(\tau_1) \in \mathrm{Ker}F^*$, 同时方程 (7-54) 有解等价于

$$t_{1n}\int_{-\infty}^{+\infty} \psi_1^*(\tau_1)B\mathrm{d}\tau_1 = -\int_{-\infty}^{+\infty} \psi_1^*(\tau_1)\tilde{F}_n^Q(\tau_1)\mathrm{d}\tau_1.$$

利用假设 和 melnikov 函数, 可得 $\int_{-\infty}^{\infty} \psi_1^*B\mathrm{d}\tau_1 \neq 0$, 其中

$$B = \begin{bmatrix} F_{1t}(q_{11}(\tau_1), q_{12}(\tau_1), t_1) \\ F_{2t}(q_{11}(\tau_1), q_{12}(\tau_1), t_1) \end{bmatrix}.$$

这样就确定了 t_{1n} 和内部层项 $Q_n^{(\mp)}y(\tau_1)$, $Q_n^{(\mp)}\lambda(\tau_1)$. 利用 $\bar{z}_n^{(-)}(t)$ 的表达式和慢变量 z 的连续性, 可直接确定 $\bar{z}_n^{(+)}(t)$.

同样地, 确定高阶右边界层项 $R_ny(\tau_2)$、$R_n\lambda(\tau_2)$ 和 $R_nz(\tau_2), n \geqslant 1$ 的

方程和条件为

$$
\begin{cases}
\dfrac{\mathrm{d}R_n y}{\mathrm{d}\tau_2} = \tilde{F}_{1y}^{(R)}(\tau_2)R_n y + \tilde{F}_{1\lambda}^{(R)}(\tau_2)R_n\lambda + F_{1n}^{(R)}(\tau_2), \\[2mm]
\dfrac{\mathrm{d}R_n \lambda}{\mathrm{d}\tau_2} = \tilde{F}_{2y}^{(R)}(\tau_2)R_n y + \tilde{F}_{2\lambda}^{(R)}(\tau_2)R_n\lambda + F_{2n}^{(R)}(\tau_2), \\[2mm]
\dfrac{\mathrm{d}R_n z}{\mathrm{d}\tau_2} = g(t_2)R_{n-1}y(\tau_2), \\[2mm]
R_n\lambda(0) = r_{n-1} - \bar{\lambda}_n^{(+)}(t_2), \ \bar{y}_n(t_2) + R_n y(0) = \bar{z}_n^{(+)}(t_2) + R_n z(0), \\[2mm]
R_n y(-\infty) = 0, \ R_n\lambda(-\infty) = 0, \ R_n z(-\infty) = 0,
\end{cases}
\tag{7-55}
$$

其中

$$
\tilde{F}_{iy}^{(R)}(\tau_2) = \tilde{F}_{iy}^R(\varphi_2(t_2) + R_0 y, \gamma_2(t_2) + R_0(\lambda), t_2),
$$

$$
\tilde{F}_{i\lambda}^{(R)}(\tau_2) = \tilde{F}_{i\lambda}^R(\varphi_2(t_2) + R_0 y, \gamma_2(t_2) + R_0\lambda, t_2), i = 1, 2.
$$

$F_{1n}^{(R)}(\tau_0)$ 和 $F_{2n}^{(R)}(\tau_0)$ 是依赖于之前已确定函数的已知函数. 方程 $\dfrac{\mathrm{d}R_n z}{\mathrm{d}\tau_2} = g(t_2)R_{n-1}y(\tau_2)$ 由 $-\infty$ 到 τ_2 积分, 计算可得

$$
R_n z(\tau_2) = \int_{-\infty}^{\tau_2} g(t_2)R_{n-1}y(\tau_2)\mathrm{d}\tau_2,
$$

其中 $R_{n-1}y(\tau_2)$ 是依赖于之前已确定函数的已知函数, 有 $R_n y(0) = -\bar{y}_n^{(\mp)}(t_2) + \bar{z}_n^{(+)}(t_2) + R_n z(0)$.

需要指出的是式 (7-52) 和 (7-55) 是线性非齐次微分方程, 变量 $L_n z(\tau_0)$ 和 $R_n z(\tau_2)$ 的解已经确定, 只需考虑前两个变量的解. $(L_0'y, L_0'\lambda)$ 和 $(R_0'y, R_0'\lambda)$ 是方程 (7-52) 和 (7-55) 对应线性齐次方程的解, 利用文献 [19] 的结果, 可知方程 (7-52) 和 (7-55) 前两个变量的解存在. 利用 y 的渐近解以及方程 (7-31), 可以确定控制变量 u 的渐近解.

定理 7.5 假设 H7.7~H7.10 成立, 则对于充分小的 $\mu > 0$, 奇异摄动最优控制问题 (7-31) 存在阶梯状空间对照结构解 $y(t,\mu)$, 满足

$$
y(t,\mu) = \begin{cases}
\sum_{k=0}^{n} \mu^k\big(\bar{y}_k^{(-)}(t) + L_k y(\tau_0) + Q_k^{(-)}y(\tau_1)\big) + O(\mu^{n+1}), \ t_0 \leqslant t \leqslant T_n, \\[2mm]
\sum_{k=0}^{n} \mu^k\big(\bar{y}_k^{(+)}(t) + Q_k^{(+)}y(\tau_1) + R_k y(\tau_2)\big) + O(\mu^{n+1}), \ T_n \leqslant t \leqslant t_2,
\end{cases}
$$

$$u(t,\mu) = \begin{cases} \sum\limits_{k=0}^{n} \mu^k \big(\bar{u}_k^{(-)}(t) + L_k u(\tau_0) + Q_k^{(-)} u(\tau_1)\big) + O(\mu^{n+1}), \ t_0 \leqslant t \leqslant T_n, \\ \sum\limits_{k=0}^{n} \mu^k \big(\bar{u}_k^{(+)}(t) + Q_k^{(+)} u(\tau_1) + R_k u(\tau_2)\big) + O(\mu^{n+1}), \ T_n \leqslant t \leqslant t_2. \end{cases}$$

其中 $T_n = t_1 + \mu t_{11} + \cdots + \mu^n t_{1n} + O(\mu^{n+1})$.

7.2.5 例子

考虑带有积分边界条件的最优控制问题

$$\begin{cases} J[u] = \int_0^{2\pi} \big(\frac{1}{4}y^4 - \frac{1}{3}y^3 \sin t - \frac{y^2}{2} + y\sin t + \frac{1}{2}u^2\big)\,\mathrm{d}t \to \min_u, \\ \mu\dfrac{\mathrm{d}y}{\mathrm{d}t} = u, \\ y(0,\mu) = 0, \ y(2\pi,\mu) = \int_0^{2\pi} y(s,\mu)\mathrm{d}s, \end{cases} \tag{7-56}$$

其中 $y \in \mathbf{R}, u \in \mathbf{R}$.

利用表达式 (7-36), 可得

$$\bar{y}_0^{(\mp)}(t) = \begin{cases} -1, \ 0 \leqslant t < \pi, \\ 1, \ \pi < t \leqslant 2\pi, \end{cases}$$

其中 $t_1 = \pi, \bar{u}_0^{(\mp)} = 0$.

确定 $Q_0^{(\mp)}y$ 和 $Q_0^{(\mp)}u$ 的方程和条件为

$$\begin{cases} \dfrac{\mathrm{d}Q_0^{(\mp)}y}{\mathrm{d}\tau} = \dfrac{-\sqrt{2}}{2}\big((\mp 1 + Q_0^{(\mp)}y)^2 - 1\big), \\ \dfrac{\mathrm{d}Q_0^{(\mp)}y}{\mathrm{d}\tau} = Q_0^{(\mp)}u, \\ Q_0^{(\mp)}y(\mp\infty) = 0, \ Q_0^{(\mp)}y(0) = \pm 1, \end{cases}$$

解表达式为

$$Q_0^{(-)}y = \frac{2\mathrm{e}^{\sqrt{2}\tau}}{1 + \mathrm{e}^{\sqrt{2}\tau}}, \ Q_0^{(-)}u = \frac{2\sqrt{2}\mathrm{e}^{-\sqrt{2}\tau}}{(1 + \mathrm{e}^{-\sqrt{2}\tau})^2},$$

$$Q_0^{(+)}y = \frac{-2}{1 + \mathrm{e}^{\sqrt{2}\tau}}, \ Q_0^{(+)}u = \frac{2\sqrt{2}\mathrm{e}^{-\sqrt{2}\tau}}{(1 + \mathrm{e}^{-\sqrt{2}\tau})^2}.$$

同样地, 可得

$$L_0 y = \frac{2\mathrm{e}^{-\sqrt{2}\tau_0}}{1 + \mathrm{e}^{-\sqrt{2}\tau_0}}, \ L_0 u = \frac{-2\sqrt{2}\mathrm{e}^{\sqrt{2}\tau_0}}{(1 + \mathrm{e}^{\sqrt{2}\tau_0})^2},$$

$$R_0 y = \frac{-2}{\mathrm{e}^{-\sqrt{2}\tau_1}+1}, \; R_0 u = \frac{-2\sqrt{2}\mathrm{e}^{\sqrt{2}\tau_1}}{(1+\mathrm{e}^{\sqrt{2}\tau_1})^2}.$$

形式渐近解为

$$y(t,\mu) = \begin{cases} -1 + \dfrac{2\mathrm{e}^{-\sqrt{2}\tau_0}}{1+\mathrm{e}^{-\sqrt{2}\tau_0}} + \dfrac{2\mathrm{e}^{\sqrt{2}\tau}}{1+\mathrm{e}^{\sqrt{2}\tau}} + O(\mu), \; 0 \leqslant t \leqslant \pi, \\[3mm] 1 + \dfrac{-2}{1+\mathrm{e}^{\sqrt{2}\tau}} + \dfrac{-2}{\mathrm{e}^{-\sqrt{2}\tau_1}+1} + O(\mu), \; \pi \leqslant t \leqslant 2\pi, \end{cases}$$

$$u(t,\mu) = \begin{cases} \dfrac{-2\sqrt{2}\mathrm{e}^{\sqrt{2}\tau_0}}{(1+\mathrm{e}^{\sqrt{2}\tau_0})^2} + \dfrac{2\sqrt{2}\mathrm{e}^{-\sqrt{2}\tau}}{(1+\mathrm{e}^{-\sqrt{2}\tau})^2} + O(\mu), \; 0 \leqslant t \leqslant \pi, \\[3mm] \dfrac{2\sqrt{2}\mathrm{e}^{-\sqrt{2}\tau}}{(1+\mathrm{e}^{-\sqrt{2}\tau})^2} + \dfrac{-2\sqrt{2}\mathrm{e}^{\sqrt{2}\tau_1}}{(1+\mathrm{e}^{\sqrt{2}\tau_1})^2} + O(\mu), \; \pi \leqslant t \leqslant 2\pi. \end{cases}$$

7.3 带有积分边界条件的快慢系统的渐近解

7.3.1 引言

奇异摄动理论和方法源于对天体力学的研究, 是处理非线性问题的重要工具, 在许多方面都有重要应用, 如流体动力学、最优控制和空气动力学. 随着奇异摄动理论的不断发展, 出现了很多新方向和新方法. 在一些热传导、半导体和生物医学等问题的研究过程中, 学者们发现初始时刻和终端时刻的值不是固定的, 出现了可移动边界, 其中的一种情形为积分边界[107−109]. M. Cakir 和 G. M. Amiraliyev[110] 考虑了带有积分边界条件的奇异摄动边值问题

$$\begin{cases} \varepsilon^2 y'' + \varepsilon a(t) y' - b(t) y = f(t), \; 0 < t < l, \; 0 < \varepsilon \ll 1, \\[2mm] y(0) = y^0, \quad y(l) = y^l + \displaystyle\int_{l_0}^{l_1} g(s) y(s) \mathrm{d}s, \; 0 \leqslant l_0 < l_1 \leqslant l, \end{cases}$$

利用有限差分的方法, 构造了具有边界层的数值解.

文献[111]中, 作者考虑了二阶非线性奇异摄动边值问题

$$\begin{cases} \varepsilon^2 y'' = f(t,y), \; 0 < t < 1, \; 0 < \varepsilon \ll 1, \\[2mm] y(0) = \displaystyle\int_0^1 h_{(}(y(s,\mu))\mathrm{d}s, \; y(1) = \displaystyle\int_0^1 h_2(y(s,\mu))\mathrm{d}s. \end{cases}$$

针对上述积分边界问题, 借助于边界层函数法和微分不等式技巧, 构

造了零阶渐近解, 并证明了空间对照结构解的存在性. 因为积分边界的引入使得所讨论问题变得复杂, 文献[111]中, 作者仅考虑了含有快变量的系统, 没有考虑慢变量. 奇异摄动系统也称为快-慢系统, 因此对于含有积分边界条件的奇异摄动快-慢系统的研究是十分有意义的.

通过研究发现, 关于奇异摄动空间对照结构的研究成果已非常丰富, 关于带有积分边界条件的奇异摄动快慢问题中的空间对照结构研究很少. 难点在于已有参考文献中的方法已不再适用, 需要运用几何方法进行研究. 关于奇异摄动几何方法的研究可参看文献[120-123], 学者们利用奇异摄动几何理论讨论了解的存在性、唯一性、孤立波解、同异宿轨的存在性等.

本节将运用几何理论[120]研究一类带有积分边界条件的奇异摄动边值问题, 不但证明了空间对照结构解的存在性, 而且构造了一致有效的形式渐近解.

7.3.2 奇异摄动问题

考虑带有积分边界条件的奇异摄动边值问题

$$
\begin{cases}
\mu^2 \dfrac{\mathrm{d}^2 y}{\mathrm{d}t^2} = f(x, y, t), \ t \in [0, 1], \\
\dfrac{\mathrm{d}x}{\mathrm{d}t} = g(x, y, t), \\
x(0) = x^0, \quad y(0) = y^0 + \displaystyle\int_0^1 h_1(y(s, \mu))\mathrm{d}s, \ y(1) = y^1 + \displaystyle\int_0^1 h_2(y(s, \mu))\mathrm{d}s,
\end{cases}
\tag{7-57}
$$

其中 $\mu > 0$ 是一小参数, $x, y \in \mathbf{R}$ 分别是慢变量和快变量.

由于积分边界条件的引入, 使得问题 (7-57) 的讨论要比常规固定边界的情形要复杂得多, 为此将方程 (7-57) 转化为如下等价的奇异摄动边值问题

$$
\begin{cases}
\mu \dfrac{\mathrm{d}y}{\mathrm{d}t} = z, \ \mu \dfrac{\mathrm{d}z}{\mathrm{d}t} = f(x, y, t), \\
\dfrac{\mathrm{d}x}{\mathrm{d}t} = g(x, y, t), \ \dfrac{\mathrm{d}k_1}{\mathrm{d}t} = h_1(y), \\
\dfrac{\mathrm{d}k_2}{\mathrm{d}t} = h_2(y), \ x(0) = x^0, \\
y(0) = y^0 - k_1(0) \ k_1(1) = 0, \ k_2(0) = 0, \ y(1) = y^1 + k_2(1).
\end{cases}
\tag{7-58}
$$

对所提问题 (7-57) 作如下假设:

H 7.11 假设函数 $f(x,y,t)$、$g(x,y,t)$ 和 $h_i(y)$ 在区域 $D = \{(x,y,t)| \ |x| \leqslant A, \ |y| \leqslant A, 0 \leqslant t \leqslant 1\}$ 上充分光滑, 其中 A 是一正常数, $i = 1,2$.

H 7.12 假设方程 $f(\bar{x}, \bar{y}, t) = 0$ 存在两个孤立根 $\bar{y} = \alpha_1(\bar{x},t)$ 和 $\bar{y} = \alpha_2(\bar{x},t)$, 同时左初值问题

$$\frac{\mathrm{d}\bar{x}^{(-)}}{\mathrm{d}t} = g(\bar{x}^{(-)}, \alpha_1(\bar{x}^{(-)},t),t), \ \bar{x}^{(-)}(0) = x^0$$

和右初值问题

$$\frac{\mathrm{d}\bar{x}^{(+)}}{\mathrm{d}t} = g(\bar{x}^{(+)}, \alpha_2(\bar{x}^{(+)},t),t), \ \bar{x}^{(+)}(t_0) = \bar{x}^{(-)}(t_0)$$

分别存在唯一解 $\varphi_1(t)$ 和 $\varphi_2(t)$, 其中 $\varphi_1(t)$ 和 $\varphi_2(t)$ 在 $t_0 \in (0,1)$ 横截相交, 同时满足, $f_y(\varphi_i(t), \alpha_i(\varphi_i(t)), t) > 0$, $t \in [0,1]$, $i = 1,2$.

7.3.3 解的存在性

本节将利用文献 [11,120] 的主要结果证明问题 (7-57) 空间对照结构解的存在性. 首先, 研究式 (7-58) 的连接问题

$$\begin{cases} \mu\dfrac{\mathrm{d}y}{\mathrm{d}\xi} = z, \ \mu\dfrac{\mathrm{d}z}{\mathrm{d}\xi} = f(x,y,t), \\ \dfrac{\mathrm{d}x}{\mathrm{d}\xi} = g(x,y,t), \dfrac{\mathrm{d}k_1}{\mathrm{d}\xi} = h_1(y), \ \dfrac{\mathrm{d}k_2}{\mathrm{d}\xi} = h_2(y), \ \dfrac{\mathrm{d}t}{\mathrm{d}\xi} = 1, \end{cases} \tag{7-59}$$

边值条件可改写为

$$B_\mu^L = \{(y,z,x,k_1,k_2,t) \mid x(0) = x^0, y(0) = y^0 - k_1, \ k_2(0) = 0, \ t = 0\},$$

$$B_\mu^R = \{(y,z,x,k_1,k_2,t) \mid k_1(1) = 0, \ y(1) = y^1 + k_2(1), \ t = 1\}.$$

令 $\tau = \xi/\mu$, 连接问题 (7-59) 可改写为

$$\begin{cases} \dfrac{\mathrm{d}y}{\mathrm{d}\tau} = z, \ \dfrac{\mathrm{d}z}{\mathrm{d}\tau} = f(x,y,t), \\ \dfrac{\mathrm{d}x}{\mathrm{d}\tau} = \mu g(x,y,t), \dfrac{\mathrm{d}k_1}{\mathrm{d}\tau} = \mu h_1(y), \ \dfrac{\mathrm{d}k_2}{\mathrm{d}\tau} = \mu h_2(y), \ \dfrac{\mathrm{d}t}{\mathrm{d}\tau} = \mu. \end{cases} \tag{7-60}$$

在式 (7-59) 和 (7-60) 中分别令 $\mu = 0$, 可得极限慢系统

$$\begin{cases} 0 = z, \ 0 = f(x, y, t), \\ \dfrac{\mathrm{d}x}{\mathrm{d}\xi} = g(x, y, t), \ \dfrac{\mathrm{d}k_1}{\mathrm{d}\xi} = h_1(y), \ \dfrac{\mathrm{d}k_2}{\mathrm{d}\xi} = h_2(y), \ \dfrac{\mathrm{d}t}{\mathrm{d}\xi} = 1 \end{cases} \tag{7-61}$$

和极限快系统

$$\begin{cases} \dfrac{\mathrm{d}y}{\mathrm{d}\tau} = z, \ \dfrac{\mathrm{d}z}{\mathrm{d}\tau} = f(x, y, t), \\ \dfrac{\mathrm{d}x}{\mathrm{d}\tau} = 0, \ \dfrac{\mathrm{d}k_1}{\mathrm{d}\tau} = 0, \ \dfrac{\mathrm{d}k_2}{\mathrm{d}\tau} = 0, \ \dfrac{\mathrm{d}t}{\mathrm{d}\tau} = 0. \end{cases} \tag{7-62}$$

由假设 H7.12, 可知临界流形为

$$S_1 = \{z = 0, y = \alpha_1(\varphi_1(t))\},$$

$$S_2 = \{z = 0, y = \alpha_2(\varphi_2(t))\},$$

$\dim(S_i) = 4$, 系统 (7-62) 对应的线性系统在临界流形上有 4 个零根、1 个正根和 1 个负根, 从而可知 S_i, $i = 1, 2$ 是法向双曲的. 因此, 存在连接 $M_1(\alpha_1(\varphi_1(t)), 0)$ 和 $M_2(\alpha_2(\varphi_2(t)), 0)$ 的异宿轨道.

H 7.13   假设稳定流形 $W^s(S_1)$ 和 B_0^L 横截相交, 不稳定流形 $W^u(S_1)$ 和稳定流形 $W^s(S_2)$ 横截相交, 不稳定流形 $W^u(S_2)$ 和 B_0^R 横截相交, 其中 $W^s(S_i) = \bigcup\limits_{p \in S_i} W^s(p)$, $W^u(S_i) = \bigcup\limits_{p \in S_i} W^u(p)$, $i = 1, 2$.

令

$$N_0 = B_0^L \cap W^s(S_1), \ N_1 = B_0^R \cap W^u(S_2), \ N_0 \rightarrow \omega(N_0) = \chi^1,$$

$$N_1 \rightarrow \alpha(N_1) = \chi^2, \ U^i = \chi^i \cdot (T_i - \delta, T_i + \delta), i = 1, 2,$$

其中 $\omega(N_0)$ 为 N_0 的 ω 极限集, $\alpha(N_1)$ 为 N_1 的 α 极限集.

系统 (7-59) 的奇异解是指初始点在 B_0^L 和终端点在 B_0^R 一系列退化系统的解. $\bar{p}_0$ 为奇异解在边界流形 B_0^L 上的初始点, p_3 为奇异解在边界流形 B_0^R 上的终端点, 点 p_i 和 $\bar{p}_i$ 为奇异解在流形 S_i 上的初始点和终端点, 其中 S_i, $i = 1, 2$ 是奇异解经过的第 i 个慢流形.

定理 7.6   如果满足条件 H7.11~H7.13，则对于充分小的 $\mu > 0$，奇异摄动边值问题 (7-57) 存在阶梯状空间对照结构解 $x(t, \mu)$ 和 $y(t, \mu)$，即

$$\lim_{\mu \to 0} x(t, \mu) = \begin{cases} \varphi_1(t), \ 0 \leqslant t \leqslant t_0, \\ \varphi_2(t), \ t_0 \leqslant t \leqslant 1, \end{cases} \qquad \lim_{\mu \to 0} y(t, \mu) = \begin{cases} \alpha_1(\varphi_1(t)), \ 0 < t < t_0, \\ \alpha_2(\varphi_2(t)), \ t_0 < t < 1. \end{cases}$$

证明   连接问题 (7-59) 的讨论空间维数为 $\mathbf{R}^6$, $\dim B_\mu^L = 2$, $\dim B_\mu^R = 3$, $\dim S_1 = \dim S_2 = 4$. $N_0 = B_0^L \cap W^s(S_1)$, 映射 $N_0 \to \omega(N_0) = \chi^1, p_1 \in \chi^1, \omega(\bar{p}_0) = p_1, U^1 = \chi^1 \cdot (T_1 - \delta, T_1 + \delta)$. 由横截相交假设可知, $\dim W^s(S_1) = 5, \dim N_0 = 1$. 因此, 稳定流形 $W^s(S_1)$ 与 B_0^L 横截相交于一个一维流形. 显然, $\dim \chi^1 = 1, \dim U^1 = 2$. 解由点 p_1 到达 $\bar{p}_1$ 的时间是有限的, 同时有 $\dim W^u(U^1) = 3$.

$N_1 = B_0^R \cap W^u(S_2), p_3 \in N_1$, 映射 $N_1 \to \alpha(N_1) = \chi^2, \bar{p}_2 \in \chi^2$, $\alpha(p_3) = \bar{p}_2, U^2 = \chi^2 \cdot (T_2 - \delta, T_2 + \delta)$. 由假设可知, $\dim W^u(S_2) = 5$, $\dim N_1 = 2$. 因此, S_2 的不稳定流形与 B_0^R 横截相交于一个二维流形. 显然, $\dim \chi^2 = 2, \dim U^2 = 3$. 解由点 $\bar{p}_2$ 到达 p_2 的时间是有限的, 同时 $\dim W^s(U^2) = 4$.

令 $\sigma = \dim(W^s(U^2) \cap W^u(U^1))$, 不稳定流形 $W^u(U^1)$ 和稳定流形 $W^s(U^2)$ 横截相交, 且

$$\dim(W^s(U^2)) + \dim(W^u(U^1)) - 6 = 1.$$

因此, 存在连接慢流形 S_1 和慢流形 S_2 的异宿轨道, 交换引理[12]的全部条件都满足, 奇异摄动边值问题 (7-57) 存在阶梯状空间对照结构解.

7.3.4 渐近解的构造

根据解的结构, 本节将利用边界层函数法[17], 构造奇异摄动边值问题 (7-58) 的渐近解. 假设渐近级数为 $\omega = (y, z, x, k_1, k_2)^{\mathrm{T}}$

$$\omega^{(-)}(t, \mu) = \sum_{k=0}^{\infty} \mu^k (\bar{\omega}_k^{(-)}(t) + L_k \omega(\tau_0) + Q_k^{(-)} \omega(\tau_1)), \ 0 \leqslant t \leqslant t^*, \quad (7\text{-}63)$$

$$\omega^{(+)}(t, \mu) = \sum_{k=0}^{\infty} \mu^k (\bar{\omega}_k^{(+)}(t) + Q_k^{(+)} \omega(\tau_1) + R_k \omega(\tau_2)), \ t^* \leqslant t \leqslant 1, \quad (7\text{-}64)$$

其中 $\tau_0 = t\mu^{-1}$, $\tau_1 = (t - t^*)\mu^{-1}$, $\tau_2 = (t - 1)\mu^{-1}$, $\bar{\omega}_k^{(\mp)}(t)$ 是正则项的系数, $L_k\omega(\tau_0)$ 是左边界层项的系数, $R_k\omega(\tau_2)$ 是右边界层项的系数, $Q_k^{(\mp)}\omega(\tau_1)$ 是内部转移层项的系数.

为确定内部转移点 $t^*(\mu) \in [0,1]$, 假设其渐近级数为

$$t^* = t_0 + \mu t_1 + \cdots + \mu^k t_k + \cdots.$$

把形式渐近解 (7-63) 和 (7-64) 代入边值问题 (7-58), 按快慢尺度 t、τ_0、τ_1 和 τ_2 分离, 比较 μ 的同次幂, 可得确定 $\bar{y}_k^{(\mp)}(t)$、$\bar{z}_k^{(\mp)}(t)$、$\bar{x}_k^{(\mp)}(t)$、$\bar{k}_{1k}^{(\mp)}(t)$、$\bar{k}_{2k}^{(\mp)}(t)$、$L_k y(\tau_0)$、$L_k z(\tau_0)$、$L_k x(\tau_0)$、$L_k k_1(\tau_0)$、$L_k k_2(\tau_0)$、$Q_k^{(\mp)}y(\tau_1)$、$Q_k^{(\mp)}z(\tau_1)$、$Q_k^{(\mp)}x(\tau_1)$、$Q_k^{(\mp)}k_1(\tau_1)$、$Q_k^{(\mp)}k_2(\tau_1)$、$R_k y(\tau_2)$、$R_k z(\tau_2)$、$R_k x(\tau_2)$、$R_k k_1(\tau_2)$、$R_k k_2(\tau_2)$, $k \geqslant 0$ 的方程和条件.

先给出确定零次正则项 $\bar{y}_0^{(\mp)}(t)$、$\bar{z}_0^{(\mp)}(t)$、$\bar{x}_0^{(\mp)}(t)$、$\bar{k}_{10}^{(\mp)}(t)$ 和 $\bar{k}_{20}^{(\mp)}(t)$ 的方程和条件

$$\begin{cases} \bar{z}_0^{(\mp)}(t) = 0, \ f(\bar{x}_0^{(\mp)}(t), \bar{y}_0^{(\mp)}(t), t) = 0, \\ \dfrac{\mathrm{d}\bar{x}_0^{(\mp)}(t)}{\mathrm{d}t} = g(\bar{x}_0^{(\mp)}(t), \bar{y}_0^{(\mp)}(t), t), \ \dfrac{\mathrm{d}\bar{k}_{10}^{(\mp)}(t)}{\mathrm{d}t} = h_1(\bar{y}_0^{(\mp)}(t)), \\ \dfrac{\mathrm{d}\bar{k}_{20}^{(\mp)}(t)}{\mathrm{d}t} = h_2(\bar{y}_0^{(\mp)}(t)). \end{cases} \tag{7-65}$$

由假设 H7.12, 可知

$$\bar{z}_0^{(\mp)} = 0, \quad \bar{y}_0^{(\mp)} = \begin{cases} \alpha_1(\varphi_1(t)), 0 \leqslant t < t_0, \\ \alpha_2(\varphi_2(t)), t_0 < t \leqslant 1, \end{cases} \quad \bar{x}_0^{(\mp)} = \begin{cases} \varphi_1(t), 0 \leqslant t \leqslant t_0, \\ \varphi_2(t), t_0 \leqslant t \leqslant 1, \end{cases}$$

关于 $\bar{k}_{10}^{(\mp)}(t)$、$\bar{k}_{20}^{(\mp)}(t)$, 将结合条件 $\bar{k}_{10}^{(+)}(1) + R_0 k_1(0) = 0$, $\bar{k}_{20}^{(-)}(0) + L_0 k_2(0) = 0$, $\bar{k}_{10}^{(-)}(t_0) = \bar{k}_{10}^{(+)}(t_0)$, $\bar{k}_{20}^{(-)}(t_0) = \bar{k}_{20}^{(+)}(t_0)$ 来确定, 需要指出解中包含边界层中的未知项.

确定零次左边界层项 $L_0 y(\tau_0)$、$L_0 z(\tau_0)$、$L_0 x(\tau_0)$、$L_0 k_1(\tau_0)$、$L_0 k_2(\tau_0)$ 的方程和条件为

$$
\begin{cases}
\dfrac{\mathrm{d}L_0 y}{\mathrm{d}\tau_0} = L_0 z, \ \dfrac{\mathrm{d}L_0 z}{\mathrm{d}\tau_0} = f(\varphi_1(0) + L_0 x, \alpha_1(\varphi(0)) + L_0 y, 0), \\[2mm]
\dfrac{\mathrm{d}L_0 x}{\mathrm{d}\tau_0} = 0, \ \dfrac{\mathrm{d}L_0 k_1}{\mathrm{d}\tau_0} = 0, \dfrac{\mathrm{d}L_0 k_2}{\mathrm{d}\tau_0} = 0, \\[2mm]
\bar{y}_0^{(-)}(0) + L_0 y(0) = -\bar{k}_{10}^{(-)}(0) + L_0 k_1(0) + y^0, \ \bar{x}_0^{(-)}(0) + L_0 x(0) = x^0, \\[2mm]
L_0 y(+\infty) = 0, \ L_0 z(+\infty) = 0, \ L_0 x(+\infty) = 0, \\[2mm]
L_0 k_1(+\infty) = 0, L_0 k_2(+\infty) = 0,
\end{cases}
\tag{7-66}
$$

由边界层函数法的性质可知, 边界层项都是指数衰减的, 因此 $L_0 x = 0$, $L_0 k_1 = 0$, $L_0 k_2 = 0$. 同理, $R_0 k_1 = 0$, 基于此, 正则项 $\bar{k}_{10}^{(\mp)}(t)$、$\bar{k}_{20}^{(\mp)}(t)$ 可同时确定.

类似地, 确定零次内部转移层项 $Q_0^{(\mp)} y(\tau_1)$、$Q_0^{(\mp)} z(\tau_1)$、$Q_0^{(\mp)} x(\tau_1)$、$Q_0^{(\mp)} k_1(\tau_1)$ 和 $Q_0^{(\mp)} k_2(\tau_1)$ 的方程和条件为

$$
\begin{cases}
\dfrac{\mathrm{d}Q_0^{(\mp)} y}{\mathrm{d}\tau_1} = Q_0^{(\mp)} z, \ \dfrac{\mathrm{d}Q_0^{(\mp)} z}{\mathrm{d}\tau_1} = f(\varphi_{1,2}(t_0) + Q_0^{(\mp)} x, \alpha_{1,2}(\varphi_{1,2}(t_0)) + Q_0^{(\mp)} y, t_0), \\[2mm]
\dfrac{\mathrm{d}Q_0^{(\mp)} x}{\mathrm{d}\tau_1} = 0, \ \dfrac{\mathrm{d}Q_0^{(\mp)} k_1}{\mathrm{d}\tau_1} = 0, \dfrac{\mathrm{d}Q_0^{(\mp)} k_2}{\mathrm{d}\tau_1} = 0, \\[2mm]
Q_0^{(\mp)} y(0) + \alpha_{1,2}(\varphi_{1,2}(t_0)) = \beta(t_0), Q_0^{(\mp)} y(\mp\infty) = 0, Q_0^{(\mp)} z(\mp\infty) = 0, \\[2mm]
Q_0^{(\mp)} x(\mp\infty) = 0, \ Q_0^{(\mp)} k_1(\mp\infty) = 0, Q_0^{(\mp)} k_2(\mp\infty) = 0,
\end{cases}
\tag{7-67}
$$

其中 $\beta(t_0) = \dfrac{1}{2}(\alpha_1(\varphi_1(t)) + \alpha_2(\varphi_2(t)))$. 作变量代换 $\tilde{y}^{(\mp)} = \alpha_{1,2}(\varphi_{1,2}(t_0)) + Q_0^{(\mp)} y$, $\tilde{z}^{(\mp)} = Q_0^{(\mp)} z$, $\tilde{x}^{(\mp)} = \varphi_{1,2}(t_0) + Q_0^{(\mp)} x$, $\tilde{k}_1^{(\mp)} = Q_0^{(\mp)} k_1$, $\tilde{k}_2^{(\mp)} = Q_0^{(\mp)} k_2$, 可得

$$
\begin{cases}
\dfrac{\mathrm{d}\tilde{y}^{(\mp)}}{\mathrm{d}\tau_1} = \tilde{z}^{(\mp)}, \ \dfrac{\mathrm{d}\tilde{z}^{(\mp)}}{\mathrm{d}\tau_1} = f(\tilde{x}^{(\mp)}, \tilde{y}^{(\mp)}, t_0), \\[2mm]
\dfrac{\mathrm{d}\tilde{x}^{(\mp)}}{\mathrm{d}\tau_1} = 0, \ \dfrac{\mathrm{d}\tilde{k}_1^{(\mp)}}{\mathrm{d}\tau_1} = 0, \dfrac{\mathrm{d}\tilde{k}_2^{(\mp)}}{\mathrm{d}\tau_1} = 0, \\[2mm]
\tilde{y}^{(\mp)}(0) = \beta(t_0), \tilde{y}^{(\mp)}(\mp\infty) = \alpha_{1,2}(\varphi_{1,2}(t_0)), \\[2mm]
\tilde{z}^{(\mp)}(\mp\infty) = 0, \tilde{x}^{(\mp)}(\mp\infty) = \varphi_{1,2}(t_0), \tilde{k}_1^{(\mp)}(\mp\infty) = 0, \tilde{k}_2^{(\mp)}(\mp\infty) = 0,
\end{cases}
\tag{7-68}
$$

利用文献[17]的主要结果, 可知确定内部转移层点 t^* 的主项 t_0 的方程为

$$I(t_0) = \int_{\alpha_1(\varphi_1(t_0))}^{\alpha_2(\varphi_2(t_0))} f(\varphi_{1,2}(t_0), y, t_0) \mathrm{d}y = 0.$$

为保证解的存在性, 接下来的条件需要满足, 需要指出这些条件都是平凡的.

H 7.14 假设 $I'(t_0) \neq 0$, 左初值问题

$$\frac{\mathrm{d}\bar{k}_{10}^{(-)}}{\mathrm{d}t} = h_1(\alpha_1(\varphi_1(t))), \ \bar{k}_{10}^{(-)}(t_0) = \bar{k}_{10}^{(+)}(t_0)$$

有解 $\beta_1(t)$, 右初值问题

$$\frac{\mathrm{d}\bar{k}_{10}^{(+)}}{\mathrm{d}t} = h_1(\alpha_2(\varphi_2(t))), \ \bar{k}_{10}^{(+)}(1) = 0$$

有解 $\beta_2(t)$, 其中 $\beta_1(t)$ 和 $\beta_2(t)$ 在 t_0 处横截相交. 同时, 左初值问题

$$\frac{\mathrm{d}\bar{k}_{20}^{(-)}}{\mathrm{d}t} = h_2(\alpha_1(\varphi_1(t))), \quad \bar{k}_{20}^{(-)}(0) = 0$$

有解 $\gamma_1(t)$, 同时右初值问题

$$\frac{\mathrm{d}\bar{k}_{20}^{(+)}}{\mathrm{d}t} = h_2(\alpha_2(\varphi_2(t))), \quad \bar{k}_{20}^{(+)}(t_0) = \bar{k}_{20}^{(-)}(t_0)$$

有解 $\gamma_2(t)$, 其中 $\gamma_1(t)$ 和 $\gamma_2(t)$ 在 t_0 处横截相交, $t_0 \in (0,1)$.

确定零次右边界层项 $R_0 y(\tau_2)$、$R_0 z(\tau_2)$、$R_0 x(\tau_2)$、$R_0 k_1(\tau_2)$ 和 $R_0 k_2(\tau_2)$ 的方程和条件为

$$\begin{cases} \dfrac{\mathrm{d}R_0 y}{\mathrm{d}\tau_2} = R_0 z, \ \dfrac{\mathrm{d}R_0 z}{\mathrm{d}\tau_2} = f(\varphi_2(1) + R_0 x, \alpha_2(\varphi_2(1)) + R_0 y, 1), \\ \dfrac{\mathrm{d}R_0 x}{\mathrm{d}\tau_2} = 0, \ \dfrac{\mathrm{d}R_0 k_1}{\mathrm{d}\tau_2} = 0, \dfrac{\mathrm{d}R_0 k_2}{\mathrm{d}\tau_2} = 0, \\ \alpha_2(\varphi_2(1)) + R_0 y(0) = \bar{k}_{20}^{(+)}(1) + R_0 k_2(0) + y^1, \ R_0 y(-\infty) = 0, \\ R_0 z(-\infty) = 0, \ R_0 x(-\infty) = 0, \ R_0 k_1(-\infty) = 0, R_0 k_2(-\infty) = 0, \end{cases}$$

$$(7\text{-}69)$$

类似于零次左边界层项的讨论, 可知 $R_0 x = 0$, $R_0 k_1 = 0$, $R_0 k_2 = 0$. 结合条件, 可知问题 (7-66)～(7-69) 的解存在. 至此, 已确定了形式渐近解的全部零次主项, 接下来给出确定渐近解高阶项的方程和条件.

确定高次正则项 $\bar{y}_n^{(\mp)}(t)$、$\bar{z}_n^{(\mp)}(t)$、$\bar{x}_n^{(\mp)}(t)$、$\bar{k}_{1n}^{(\mp)}(t)$ 和 $\bar{k}_{2n}^{(\mp)}(t)$, $n \geqslant 1$

的方程和条件为

$$\begin{cases}
\dfrac{\mathrm{d}\bar{y}_{n-1}^{(\mp)}}{\mathrm{d}t} = \bar{z}_n^{(\mp)}(t), \\[2mm]
\dfrac{\mathrm{d}\bar{z}_{n-1}^{(\mp)}}{\mathrm{d}t} = \tilde{f}_x \bar{x}_n^{(\mp)}(t) + \tilde{f}_y \bar{y}_n^{(\mp)}(t) + F_{1n}^{(\mp)}(t), \\[2mm]
\dfrac{\mathrm{d}\bar{x}_n^{(\mp)}}{\mathrm{d}t} = \tilde{g}_x \bar{x}_n^{(\mp)}(t) + \tilde{g}_y \bar{y}_n^{(\mp)}(t) + F_{2n}^{(\mp)}(t), \\[2mm]
\dfrac{\mathrm{d}\bar{k}_{1n}^{(\mp)}}{\mathrm{d}t} = h_{1y}(\alpha_{1,2}(\varphi_{1,2}(t)))\bar{y}_n^{(\mp)}(t) + F_{3n}^{(\mp)}(t), \\[2mm]
\dfrac{\mathrm{d}\bar{k}_{2n}^{(\mp)}}{\mathrm{d}t} = h_{2y}(\alpha_{1,2}(\varphi_{1,2}(t)))\bar{y}_n^{(\mp)}(t) + F_{4n}^{(\mp)}(t),
\end{cases} \tag{7-70}$$

其中

$$\begin{cases}
\tilde{f}_x = f_x(\varphi_{1,2}(t), \alpha_{1,2}(\varphi_{1,2}(t)), t), \\[2mm]
\tilde{f}_y = f_y(\varphi_{1,2}(t), \alpha_{1,2}(\varphi_{1,2}(t)), t), \\[2mm]
\tilde{g}_x = g_x(\varphi_{1,2}(t), \alpha_{1,2}(\varphi_{1,2}(t)), t), \\[2mm]
\tilde{g}_y = g_y(\varphi_{1,2}(t), \alpha_{1,2}(\varphi_{1,2}(t)), t),
\end{cases}$$

$F_{in}^{(\mp)}(t)$, $i = 1,2,3,4$ 是依赖于一些已确定项的已知函数. 需要指出, 问题 (7-70) 的解依赖于 $\bar{x}_n^{(\mp)}$ 的可解性, 将在高次边界层项确定时给出.

确定高次左边界层项 $L_n y(\tau_0)$、$L_n z(\tau_0)$, $L_n x(\tau_0)$、$L_n k_1(\tau_0)$ 和 $L_n k_2(\tau_0)$, $n \geqslant 1$ 的方程和条件为

$$\begin{cases}
\dfrac{\mathrm{d}L_n y}{\mathrm{d}\tau_0} = L_n z, \\[2mm]
\dfrac{\mathrm{d}L_n z}{\mathrm{d}\tau_0} = \tilde{f}_x^{(L)}(\tau_0)L_n x + \tilde{f}_y^{(L)}(\tau_0)L_n y + F_{1n}^{(L)}(\tau_0), \\[2mm]
\dfrac{\mathrm{d}L_n x}{\mathrm{d}\tau_0} = \tilde{g}_x^{(L)}(\tau_0)L_{n-1} x + \tilde{f}_y^{(L)}(\tau_0)L_{n-1} y + F_{2n}^{(L)}(\tau_0), \\[2mm]
\dfrac{\mathrm{d}L_n k_1}{\mathrm{d}\tau_0} = \tilde{h}_{1y}^{(L)}(\tau_0)L_{n-1} y + F_{3n}^{(L)}(\tau_0), \\[2mm]
\dfrac{\mathrm{d}L_n k_2}{\mathrm{d}\tau_0} = \tilde{h}_{2y}^{(L)}(\tau_0)L_{n-1} y + F_{4n}^{(L)}(\tau_0), \\[2mm]
\bar{y}_n(0) + L_n y(0) = -\bar{k}_{1n}(0) - L_n k_1(0), \quad L_n k_2(0) = -\bar{k}_{2n}^{(-)}(0), \\[2mm]
L_n x(0) = -\bar{x}_n^{(-)}(0), \quad L_n y(+\infty) = 0, \quad L_n z(+\infty) = 0, \quad L_n x(+\infty) = 0, \\[2mm]
L_n k_1(+\infty) = 0, \quad L_n k_2(+\infty) = 0,
\end{cases}$$

$$\tag{7-71}$$

其中 $\tilde{f}_y^{(L)}(\tau_0)$、$\tilde{f}_x^{(L)}(\tau_0)$、$\tilde{g}_y^{(L)}(\tau_0)$、$\tilde{g}_x^{(L)}(\tau_0)$ 在 $(\varphi_1(0) + L_0x, \alpha_1(\varphi_1(0)) + L_0y, 0)$ 取值, $F_{in}^{(L)}(\tau_0)$, $i = 1, 2, 3, 4$ 是依赖于一些已确定项的已知函数. 令 $G_1(\tau_0) = \tilde{g}_x^{(L)}(\tau_0)L_{n-1}x + \tilde{f}_y^{(L)}(\tau_0)L_{n-1}y + F_{2n}^{(L)}(\tau_0)$, 对方程 $\dfrac{\mathrm{d}L_nx}{\mathrm{d}\tau_0} = G_1(\tau_0)$ 由 $+\infty$ 到 τ_0 积分, 可知

$$L_nx(\tau_0) = \int_{+\infty}^{\tau_0} G_1(\tau_0)\mathrm{d}\tau_0.$$

令 $\tau_0 = 0$, 利用 (7-71), 可得

$$\bar{x}_n^{(-)}(0) = -\int_{+\infty}^{0} G_1(\tau_0)\mathrm{d}\tau_0,$$

其中 $G_1(\tau_0)$ 是依赖于一些已确定项的已知函数. 利用方程 (7-70) , 可确定高次项 $\bar{\omega}_n^{(-)}(t)$. 需要指出, $\bar{k}_{1n}^{(-)}(t)$ 中包含任意常数参数, 需要在内部层和右边界层项的计算中确定. 类似于 $L_nx(\tau_0)$ 的计算过程, $L_nk_1(\tau_0)$ 和 $L_nk_2(\tau_0)$ 同样可以确定, 关于变量 $L_ny(\tau_0)$ 和 $L_nz(\tau_0)$ 解的存在性接下来给出说明.

考虑确定内部层高次项 $Q_n^{(\mp)}y(\tau_1)$、$Q_n^{(\mp)}z(\tau_1)$、$Q_n^{(\mp)}x(\tau_1)$、$Q_n^{(\mp)}k_1(\tau_1)$ 和 $Q_n^{(\mp)}k_2(\tau_1), n \geqslant 1$ 的方程和条件为

$$\begin{cases} \dfrac{\mathrm{d}Q_n^{(\mp)}y}{\mathrm{d}\tau_1} = Q_n^{(\mp)}z(\tau_1), \\[2mm] \dfrac{\mathrm{d}Q_n^{(\mp)}y}{\mathrm{d}\tau_1} = \tilde{f}_x^{(Q)(\mp)}(\tau_1)Q_n^{(\mp)}x(\tau_1) + \tilde{f}_y^{(Q)(\mp)}(\tau_1)Q_n^{(\mp)}y(\tau_1) + \tilde{f}_t^{(Q)(\mp)}(\tau_1)t_n + \\[2mm] \qquad\quad F_{1n}^{(Q)(\mp)}(\tau_1), \\[2mm] \dfrac{\mathrm{d}Q_n^{(\mp)}x}{\mathrm{d}\tau_1} = \tilde{g}_x^{(Q)(\mp)}(\tau_1)Q_{n-1}^{(\mp)}x(\tau_1) + \tilde{g}_y^{(Q)(\mp)}(\tau_1)Q_{n-1}^{(\mp)}y(\tau_1) + F_{2n}^{(Q)(\mp)}(\tau_1), \\[2mm] \dfrac{\mathrm{d}Q_n^{(\mp)}k_1}{\mathrm{d}\tau_1} = \tilde{h}_{1y}^{(Q)(\mp)}(\tau_1)Q_{n-1}^{(\mp)}y(\tau_1) + F_{3n}^{(Q)(\mp)}(\tau_1), \\[2mm] \dfrac{\mathrm{d}Q_n^{(\mp)}k_2}{\mathrm{d}\tau_1} = \tilde{h}_{2y}^{(Q)(\mp)}(\tau_1)Q_{n-1}^{(\mp)}y(\tau_1) + F_{4n}^{(Q)(\mp)}(\tau_1), \\[2mm] Q_n^{(\mp)}y(0) = \sigma_n\big(\rho(t_1, \cdots t_n)\big), \ Q_n^{(\mp)}y(\mp\infty) = 0, \ Q_n^{(\mp)}z(\mp\infty) = 0, \\[2mm] Q_n^{(\mp)}x(\mp\infty) = 0, Q_n^{(\mp)}k_1(\mp\infty) = 0, Q_n^{(\mp)}k_2(\mp\infty) = 0, \end{cases}$$

$$(7\text{-}72)$$

其中 $\tilde{f}_y^{(Q)(\mp)}(\tau_1)$、$\tilde{f}_x^{(Q)(\mp)}(\tau_1)$、$\tilde{g}_y^{(Q)(\mp)}(\tau_1)$、$\tilde{g}_x^{(Q)(\mp)}(\tau_1)$ 和 $\tilde{f}_t^{(Q)(\mp)}(\tau_1)$ 在

$$\big(\varphi_{1,2}(t_0) + Q_0^{(\mp)}x(\tau_1), \alpha_{1,2}(\varphi_{1,2}(t_0)) + Q_0^{(\mp)}y(\tau_1), t_0\big)$$

取值, $\sigma_n(\rho)$、$F_{in}^{Q(\mp)}(\tau_1)$, $i = 1,2,3,4$ 是依赖于一些已确定项的已知函数. 令 $G_2(\tau_1) = \tilde{g}_x^{(Q)(\mp)}(\tau_1)Q_{n-1}^{(\mp)}x(\tau_1) + \tilde{g}_y^{(Q)(\mp)}(\tau_1)Q_{n-1}^{(\mp)}y(\tau_1) + F_{2n}^{(Q)(\mp)}(\tau_1)$, 对方程 $\dfrac{\mathrm{d}Q_n^{(\mp)}x}{\mathrm{d}\tau_1} = G_2(\tau_1)$ 由 $\mp\infty$ 到 τ_1 积分, 可知

$$Q_n^{(\mp)}x(\tau_1) = \int_{\mp\infty}^{\tau_1} G_2(\tau_1)\mathrm{d}\tau_1,$$

其中 $G_2(\tau_1)$ 是依赖于一些已确定项的已知函数. 类似地, 可确定 $Q_n^{(\mp)}k_1$ 和 $Q_n^{(\mp)}k_2$. 下面讨论确定 t_n 的方程和条件,

考虑系统 (7-72) 的联合系统

$$\begin{cases} \dfrac{\mathrm{d}Q_n y}{\mathrm{d}\tau_1} = Q_n z(\tau_1), \\ \dfrac{\mathrm{d}Q_n z}{\mathrm{d}\tau_1} = \tilde{f}_y^{(Q)}(\tau_1)Q_n y(\tau_1) + \tilde{f}_x^{(Q)}(\tau_1)Q_n x(\tau_1) + \tilde{f}_t^{(Q)}(\tau_1)t_n + F_{1n}^{(Q)}(\tau_1), \end{cases}$$
$$\tag{7-73}$$

其中 $\tilde{f}_y^{(Q)}(\tau_1)$、$\tilde{f}_x^{(Q)}(\tau_1)$ 和 $\tilde{f}_t^{(Q)}(\tau_1)$ 在 $(q_{11}(\tau_1), q_{12}(\tau_1), t_0)$ 取值, 同时满足

$$q_{11}(\tau_1) \to \alpha_1(\varphi_1(t_0)), \tau_1 \to -\infty, q_{11}(\tau_1) \to \alpha_2(\varphi_2(t_0)), \tau_1 \to +\infty,$$

$$q_{12}(\tau_1) \to 0, \tau_1 \to -\infty, q_{12}(\tau_1) \to 0, \tau_1 \to +\infty,$$

令 $Q_n\lambda = \left(Q_n^{\mathrm{T}}y,\ Q_n^{\mathrm{T}}z\right)^{\mathrm{T}}$, $\tilde{f}_n^Q(\tau_1) = \left(0,\ F_{1n}^{Q\mathrm{T}}(\tau_1)\right)^{\mathrm{T}}$

$$I(y,z,x,t) = \begin{bmatrix} z \\ f(x,y,t) \end{bmatrix}.$$

利用指数二分法, 算子 $F(Q_n\lambda) = \dfrac{\mathrm{d}Q_n\lambda}{\mathrm{d}\tau_1} - I_\lambda(\tau_1)Q_n\lambda$ 是 Fredholm 型算子, Fredholm 指标 $\dim\mathrm{Ker}F - \dim\mathrm{Ker}F^* = 0$, 其中 $I_\lambda(\tau_1)$ 在 $(q_{11}(\tau_1), q_{12}(\tau_1), t_0)$ 取值. 利用文献[11] 的引理3.7, 可知存在唯一的函数 $\psi_1(\tau_1) \in \mathrm{Ker}F^*$, 方程 (7-73) 有解等价于

$$t_n \int_{-\infty}^{+\infty} \psi_1^*(\tau_1)B\mathrm{d}\tau_1 = -\int_{-\infty}^{+\infty} \psi_1^*(\tau_1)\tilde{f}_n^Q(\tau_1)\mathrm{d}\tau_1.$$

借助于假设 H7.13 和 Melnikov 函数, 计算可得 $\int_{-\infty}^{\infty} \psi_1^*B\mathrm{d}\tau_1 \neq 0$, 其中

$$B = \begin{bmatrix} 0 \\ f_t(q_{11}(\tau_1), q_{12}(\tau_1), t_0) \end{bmatrix}.$$

到此为止, 已确定了 t_n , 利用假设 H7.13, 可确定内部转移层项

$Q_n^{(\mp)}\omega(\tau_1)$. 利用变量 y、z、x、k_1、k_2 的表达式和连续性, 可确定正则项 $\bar{y}_n^{(+)}(t)$、$\bar{z}_n^{(+)}(t)$、$\bar{x}_n^{(+)}(t)$、$\bar{k}_{1n}^{(+)}$ 和 $\bar{k}_{2n}^{(+)}(t)$.

确定右边界层高次项 $R_ny(\tau_2)$、$R_nz(\tau_2)$、$R_nx(\tau_2)$、$R_nk_1(\tau_2)$ 和 $R_nk_2(\tau_2)$, $n \geqslant 1$ 的方程和条件为

$$\begin{cases} \dfrac{\mathrm{d}R_ny}{\mathrm{d}\tau_2} = R_nz, \\[2mm] \dfrac{\mathrm{d}R_nz}{\mathrm{d}\tau_2} = \tilde{f}_x^{(R)}(\tau_2)R_nx + \tilde{f}_y^{(R)}(\tau_2)R_ny + F_{1n}^{(R)}(\tau_2), \\[2mm] \dfrac{\mathrm{d}R_nx}{\mathrm{d}\tau_2} = \tilde{g}_x^{(R)}(\tau_2)R_{n-1}x + \tilde{f}_y^{(R)}(\tau_2)R_{n-1}y + F_{2n}^{(R)}(\tau_0), \\[2mm] \dfrac{\mathrm{d}R_nk_1}{\mathrm{d}\tau_2} = \tilde{h}_{1y}^{(R)}(\tau_2)R_{n-1}y + F_{3n}^{(R)}(\tau_2), \\[2mm] \dfrac{\mathrm{d}R_nk_2}{\mathrm{d}\tau_2} = \tilde{h}_{2x}^{(R)}(\tau_2)R_{n-1}y + F_{4n}^{(R)}(\tau_2), \\[2mm] R_ny(0) = -\bar{y}_n^{(+)}(1) + \bar{k}_{2n}^{(+)}(1) + R_nk_2(0), \quad R_nk_1(0) = -\bar{k}_{1n}^{(+)}(1), \\[2mm] R_ny(+\infty) = 0, \quad R_nz(+\infty) = 0, \quad R_nx(+\infty) = 0, \\[2mm] R_nk_1(+\infty) = 0, \quad R_nk_2(+\infty) = 0, \end{cases} \tag{7-74}$$

其中 $\tilde{f}_y^{(R)}(\tau_2)$、$\tilde{f}_x^{(R)}(\tau_2)$、$\tilde{g}_y^{(R)}(\tau_2)$、$\tilde{g}_x^{(R)}(\tau_2)$ 在 $(\varphi_2(1) + R_0x, \alpha_2(\varphi_2(1)) + R_0y, 1)$ 取值, $F_{in}^{(R)}(\tau_2)$, $i = 1, 2, 3, 4$ 是依赖于一些已确定项的已知函数. 令 $G_3(\tau_2) = \tilde{h}_{1y}^{(R)}(\tau_2)L_{n-1}y + F_{3n}^{(R)}(\tau_2)$, 对方程 $\dfrac{\mathrm{d}R_nk_1}{\mathrm{d}\tau_2} = G_3(\tau_2)$ 由 $-\infty$ 到 τ_2 积分, 有

$$R_nk_1(\tau_2) = \int_{-\infty}^{\tau_2} G_3(\tau_2)\mathrm{d}\tau_2.$$

令 $\tau_2 = 0$, 利用方程 (7-74), 可得

$$\bar{k}_{1n}^{(+)}(1) = -\int_{-\infty}^{0} G_3(\tau_2)\mathrm{d}\tau_2,$$

其中 $G_3(\tau_2)$ 是依赖于一些已确定项的已知函数. 借助于变量 $\bar{k}_{1n}(t)$ 的表达式和连续性, 则可确定 $\bar{\omega}_n^{(+)}(t)$.

需要指出, 方程 (7-71) 和 (7-74) 是线性非齐次微分方程, 变量 $L_nx(\tau_0)$、$L_nk_1(\tau_0)$、$L_nk_2(\tau_0)$、$R_nx(\tau_2)$、$R_nk_1(\tau_2)$ 和 $R_nk_2(\tau_2)$ 已由方程确定. 因此, 只需考虑方程 (7-71) 和 (7-74) 前两个变量就可以. $(L_0'y, L_0'z)$ 和 $(R_0'y, R_0'z)$ 是方程 (7-71) 和 (7-74) 对应的线性齐次方程的解, 利用文献

[1] 的结果, 可知方程 (7-71) 和 (7-74) 前两个变量的解存在.

定理 7.7 如果满足条件 H7.11~H7.14 , 那么对充分小的 $\mu > 0$, 奇异摄动边值问题 (7-57) 存在阶梯状空间对照结构解 $x(t,\mu)$ 和 $y(t,\mu)$ 且满足

$$x(t,\mu) = \begin{cases} \sum\limits_{k=0}^{n} \mu^k \big(\bar{x}_k^{(-)}(t) + L_k x(\tau_0) + Q_k^{(-)} x(\tau_1) \big) + O(\mu^{n+1}), \ 0 \leqslant t \leqslant \tilde{T}_n, \\ \sum\limits_{k=0}^{n} \mu^k \big(\bar{x}_k^{(+)}(t) + Q_k^{(+)} x(\tau_1) + R_k x(\tau_2) \big) + O(\mu^{n+1}), \ \tilde{T}_n \leqslant t \leqslant 1, \end{cases}$$

$$y(t,\mu) = \begin{cases} \sum\limits_{k=0}^{n} \mu^k \big(\bar{y}_k^{(-)}(t) + L_k y(\tau_0) + Q_k^{(-)} y(\tau_1) \big) + O(\mu^{n+1}), \ 0 \leqslant t \leqslant \tilde{T}_n, \\ \sum\limits_{k=0}^{n} \mu^k \big(\bar{y}_k^{(+)}(t) + Q_k^{(+)} y(\tau_1) + R_k y(\tau_2) \big) + O(\mu^{n+1}), \ \tilde{T}_n \leqslant t \leqslant 1. \end{cases}$$

其中 $\tilde{T}_n = t_0 + \mu t_1 + \cdots + \mu^n t_n + O(\mu^{n+1})$.

7.3.5 例子

考虑奇异摄动边值问题

$$\begin{cases} \mu^2 \dfrac{\mathrm{d}^2 y}{\mathrm{d}t^2} = (y^2 - 4)(y - a(t)), \\ \dfrac{\mathrm{d}x}{\mathrm{d}t} = t, \\ x(0,\mu) = 1, \ y(0,\mu) = \int_0^1 y(s,\mu)\mathrm{d}s, \ y(1,\mu) = \int_0^1 2y(s,\mu)\mathrm{d}s. \end{cases} \tag{7-75}$$

为了简化计算, 不妨假设 $a(0) = a(1) = 0$, $a\left(\dfrac{1}{2}\right) = 0$ 和 $a'\left(\dfrac{1}{2}\right) \neq 0$.

原问题可改写为

$$\begin{cases} \mu \dfrac{\mathrm{d}y}{\mathrm{d}t} = z, \ \mu \dfrac{\mathrm{d}z}{\mathrm{d}t} = (y^2 - 4)(y - a(t)), \\ \dfrac{\mathrm{d}x}{\mathrm{d}t} = t, \ \dfrac{\mathrm{d}k_1}{\mathrm{d}t} = y, \ \dfrac{\mathrm{d}k_2}{\mathrm{d}t} = 2y, \\ y(0) = -k_1(0), \ x(0) = 1, \ k_1(1) = 0, \ k_2(0) = 0, \ y(1) = k_2(1). \end{cases} \tag{7-76}$$

确定正则零次项的方程为条件为

$$\bar{y}_0^{(\mp)}(t) = \begin{cases} -2, \ 0 \leqslant t < t_0, \\ 2, \quad t_0 < t \leqslant 1, \end{cases} \qquad \bar{z}_0^{(\mp)}(t) = \begin{cases} 0, \ 0 \leqslant t \leqslant t_0, \\ 0, \ t_0 \leqslant t \leqslant 1, \end{cases}$$

$$\bar{x}_0^{(\mp)}(t) = \begin{cases} \dfrac{t^2}{2} + 1, \ 0 \leqslant t \leqslant t_0, \\ \dfrac{t^2}{2} + 1, \ t_0 \leqslant t \leqslant 1, \end{cases}$$

$$\bar{k}_{10}^{(\mp)}(t) = \begin{cases} -2t, \ 0 \leqslant t < t_0, \\ 2t - 2, \ t_0 < t \leqslant 1, \end{cases} \qquad \bar{k}_{20}^{(\mp)}(t) = \begin{cases} -4t, \ 0 \leqslant t \leqslant t_0, \\ 4t - 4, \ t_0 \leqslant t \leqslant 1, \end{cases}$$

转移点 t^* 的主项 t_0 满足方程 $I(t_0) = \int_{-2}^{2}(y^2 - 4)(y - a(t_0))\mathrm{d}y = 0$, 有 $t_0 = 1/2$.

确定内部转移层零次项 $Q_0^{(\mp)}y$ 的方程和条件为

$$\frac{\mathrm{d}Q_0^{(\mp)}y}{\mathrm{d}\tau_1} = -\frac{\sqrt{2}}{2}\big((\mp 2 + Q_0^{(\mp)}y)^2 - 4\big), \ Q_0^{(\mp)}y(0) = \pm 2, \ Q_0^{(\mp)}y(\mp\infty) = 0,$$

可得

$$Q_0^{(-)}y = \frac{4}{1 + \mathrm{e}^{-2\sqrt{2}\tau_1}}, \quad Q_0^{(+)}y = \frac{-4\mathrm{e}^{-2\sqrt{2}\tau_1}}{1 + \mathrm{e}^{-2\sqrt{2}\tau_1}}.$$

同理, 可知

$$Q_0^{(-)}x = Q_0^{(-)}k_1 = Q_0^{(-)}k_2 = 0, \ Q_0^{(+)}x = Q_0^{(+)}k_1 = Q_0^{(+)}k_2 = 0,$$

$$L_0 y = \frac{4}{1 + \mathrm{e}^{2\sqrt{2}\tau_0}}, \ L_0 x = L_0 k_1 = L_0 k_2 = 0,$$

$$R_0 y = \frac{-4\mathrm{e}^{2\sqrt{2}\tau_2}}{1 + \mathrm{e}^{2\sqrt{2}\tau_2}}, \ R_0 x = R_0 k_1 = R_0 k_2 = 0.$$

从而可得问题 (7-75) 的形式渐近解为

$$x(t, \mu) = \begin{cases} \dfrac{t^2}{2} + O(\mu), \ 0 \leqslant t \leqslant \dfrac{1}{2}, \\ \dfrac{t^2}{2} + O(\mu), \ \dfrac{1}{2} \leqslant t \leqslant 1, \end{cases}$$

$$y(t, \mu) = \begin{cases} -2 + \dfrac{4}{1 + \mathrm{e}^{2\sqrt{2}\tau_0}} + \dfrac{4}{1 + \mathrm{e}^{-2\sqrt{2}\tau_1}} + O(\mu), \ 0 \leqslant t \leqslant \dfrac{1}{2}, \\ 2 + \dfrac{-4\mathrm{e}^{-2\sqrt{2}\tau_1}}{1 + \mathrm{e}^{-2\sqrt{2}\tau_1}} + \dfrac{-4\mathrm{e}^{2\sqrt{2}\tau_2}}{1 + \mathrm{e}^{2\sqrt{2}\tau_2}} + O(\mu), \ \dfrac{1}{2} \leqslant t \leqslant 1. \end{cases}$$

参 考 文 献

[1] O'Malley R E. Introduction to Singular Perturbations[M]. New York： Academic Press, 1974.

[2] Prandtl L. Fluid motions with very small friction[C]. Proceedings of the 3rd International Mathematical Congress, Heidelberg: H. Schlichting, 1904, 484-491.

[3] Friedriehs K O, Wasow W. Singular perturbations of nonlinear oscillations[J]. Duke. Math. J., 1946, 13: 367-381.

[4] Wasow W. Asymptotic Expansions for Ordinary Differential Equations[M]. New York: Interscience, 1965.

[5] O'Malley R E. On multiple solutions of singularly perturbed systems in the conditionally stable case, singular perturbations and asymptotics[M]. Maryland Heights: Academic Press, 1980, 87-108.

[6] Fenichel N. Geometric singular perturbation theory for ordinary differential equations[J]. Journal of Differential Equations, 1979, 31(1): 53-98.

[7] Vasil'eva A B, Butuzov V F. The Asymptotic Method of Singularly Perturbed Theory[M]. Moscow: Nauka, 1990(in Russian).

[8] Vasil'eva A B, Butuzov V F. Asymptotic Expansions of Singularly Perturbed Differential Equations[M]. Moscow: Nauka, 1973(in Russian).

[9] 章国华, 侯斯 F A. 非线性奇异摄动现象: 理论和应用[M]. 林宗池, 译. 福州: 福建科学技术出版社, 1989.

[10] Nayfeh A H. 摄动方法导引[M]. 宋家骕, 译. 上海: 上海翻译出版公司, 1990.

[11] Lin X B. Shadowing lemma and singularly perturbed boundary value problems[J]. SIAM Journal on Applied Mathematics, 1989, 49: 26-54.

[12] Tin S K, Kopell N, Jones C K R T. Invariant manifolds and singularly perturbed boundary value problems[J]. SIAM J. Numer. Anal., 1994, 31: 1558-1576.

[13] 钱伟长. 奇异摄动理论及其在力学中的应用[M]. 北京: 科学出版社, 1981.

[14] 林宗池, 周明儒. 应用数学中的摄动方法[M]. 南京: 江苏教育出版社, 1995.

[15] Mo J Q. A singularly perturbed nonlinear boundary value problem[J]. J. Math. Anal. Appl., 1993, 178: 289-283.

[16] Wang Z M, Lin W Z. The Dirichlet problem for a quasilinear singularly perturbed second order system[J]. J. Math. Anal. Appl., 1996, 201: 897-910.

[17] 倪明康, 林武忠. 奇异摄动问题中的渐近理论[M]. 北京: 高等教育出版社, 2009.

[18] 苏煜城, 吴启光. 奇异摄动问题数值方法引论[M]. 重庆: 重庆出版社, 1992.

[19] 王朝珠, 秦化淑. 最优控制理论[M]. 北京: 科学出版社, 2003.

[20] Kokotovic P V, Sannuti P. Singular perturbation method for reducing model order in optimal control design[J]. IEEE Transactions on Automatic Control, 1968, AC-13: 377-384.

[21] Sannuti P, Kokotovic P V. Near optimum design of linear systems by singular perturbation method[J]. IEEE Transactions on Automatic Control, 1969, AC-14: 15-22.

[22] Dontchev A L, Veliov V M. Singular perturbations in linear control systems with weakly coupled stable and unstable fast subsystems[J]. Journal of Mathematical Analysis and Applications, 1985, 110: 1-30.

[23] Visser H G, Shinar J. First-order corrections in optimal feedback control of singularly perturbed nonlinear systems[J]. IEEE Transactions on Automatic Control, 1986, AC-31: 387-393.

[24] Gaitsgory V. Suboptimization of singularly perturbed control systems[J]. SIAM Journal of Control & Optimization, 1992, 30: 1228-1249.

[25] Gaitsgory V. Suboptimal control of singularly perturbed systems and periodic optimization[J]. IEEE Transactions on Automatic Control, 1993, 38: 888-903.

[26] Gaitsgory V. Limit Hamilton-Jacobi-Isaacs equations for singularly perturbed zero-sum differential games[J]. Journal of Mathematical Analysis and Applications, 1996, 202: 862-899.

[27] Kadalbajoo M K, Singh A. Boundary-value techniques to solve linear state regulator problems[J]. Journal of Optimization Theory and Applications, 1989, 63: 91-107.

[28] Khalil H K, Hu Y N. Steering control of singularly perturbed systems: a composite control approach[J]. Automatica, 1989, 25: 65-75.

[29] Gaitsgory V, Grammel G. On the construction of asymptotically optimal controls for singularly perturbed systems[J]. Systems & Control Letters, 1996, 30: 139-147.

[30] Bagagiolo F, Bardi M. Singular perturbation of a finite horizon problem with state-space constraints[J]. SIAM Journal of Control and Optimization, 1998, 36: 2040-2060.

[31] Binning H S. Goodall D. P. Constrained feedback control of imperfectly known singularly perturbed non-linear systems[J]. International Journal of Control, 2000, 73: 49-62.

[32] Fridman E. Exact slow-fast decomposition of a class of non-linear singularly perturbed optimal control problems via invariant manifolds[J]. International Journal of Control, 1999, 72: 1609-1618.

[33] Fridman E. Exact slow-fast decomposition of the non-linear singularly perturbed optimal control problem[J]. Systems & Control Letters, 2000, 40: 121-131.

[34] Fridman E. A descriptor system approach to nonlinear singularly perturbed optimal control problem[J]. Automatica, 2001, 37: 543-549.

[35] Grammel G. Maximum principle for a hybrid system via singular perturbations[J]. SIAM Journal of Control & Optimization, 1999, 37: 1162-1177.

[36] Milusheva S D, Bainov D D. Justification of the averaging method for a system of singularly perturbed differential equations with impulses[J]. Journal of Applied Mathematical Physics , 1985, 36: 293-308.

[37] Quincampoix M, Zhang H. Singular perturbations in non-linear optimal control problems, Differential and Integral Equations[J]. 1995, 4: 931-944.

[38] Kokotovic P V. Applications of singular perturbation techniques to control problems[J]. SIAM Review, 1984, 26: 501-550.

[39] Kokotovic P V. Recent trends in feedback design: an overview[J]. Automatica, 1985, 21: 225-236.

[40] Sannuti P, Wason H S. Multiple time-scale decomposition in cheap control problems-singular control[J]. IEEE Transactions on Automatic Control, 1985, AC-30: 633-644.

[41] Gichev T R. Singular perturbations in a class of problems of optimal control with integral convex criterion[J]. Journal of Applied Mathematics and Mechanics, 1984, 48: 654-658.

[42] Syrcos G P, Sannuti P. Near optimum regulator design of singularly perturbed systems via Chandrasekhar equations[J]. International Journal of Control, 1984, 39: 1083-1102.

[43] Saberi A, Sannuti P. Cheap and singular controls for linear quadratic regulators[J]. IEEE Transactions on Automatic Control, 1987, AC-32: 2008-2019.

[44] Grujic L T. On the theory and synthesis of nonlinear non-stationary tracking singularly perturbed systems[J]. Control: Theory and Advanced Technology, 1988, 4: 395-410.

[45] Kecman V, Bingulac S, Gajic Z. Eigenvector approach for order reduction of singularly perturbed linear-quadratic optimal control problems[J]. Automatica, 1999, 35: 151-158.

[46] Moerder D D. Calise A J. Two-time-scale stabilization of systems with output feedback[J]. Journal of Guidance, Control, and Dynamics, 1985, 8: 731-736.

[47] Moerder D D, Calise A J. Convergence of a numerical algorithm for

calculating optimal output feedback gains[J]. IEEE Transactions on Automatic Control, 1985, AC-30: 900-903.

[48] Murata S, Ando Y, Suzuki M. Design of a high gain regulator by the multiple time scale approach[J]. Automatica, 1990, 26: 585-591.

[49] Wang Y Y, Frank P M. Complete decomposition of sub-optimal regulator for singularly perturbed systems[J]. International Journal of Control, 1992, 55: 49-56.

[50] Sen S, Naidu D S. A time-optimal control algorithm for two-time scale discrete system[J]. International Journal of Control, 1988, 47: 1595-1602.

[51] Khalil H K, Medanic J V. Closed-loop stackelberg strategies for singularly perturbed linear quadratic problems[J]. IEEE Transactions on Automatic Control, 1980, AC-25: 66-71.

[52] Saksena V R, Cruz J B. Robust Nash strategies for a class of nonlinear singularly perturbed problems[J]. International Journal of Control, 1984, 39: 293-310.

[53] Gajic Z. Well-posedness of a model order reduction for singularly perturbed linear stochastic systems[J]. Optimal Control: Applications & Methods, 1987, 8: 305-309.

[54] Saksena V R, Cruz J B. Optimal and near optimal incentive strategies in the hierarchical control of markov chains[J]. Automatica, 1985, 21: 181-191.

[55] Saksena V R, Cruz J B. A unified approach to reduced order modelling and control of large scale systems with multiple decision makers[J]. Optimal Control: Applications and Methods, 1985, 4: 403-420.

[56] Saksena V R, O'Reilly J, Kokotovic P V. Singular perturbations and timescale methods in control theory: survey 1976-1983[J]. Automatica, 1984, 20: 273-293.

[57] Subbatina N N. Asymptotic properties of minimax solutions of Isaacs-Bellman equations in differential games with fast and slow motions[J]. Journal of Applied Mathematics and Mechanics, 1996, 60: 883-890.

[58] Xu H, Mizukami K. Infinite-horizon differential games of a singularly perturbed systems: a unified approach[J]. Automatica, 1997, 33: 273-276.

[59] Chuang C H, Speyer J L, Breakwell J V. An asymptotic expansion for an optimal relaxation oscillator[J]. SIAM Journal of Control and Optimization, 1988, 26: 678-696.

[60] Tuan H D, Hosoe S. A new design for regulator problems for singularly perturbed systems with constraint control[J]. IEEE Transactions on Automatic Control, 1997, 42: 260-264.

[61] Tuan H D, Hosoe S. On a state-space approach to robust control for singularly perturbed systems[J]. International Journal of Control, 1997, 66: 435-462.

[62] Gajic Z. Numerical fixed-point solution for near-optimum regulators of linear quadratic gaussian control problems for singularly perturbed systems[J]. International Journal of Control, 1986, 43: 373-387.

[63] Grodt T, Gajic Z. The recursive reduced-order numerical solution of the singularly perturbed matrix differential Riccati equation[J]. IEEE Transactions on Automatic Control, 1988, AC-33: 751-754.

[64] Gaji Z, Petrovski D, Harkara N. The recursive algorithm for the optimal static output feedback control problem of linear singularly perturbed system[J]. IEEE Transactions on Automatic Control, 1989, AC-34: 465-468.

[65] Shen X, Gajic Z. Approximate parallel controllers for discrete stochastic weakly coupled linear systems[J]. Optimal Control: Applications & Methods, 1990, 11: 345-354.

[66] Shen X, Gajic Z. Near-optimum steady state regulators for stochastic linear weakly coupled systems[J]. Automatica, 1990, 26: 919-923.

[67] Gajic Z, Shen X. Parallel reduced-order controllers for stochastic linear singularly perturbed discrete systems[J]. IEEE Transactions on Automatic Control, 1991, 36: 871-890.

[68] Qureshi M T, Shen X, Gajic Z. Optimal output feedback control of a discrete linear singularly perturbed stochastic systems[J]. International Journal of Control, 1992, 55: 361-371.

[69] Su W C, Gajic Z, Shen X. The exact slow-fast decomposition of the algebraic Riccati equation of singularly perturbed systems[J]. IEEE Transactions on Automatic Control, 1992, AC-37: 1456-1459.

[70] Shen X, Rao M, Ying Y. Decomposition method for solving Kalman filter gains in singularly perturbed systems[J]. Optimal Control: Applications & Methods, 1993, 14: 67-73.

[71] Shen X, Xia Q, Rao M, et al. Near-optimum regulators for singularly perturbed jump systems[J]. Control-Theory and Advanced Technology, 1993, 9: 759-773.

[72] Coumarbatch C, Gajic Z. Exact decomposition of the algebraic Riccati equation of deterministic multimodeling optimal control problems[J]. IEEE Transactions on Automatic Control, 2000, 45: 790-794.

[73] Xu H, Mukaidani H, Mizukami K. New method for composite control of singularly perturbed systems[J]. International Journal of Systems Science, 1997, 28: 161-172.

[74] Mukaidani H, Mizukami K. The guaranteed cost control problem of uncertain singularly perturbed systems[J]. Journal of Mathematical Analysis and Applications, 2000, 251: 716-735.

[75] Wang Y Y, Shi S J, Zhang Z J. A descriptor-system approach to singular perturbation of linear regulators[J]. IEEE Transactions on Automatic Control, 1988, 33: 370-373.

[76] Wang Y Y, Frank P M, Wu N E. Near-optimal control of nonstandard singularly perturbed systems[J]. Automatica, 1994, 30: 277-292.

[77] Zharikova E N, Sobolev V A. Optimal periodic systems of control with singular perturbations[J]. Automation and Remote Control, 1997, 58: 1188-1202.

[78] Bikdash M V, Nayfeh A H, Cliff E M. Singular perturbation of the time-optimal soft-constrained cheap-control problem[J]. IEEE Transactions on Automatic Control, 1993, 38: 466-469.

[79] Popescu D C, Gajic Z. Singular perturbation analysis of cheap control problem for sampled data systems[J]. IEEE Transactions on Automatic Control, 1999, 44: 2209-2214.

[80] Serua M M, Braslavsky J H, Kokotovic P V, Mayne D Q. Feedback

limitations in nonlinear systems: from Bode integrals to cheap control[J]. IEEE Transactions on Automatic Control, 1999, 44: 829-833.

[81] Kokotovic P V, Khalil H K, O'Reilly J. Singular Perturbation Methods in Control: Analysis and Design[M]. London: Academic Press, 1986.

[82] Naidu D S. Singular perturbations and time scales in control theory and applications: an overview[J]. Dynamics of Continuous, Discrete and Impulsive Systems Series B: Applications & Algorithms, 2002, 9: 233-278.

[83] 刘华平, 孙富春, 何克忠, 等. 奇异摄动控制系统:理论与应用[J]. 控制理论与应用, 2003, 20(1): 1-7.

[84] Belokopytov S V, Dmitriev M G. Direct scheme in optimal control problems with fast and slow motions[J]. Systems & Control Letters, 1986, 8(2): 129-135.

[85] Dmitriev M G, Ni M K. Contrast structures in the simplest vector variational problem and their asymptotics[J]. Avtomat. i Telemekh., 1998, 5: 41-52.

[86] Vasil'eva A B, Dmitriev M G, Ni M K. On a Steplike Contrast Structure for a problem of the calculus of the variations[J]. Comput. Math. Math. Phys., 2004, 44(7): 1203-1212.

[87] Bobodzhanov A A, Safonov V F. An internal transition layer in a linear optimal control problem[J]. Differential Equations, 2001, 37(3): 332-345.

[88] Butuzov V F, Vasil'eva A B. Asymptotic behavior of a solution of contrasting structure type[J]. Math. Notes.,1987, 42: 956-961.

[89] Vasil'eva A B. Step-like contrasting structures for a system of singularly perturbed equations[J]. Zh. Vychisl. Mat. Mat. Fiz., 1994, 34(10): 1401-1411.

[90] Vasil'eva A B. Contrast structures of step-like type for a second-order singularly perturbed quasilinear differential equation[J]. Zh. Vychisl. Mat. Mat. Fiz., 1995, 35: 520-531.

[91] Vasil'eva A B, Dovydova M A. On a contrast structure of step type for a class of second order nonlinear singularly perturbed equations[J]. Zh. Vychisl. Mat. Mat. Fiz., 1998, 38: 938-947.

[92] Vasil'eva A B. Inner layer in the boundary problem for a system of two singularly perturbed equations order with the same procedure singularity[J]. Comput. Math. Math. Phys., 2001, 41: 1067-1077.

[93] Vasil'eva A B, Butuzov V F, Nefedov N N. Contrast structures in singularly perturbed problems[J]. Fundam. Prikl. Mat., 1998, 4:799-851.

[94] Vasil'eva A B. Contrast structure in the three systems of singularly perturbed[J]. Comput. Math. Math. Phys., 1999, 39: 2007-2018.

[95] Vasil'eva A B, Butuzov V F, Kalachev L V. The Boundary Function Method for Singular Perturbation Problems[M]. Philadelphia: SIAM Studies in Applied Mathematics, 1995.

[96] Liu W S. Geometric singular perturbation for multiple turning points: invariant manifolds and exchange lemmas[J]. Journal of Dynamics and Differential Equations, 2006, 18: 667-691.

[97] Lin X B. Construction and asymptotic stability of structurally stable

internal layer solutions[J]. Trans. Amer. Math. Soc., 2001, 353: 2983-3043.

[98] Witsenhausen H S. A class of hybrid-state continuous-time dynamic systems[J]. IEEE Trans. on Automatic Control, 1966, 11(6): 665-683.

[99] Cellier F E. Combined continuous/discrete system simulation by use of digital computer: techniques and tools[M]. Switzerland: Swiss Federal Institute of Technology, 1979.

[100] Michel A N, Hu B. Towards a stability theory of general hybrid dynamical systems[J]. Automatica, 1999, 35(3): 371-384.

[101] Xu X P, Antsaklis P J. Optimal control of switched systems based on parameterization of the switching instants[J]. IEEE Transactions on Automatic Control, 2004, 49(1):2-16.

[102] Yong J M. Systems governed by ordinary differential equations with continuous switching and impulse controls[J]. Applied Mathematics and Optimization, 1989, 20: 223-235.

[103] Branicky M S. Multiple lyapunov functions and analysis tools for switched and hybrid systems[J]. IEEE Trans. on Automatic Control, 1998, 34(4): 475-482.

[104] 莫以为, 萧德云. 混合动态系统及其应用综述[J]. 控制理论与应用, 2002, 19(1): 1-8.

[105] 郭磊, 于瑞林, 田发中. 一类常规跳变系统的最优控制[J]. 山东大学学报, 2006, 41(1): 35-40.

[106] Branicky M S, Borkar V S, Mirtter S K. A unified framework for hybrid control: model and optimal control theory[J]. IEEE Transactions on Automatic Control, 1998, 43(1): 31-45.

[107] Ionkin N I. Solution of a boundary value problem in heat conduction theory with nonlocal boundary conditions[J]. Differential Equations, 1977, 13: 294-304.

[108] Nicoud F, Schonfeld T. Integral boundary conditions for unsteady biomedical CFD applications[J]. Internat. J. Numer. Methods Fluids, 2002, 40: 457-465.

[109] Amiraliyev G M, Cakir M. Numerical solution of the singularly perturbed problem with nonlocal boundary condition[J]. Applied Mathematics and Mechanics, 2002, 23(7): 755-764.

[110] Cakir M, Amiraliyev G M. A finite difference method for the singularly perturbed problem with nonlocal boundary condition[J]. Applied Mathematics and Computation, 2005, 160: 539-549.

[111] Xie F, Jin Z Y, Ni M K. On the step-type contrast structure of a second-order semilinear differential equation with integral boundary conditions[J]. Electronic Journal of Qualitative Theory of Differential Equations, 2010, 62: 1-14.

[112] Ni M K Wang Z M. On higher-dimensional contrast structure of singularly perturbed Dirichlet problem[J]. Science China Mathematics, 2012, 55(3): 495-507.

[113] Dmitriev M G, Kurina G A. Singular perturbations in control problems[J]. Automation and Remote Control, 2006, 67(1): 1-43.

[114] Butuzov V F, Vasil'eva A B, Nefedov N N. Asymptotic theory of contrasting structures. a survey[J]. Avtomat. i Telemekh., 1997, 7:4-32.

[115] 倪明康, 林武忠. 带有小参数变分问题的极小化序列[J]. 应用数学和力学, 2009, 30(6): 648-654.

[116] Ni M K, Dmitriev M G. Steplike contrast structure in an elementary optimal control problem[J]. Computational Mathematics and Mathematical Physics, 2010, 50(8): 1312-1323.

[117] 倪明康, 林武忠. 奇异摄动问题中的空间对照结构理论[M]. 北京: 科学出版社, 2013.

[118] 老大中. 变分法基础[M].北京: 国防工业出版社, 2015.

[119] 钟宜生. 最优控制[M].北京: 清华大学出版社, 2015.

[120] 陆海波, 倪明康, 武利猛. 奇异奇摄动系统的几何方法[J]. 华东师范大学学报, 2013, 3: 140-148.

[121] Lin X j, Zhang Q. Existence of solution for a p-Laplacian multi-point boundary value problem at resonance[J]. Qualitative Theory of Dynamical Systems, 2018, 17: 143-154.

[122] Du Z J, Li J, Li X W. The existence of solitary wave solutions of delayed Camassa-Holm equation via a geometric approach[J]. J Funct Anal, 2018, 275: 988-1007.

[123] Wang C, Zhang X. Canards, heteroclinic and homoclinic orbits for a slow-fast predator-prey model of generalized Holling type III[J]. J Differential Equations, 2019, 267: 3397-3441.

[124] Ni M K, Wu L M. A step-type solution for affine singularly perturbed problem of optimal control[J]. Automation and Remote Control, 2013, 74(12): 2007-2019.

[125] Vasilev F P. Methods of Solving Extremal Problems[M] Moscow: Nauka, 1981.